环境污染源头控制与生态修复系列丛书

微生物吸附剂

尹　华　陈烁娜　叶锦韶　彭　辉　唐少宇　著

科　学　出　版　社

北　京

内 容 简 介

本书是一部关于微生物吸附剂制备、作用机理及其在环境污染治理方面的应用的著作,在简单介绍微生物吸附剂的定义、种类、特性、影响因素,以及微生物吸附法的发展历程与趋势的基础上,系统总结微生物选育制备微生物吸附剂和微生物吸附剂处理重金属废水的作用机理等方面的研究成果,提出微生物吸附法在环境、能源等方面的应用前景。

本书可供环境科学与工程、环境微生物学、水处理工程、发酵工程等学科的科研人员,环境保护、矿产资源、制药、食品及水利等部门的工程技术与管理人员,以及高等院校相关专业的师生参考。

图书在版编目(CIP)数据

微生物吸附剂/尹华等著. —北京:科学出版社,2015.9
(环境污染源头控制与生态修复系列丛书)
ISBN 978-7-03-045686-1

Ⅰ.①微… Ⅱ.①尹… Ⅲ.①微生物-吸附剂-应用-矿区-废水处理-研究 Ⅳ.①X703

中国版本图书馆 CIP 数据核字(2015)第 218623 号

责任编辑:耿建业 万群霞 / 责任校对:桂伟利
责任印制:吴兆东 / 封面设计:耕者设计工作室

科 学 出 版 社 出版
北京东黄城根北街 16 号
邮政编码:100717
http://www.sciencep.com

北京厚诚则铭印刷科技有限公司 印刷
科学出版社发行 各地新华书店经销

*

2015 年 9 月第 一 版 开本:720×1000 1/16
2022 年 6 月第五次印刷 印张:19 1/2
字数:375 000
定价:128.00 元
(如有印装质量问题,我社负责调换)

序

微生物吸附剂是利用活体、死体微生物或其衍生物制备而成的，能有效吸附分离介质中的金属离子和有机物等。跟传统的物理和化学治污方法相比，利用微生物吸附剂修复环境污染具有对环境干扰小、微生物资源丰富、实地操作性强等优点，尤其在重金属污染治理方面具有显著的优越性，已成为研究的热点。

大部分微生物对重金属具有一定的适应性，且具有吸附特性，可以在含有重金属的环境中生长代谢，通过自身的氧化还原、螯合、配位结合等机制将毒性金属离子转化为无毒或低毒赋存形态的离子或沉淀物，从而达到对水体或生态环境重金属污染治理的目的。已有的研究证实，微生物吸附剂应用于重金属废水的治理在工艺上是可行的，在技术上更表现出极大的优越性和竞争性，无论从吸附性能、pH适用范围，还是运行费用等方面均有很大的竞争优势。最早，微生物吸附剂是被用来分离去除废水中的重金属离子，达到净水的目的。目前，随着研究的深入，微生物吸附剂的应用领域逐渐扩展到富集回收贵金属、吸附治理放射性元素和分离脱除染料、难降解有毒有害有机物等。

微生物吸附剂进行应用的关键条件是选育高效、性能稳定的吸附菌株。在环境污染治理中，这些微生物可以从长期受污染的水体、沉积物或土壤中筛选分离得到，也可以通过诱变、原生质体融合和基因工程等技术手段构建。微生物吸附剂若要持续有效地应用，从菌种的选育、复合吸附剂开发和制备，到处理工艺的选择和优化实施，每个步骤都非常重要。近几十年来，国内外学者对微生物吸附的研究逐步深入，提出了各种微生物吸附机理，根据菌体活性可以将微生物吸附剂的作用机理分为两类，一类是依赖新陈代谢（活菌），一类是不依赖新陈代谢（死体微生物或其衍生物）。对微生物吸附机理的深入探索有利于在实际应用中更有针对性地构建高效吸附菌剂及调控工艺参数，以提高微生物吸附剂的吸附效率和工艺运行的稳定性。

华南理工大学环境与能源学院的尹华教授及其研究团队在近十几年来以水体、沉积物和土壤重金属污染的微生物修复为核心问题，从受污染环境中筛选、分离和富集培育了一批高效微生物菌剂，并用于高效吸附工程菌构建、水体/土壤/沉积物中重金属的微生物吸附性能、规律和作用机理等方面的研究，阐明了微生物吸附剂吸附不同重金属的最优环境条件和工艺参数的调控，揭示了微生物吸附重金属过程中离子代谢规律、重金属离子的转化解毒机制及微生物细胞的胁迫响应等，为微生物吸附剂在环境污染治理中的广泛应用提供了充分的理论依据。该书重点介绍了微生物吸附剂菌种的选育和影响微生物吸附剂吸附性能的主要因素；从废弃物的资源化利用角度介绍了微生物吸附剂的廉价制备；结合作者及研究团队的研究成果全面总结了微生物吸附剂对重金属的吸附、生物转化和解毒机制，并介绍了微生物吸附机理研究中常用的仪器分析方法；最后从能源、污染治理和环境监测等不同领域介绍了微生物吸附剂的应用前景。

　　该书是介绍微生物吸附剂特性、菌种选育、制备、作用机理和应用的代表性专著，在很大程度上丰富了微生物吸附的研究内容，对环境污染微生物修复及微生物吸附剂构建与应用的研究都具有重要的学术借鉴意义。

　　是为序。

任南琪

2015 年 3 月

前　　言

　　微生物在自然界中分布广泛、种类丰富,包括原核生物、真核生物、藻类及非细胞类的病毒和亚病毒等,而且大部分的菌种已被研究证实具有优越的吸附能力。微生物吸附是利用活性或死体微生物及其衍生物吸附、分离和去除某些成分的过程。与传统的非生物吸附处理法相比,微生物吸附具有显著的优点:一是生物材料来源丰富、品种多、成本低廉,设备简单易操作、投资小、运行费用低,吸附量大、有较好的选择性;二是微生物吸附剂的再生性能好,用一般的物理、化学方法可以解吸微生物上的吸附质,实现循环利用。20世纪中期,人们发现微生物对金属离子具有特殊亲缘性,从此以后微生物吸附引起了国内外学者的高度重视,尤其是用微生物吸附剂从废液中回收或处理金属离子的研究变得非常活跃并取得显著进展,包括细菌、酵母菌、霉菌和藻类等多种微生物被证实对不同的重金属具有高效的吸附性能。近三十年来,微生物吸附剂的研究和应用范围进一步扩大到放射性元素和有机污染物等的处理。随着对微生物吸附剂研究的深入,目前提出了不同的吸附机理,包括物理吸附、表面络合、配位、螯合、离子交换、静电吸附、氧化还原、酶促机理、微沉积等。微生物结构的复杂性及同一微生物和不同金属间亲和力的差别决定了微生物吸附机理非常复杂,在微生物吸附的过程中可能存在一种作用机理,也可能几种机理同时起作用。

　　在实际工业废水处理的应用中,由于环境条件及污染物的复杂性,对微生物吸附的要求越来越高,利用单一的微生物吸附剂已经不能满足要求。如何更有效、更具有针对性地提高微生物吸附的效率成为关注的要点,其主要集中在构建高效稳定工程菌、制备复合菌吸附剂、完善吸附设备和工艺等方面。近十几年来,笔者在国家自然科学基金委员会-广东联合基金重点项目、国家自然科学基金项目、广东省自然科学基金项目和广东省科技计划项目等的资助下,以重金属污染水体、沉积物和土壤为研究对象,重点开展了微生物吸附剂菌种的选育、微生物吸附特性、规律和作用机理,以及微生物吸附处理重金属工业废水工艺等方面的研究,取得了一系列的研究成果,本书对这些研究成果进行了全面的介绍和总结。

　　全书共6章,第1章介绍微生物吸附剂的种类和吸附性能的影响因素;第2章介绍微生物吸附剂菌种的选育;第3章介绍微生物吸附剂的制备;第4章介绍重金属的微生物吸附机理;第5章介绍微生物吸附剂处理重金属废水;第6章介绍微生物吸附法的应用前景。

　　本书的撰写建立在笔者及课题组成员多年研究成果积累的基础上,书中的研究成果和成果的总结出版在课题组老师彭辉、叶锦韶、何宝燕和数届博士及硕士研究生陈烁娜、卢显研、王会霞、杨峰、李森、史一枝、佟瑶、白洁琼等的大力支持和共同努力下完成。博士及硕士研究生的学位论文及与笔者共同发表的科研论文是本书写作的基础。本书由尹华、陈烁娜、叶锦韶、彭辉和唐少宇统稿,参与本书资料收集和整理工作的还有常晶晶、张峰、肖巧巧、廖丽萍、刘芷辰、卫昆、黄捷、唐立梼、王琳琳、邱云云、王芳芳、周艾平、冯绮澜、彭元、杨萍萍等,在此对他们一并致以诚挚的感谢! 此外,在本书的撰写过程中,还参阅了大量相关的文献,已将主要参考文献列于书后,在此向各位编著者表示深切的谢意!

　　最后,衷心感谢任南琪院士在百忙之中为本书作序!

　　限于学术水平,书中难免存在疏漏和不妥之处,恳请读者批评指正。

尹　华

2015 年 3 月于广州

目　　录

第1章 绪 论

1.1 微生物吸附剂的定义

微生物吸附剂指能有效地从水体或气体中吸附、分离或去除某些成分的微生物或其衍生物,主要包括细菌、真菌、藻类或有机化合物等。它最早被用于水体中重金属等无机化合物的分离,之后随着研究的深入和扩展,微生物吸附剂也被用于染料、放射性元素、杀虫剂、持久性有机化合物等生物难降解和有毒有害物质的分离和富集。

微生物吸附剂处理重金属废水实质上是利用细菌、真菌、酵母菌、藻类等微生物材料及其生理代谢活动的产物吸附、转化、积累和去除废水中的重金属,并通过化学、物理等不同方法使重金属从吸附剂上解吸、释放出来,从而实现吸附剂的再生和重金属的分离和回收。

1.2 微生物吸附剂菌种的种类

研究表明,可用于制备吸附剂的微生物种类非常丰富,包括细菌、酵母菌、霉菌和藻类等。近年来研究较多的微生物吸附剂菌种见表 1-1。

表 1-1 微生物吸附剂的种类(王建龙和陈灿,2010)

种类	微生物吸附剂
细菌	枯草芽孢杆菌(*Bacillus subtilis*)、地衣形芽孢杆菌(*Bacillus licheniformis*)、铜绿假单胞菌(*Pseudomonas aeruginosa*)、生枝动胶菌(*Zoogloea ramigera*)、蜡状芽孢杆菌(*Bacillus cereus*)
酵母菌	酿酒酵母(*Saccharomyces cerevisiae*)、假丝酵母(*Candida albicans*)、产朊假丝酵母(*Candida utilis*)
霉菌	黄曲霉(*Aspergillus flavus*)、米曲霉(*Aspergillus oryzae*)、产黄青霉(*Penicillium chrysogenum*)、白腐真菌(*White rot fungi*)、黄绿青霉(*Penicillium citreo-virde*)、黑曲霉(*Aspergillus niger*)、芽枝霉(*Blastocladia pringsheimii*)、鲁氏毛霉(*Mucor rouxii*)
藻类	褐藻(*Phaeophyta*)、鱼腥藻(*Anabaena*)、墨角藻(*F. vesicu-losus*)、小球藻(*Chlorella*)、马尾藻(*Sargassum*)、节囊叶藻(*Ascophyllum nodosum*)、海带(*Laminaria japonica*)

　　微生物是地球上种类最多、繁殖能力最强的物种,若能将其用作生物吸附的原材料,将是取之不尽的廉价资源。发酵工业产生的大量废菌体(如酿酒酵母、面包酵母、根霉菌属、枯草芽孢杆菌等)也是一种极具潜力的吸附剂。在这些微生物吸附剂中,就吸附效果而言,酵母、曲霉、青霉和毛霉等几个属的微生物极具应用前景,因为这些属的微生物中既包含具有高度吸附专一性的菌株,又包含具有吸附广泛性的菌株。

1.3　微生物吸附剂的特性

　　微生物吸附法处理重金属废水越来越受到青睐,主要是因为微生物吸附法与传统的化学、物理法相比,具有无法比拟的优点。

　　与传统的吸附剂相比,微生物吸附剂具有以下主要特性:①适应性广,能在不同范围的 pH 和温度条件下进行加工操作;②金属选择性好,能从溶液中吸附重金属离子而不受碱金属离子的干扰;③金属离子浓度的影响小,在低浓度($<10mg \cdot L^{-1}$)和高浓度($>100mg \cdot L^{-1}$)下都具有良好的金属吸附能力;④对有机化合物的耐受力好;⑤再生能力强、步骤简单,再生后吸附能力无明显降低;⑥节能、处理效率高。

　　利用微生物吸附法治理重金属废水时,不仅是具有活性的微生物吸附剂,死体的微生物吸附剂同样也具有较好的吸附效果。同时不同微生物对同一种金属的吸附去除效率是不同的。一般情况下,每一种金属都有其特定的最优微生物吸附剂。表 1-2 显示了不同微生物对同一种金属吸附量的显著差异。

表 1-2　不同微生物对同一种金属吸附量的比较(Wang and Chen,2006)

金属离子	吸附量($mg \cdot g^{-1}$,干重)
Zn^{2+}	泡叶藻(*Ascophyllum nodo sum*)(25.6)＞产黄青霉(19.2)＞墨角藻(17.3)＞龟裂链霉菌(*Streptomyces rimosus*)(6.63)＞酿酒酵母(3.45)
Cu^{2+}	死菌体:龟裂链霉菌(9.07)＞产黄青霉(8.62)＞墨角藻(7.37)＞酿酒酵母(4.93)＞泡叶藻(4.89) 活菌体:酿酒酵母(7.11)＞马克斯克鲁维酵母(*Kluyveromyces marxianus*)(6.44)＞念珠菌(*Nostoc*)(4.80)＞栗酒裂殖酵母(*Schizosaccharomyces pombe*)(1.27)
Ni^{2+}	墨角藻(2.85)＞龟裂链霉菌(1.63)＞酿酒酵母(1.47)＞泡叶藻(1.11)
Pb^{2+}	黄孢原毛平革菌(*Phanerochaete chrysosporium*)(419.4)＞黑根霉(*Rhizopus nigricans*)(403.2)＞绛红小单孢菌(*Micromonospora purpurea*)(279.5)＞酿酒酵母(211.2)＞土曲霉(*Aspergillus terreus*)(201.1)＞伊纽小单孢菌(*Micromonospora inyoensis*)(159.2)＞棒状链霉菌(*Streptomyces clavuligerus*)(140.2)
Cd^{2+}/Cu^{2+}	迟缓芽孢杆菌(*Bacillus lentus*)(≈30)＞米曲霉＞酿酒酵母(<5)

1.4 微生物吸附剂吸附性能的影响因素

研究微生物吸附的影响因素,进而确定最佳的吸附条件是保证微生物吸附剂有优良稳定吸附效果的前提。影响微生物吸附剂吸附重金属能力的因素很多,主要包括三个方面:微生物因素、重金属因素、环境因素。其中微生物因素包括代谢能力、生理状态、细胞年龄、存在状态等;重金属因素包括重金属的浓度、化学形态和价态等;环境因素包括 pH、温度、吸附时间和吸附液中的共存离子等。

1.4.1 微生物因素

1. 微生物吸附剂的预处理

微生物吸附剂的预处理是指在处理重金属废水之前,通过干燥、碱化、酸化或化学修饰等物理、化学方法处理微生物细胞。适当的预处理可有效提高微生物吸附剂对重金属的去除能力及吸附剂的稳定性。这是因为在酸、碱、无机盐或氨基酸等物质的作用下,微生物细胞表面的理化特性发生改变,例如:①增加细胞表面的有效基团;②改变细胞壁上关键酶的结构和催化性能;③通过几种不同基团间建立化学交联而达到提高酶活性的目的;④对细胞壁表面基团进行修饰,提高微生物吸附剂的选择性;⑤改变微生物表面电荷,增加细胞的有效吸附位点。

已有文献报道,干燥处理后的真菌凤尾菇(*Pleurotus sajor-caju*)对废水中 Cd^{2+} 的去除能力显著提高,且冷冻干燥的效果比高温干燥好(Cihangir and Saglam,1999)。经乙醇处理的废弃酵母菌细胞对废水中 Cd^{2+} 和 Pb^{2+} 的吸附量分别达 $15.63mg \cdot g^{-1}$(干重)和 $17.49mg \cdot g^{-1}$(干重),分别比对照实验组增加了 2 倍和 1 倍(Goksungur et al.,2005)。Celaya 等(2000)发现,NaOH 处理后的氧化亚铁硫杆菌(*Thiobacillus ferrooxidans*)对重金属离子的吸附量显著增加,其原因是碱处理使细胞表面的吸附位点去质子化,使细胞表面的羟基增多,从而增加金属的有效吸附位点。

2. 微生物吸附剂的细胞壁

微生物细胞与动物细胞的最大区别在于细胞原生质膜外有明显的细胞壁。它既可以避免微生物受到外界环境的伤害,又可以控制原生质和周围环境之间的物质交换,细胞壁直接与外界环境接触,并可以与液态介质中的可溶性物质发生作用。虽然细胞壁不是微生物发生吸附的唯一部位,但却是最早与污染物接触的部位,细胞壁上的有效基团、关键蛋白酶、离子通道是重金属吸附、络合和转运的主要位点,因此,细胞壁的特殊结构在微生物吸附中起重要作用。

3. 微生物吸附剂的菌龄

通常来说,微生物吸附剂的吸附效率与菌龄密切相关。有研究认为,细胞在生长对数期和衰亡期对重金属的吸附能力强于生长稳定期。这与微生物细胞的代谢有关,同时又与体系中的溶液环境变化相关。对数期细菌的细胞运动能力强,表面胞外聚合物的数量多且质量较好。细胞的运动能力不仅可以增加微生物与吸附质的接触机会,而且运动细胞所产生的动能可以克服微生物与吸附质之间的静电斥力;胞外聚合物中的多糖、蛋白质及核酸等生物大分子通过含有的带电官能团,如羧基、磷酰基、氨基和羟基等和金属阳离子相互作用。这是导致对数期微生物具有较高吸附量的原因。

有研究者发现,死细胞对某些金属也具有与活细胞相似甚至更高的吸附量,而且不受体系中有毒物质的限制,也不需要营养物质供给,所以更具有开发成吸附剂的潜力。不过也有研究表明,处于稳定期的微生物对重金属的吸附能力最优。但由于一些细菌的芽孢、外霉素和抗生素等有害代谢产物大多在稳定期大量产生并积累,体系中营养物比例、溶液 pH 和 E_h 值等理化条件不利于微生物生长繁殖,因此,该阶段的细胞开始趋向衰亡,吸附能力减弱。

4. 微生物吸附剂对重金属的选择性

微生物吸附剂对重金属具有一定的选择性。这与吸附剂构造、官能团及重金属在溶液中的化学形态、大小、键能等因素有关。例如,小球藻、黑曲霉、褐藻等对金的选择吸附性强,假丝酵母、枯草杆菌、氰基菌对铬的选择吸附能力大。同时由于水体中重金属离子一般以水合金属离子 $M(H_2O)_x^{n+}$、强碱、络合物及金属有机物等不同形态存在,这更加促进了微生物吸附剂的吸附选择性。

5. 微生物吸附剂的粒径

微生物吸附剂粒径对生物吸附量有明显的影响(Wang and Chen, 2006),主要是粒径决定吸附剂比表面积的大小及有效吸附位点的多少。吸附剂粒径太大、太小都不利于吸附处理。若利用曲霉(*Aspergillus* sp.)处理含铬废水,大径菌丝球(4～5mm)的去除率比小径菌丝球(1.5～2.0mm)低 4%,但采用的大径菌丝球对各种金属离子的单位吸附量均超过了小径菌丝球。因此,吸附剂的粒径为 1～3mm 比较适宜,这与金属在吸附剂中的内扩散及吸附剂内表面积的利用状况有关。

微生物吸附剂固定化是指通过包埋、吸附、交联等物理、化学作用将游离的细胞或蛋白酶定位于限定区域,改变吸附剂本身的粒径、运动能力等性能,但仍保持其活性。载体不同,固定化微生物吸附剂的吸附量也不一样。无机载体大多具有多孔结构。例如,活性炭具有发达的孔隙结构和比表面积,且表面较粗糙,为微生物生长和繁殖提供了空间,有利于增加细胞密度和有效的吸附位点。微生物在有机物等其他载体表面黏附生长,一般载体的大小决定吸附剂的粒径及有效作用面积的大小。

另外,虽然较大粒径吸附剂有时表现出良好的吸附性能,但小粒径吸附剂的耐压能力却优于大粒径吸附剂,因此,在实际操作过程中必须综合考虑几方面的因素。

6. 微生物的存在状态

微生物的存在状态(游离的或被固定在载体上)对其处理重金属废水的效果具有显著影响,且对不同的重金属种类其作用效果存在差异。例如,游离的酵母菌细胞对 Pb^{2+} 和 Zn^{2+} 的吸附量分别为 $79.2mg \cdot g^{-1}$(干重)和 $23.4mg \cdot g^{-1}$(干重),而当用明胶载体固定后,其吸附量分别为 $41.9mg \cdot g^{-1}$(干重)和 $35.3mg \cdot g^{-1}$(干重)(Al-Saraj et al.,1999)。固定化微生物细胞富集水体中的重金属时,其实际上起着生物离子交换树脂的作用。微生物吸附剂固定化可以大幅度地提高参加反应的微生物浓度,增强耐环境冲击能力。固定化的微生物具有生物量高且稳定、不易流失、反应速率快、耐毒害能力强、产物容易分离、能实现连续操作等特点,使其在废水处理和受污染水环境的修复中更实用。

7. 微生物的生理条件

微生物吸附包括活细胞和死细胞的吸附,而细胞是否具有活性对其吸附重金属也有较大的影响。

非活性微生物吸附剂主要通过物理、化学机制去除重金属离子,涉及离子交换、表面络合、静电吸附等,主要受细胞表面组分和性质的影响,其表面吸附决定吸附速率快、可逆的特点,而活性微生物吸附剂的吸附特点则是吸附速率较慢且可逆性差,因为其吸附过程包含表面吸附和胞内积累两个阶段,虽然第一个阶段的速率很快,但第二个阶段是一个主动运输的过程,吸附在细胞表面的重金属离子缓慢地进入细胞内部进行积累,该过程与细胞的生理代谢活动相关。微生物的活性不仅影响吸附速率,而且影响吸附量的大小。例如,对于 Zn^{2+},活性酿酒酵母的吸附量($15.0mg \cdot g^{-1}$)低于非活性的细胞($30.5mg \cdot g^{-1}$);对于 Cu^{2+} 恰恰相反,非活性酿酒酵母的吸附量($4.3mg \cdot g^{-1}$)低于活性的细胞($12.7mg \cdot g^{-1}$)(孟令芝等,2000)。但活性与非活性微生物吸附剂在吸附量上的差异还没有合理的解释。

1.4.2 重金属因素

废水中重金属的浓度、化学形态和价态等都会影响微生物吸附剂的吸附效果。

某些重金属的价态和化学形态不同,其毒性也有很大的差异。例如,对于重金属铬离子,Cr^{3+} 可以参与细胞的糖代谢过程,而 Cr^{6+} 毒性很强;甲基汞比 Hg 和 Hg^{2+} 毒性更大,易溶于脂类中且在生物体内不易被分解;有机锡的生物毒性明显强于游离态的锡和金属锡。溶液中重金属离子浓度的影响一般以重金属离子浓度与吸附剂用量的比值 C_0/M 来表示。在一定范围内,C_0/M 值越大则单位吸附剂的吸附量越大。同时 C_0/M 值的选取要兼顾重金属的有效去除与吸附剂的充分利用,适当提高 C_0/M 值有利于吸附剂的有效利用。

陈灿和王建龙(2007a)选用啤酒工业废弃的酿酒酵母为微生物吸附剂,进行了 10 种重金属离子 Ag^+、Cs^+、Zn^{2+}、Pb^{2+}、Ni^{2+}、Cu^{2+}、Co^{2+}、Sr^{2+}、Cd^{2+}、Cr^{3+} 的生物吸附实验,利用重金属离子毒性评价和预测领域中的 QSAR(quantitative structure activity relationships)方法,探讨了重金属离子性质对生物吸附量的影响。重金属离子性质与吸附量之间的线性拟合分析结果表明,共价指数 $X_m^2 r$(r 为离子半径,X_m 为电负性,$X_m^2 r$ 为共价指数,反映共价相互作用相对于离子相互作用的重要性)与最大吸附量 q_{max} 具有良好的线性关系,共价指数越高,离子吸附量越大,重金属离子与吸附剂表面官能团共价结合的比重越大,键结合越牢固。而重金属离子的极化力、水解常数、电离势等多种物化性质与不含软离子的离子之间的理论最大吸附量也表现出良好的线性关系。

1.4.3　环境因素

1. pH

吸附液 pH 是影响吸附的一个重要因素,其对金属离子的化学特性、细胞壁表面官能团(—COOH、—NH₂、=NH、—SH、—OH)的活性和金属离子间的竞争均有显著影响。众多研究表明,只有在适宜的 pH 范围内,吸附才是行之有效的。当 pH 过低时,大量存在的氢离子会使吸附剂质子化,即 H_3O^+ 会占据大量的吸附活性位点,阻止阳离子与吸附活性位点的接触,因此,质子化程度越高,吸附剂对重金属离子的斥力越大,从而导致吸附量下降;当 pH 过高,达到重金属离子的沉淀平衡常数 K_{sp} 后,很多重金属离子会生成氢氧化物沉淀而从溶液中析出,因此,不利于与吸附剂接触,难以达到吸附去除效果,此时微生物吸附法对重金属的去除只起到部分作用。

对大多数金属离子而言,一般认为生物吸附的最佳 pH 范围为 5~9,但是对于不同的微生物吸附剂和不同的重金属离子,它们在吸附过程中所要求的最佳 pH 也不同。例如,Liu 等(2004)研究了氧化硫硫杆菌对 Zn^{2+} 的吸附,当 pH 为 6.0 时,吸附量达到最大值(95.2mg · g⁻¹),pH 为 4.0 时,吸附量为 54.1mg · g⁻¹,而在 pH 为 2.0 时,吸附量仅为 37.7mg · g⁻¹。徐卫华等(2005)研究了 pH

对铜绿假单胞菌还原 Cr^{6+} 效果的影响,结果表明,pH＝7.0 最利于铜绿假单胞菌还原 Cr^{6+},其还原率达到 61.7％,pH＜7.0 或 pH＞7.0 都会使还原率下降。表 1-3 和表 1-4 分别以 Pb^{2+}、Cd^{2+} 为例,列出了不同微生物吸附剂最大吸附量时的pH。

表 1-3　不同微生物吸附剂对 Pb^{2+} 吸附的最佳 pH(蔡佳亮等,2008)

微生物吸附剂	最佳 pH	最大吸附量(干重)
假单胞菌	5.5	$110mg \cdot g^{-1}$
芽孢杆菌	4.0	$0.0236mmol \cdot g^{-1}$
酿酒酵母	5.0	$0.0228mmol \cdot g^{-1}$
鲁氏毛霉	6.0	$769mg \cdot g^{-1}$
毛木耳	6.0	$2.1699mg \cdot g^{-1}$

表 1-4　不同微生物吸附剂对 Cd^{2+} 吸附的最佳 pH(蔡佳亮等,2008)

微生物吸附剂		最佳 pH	最大吸附量(干重)
假单胞菌		6.0	$58mg \cdot g^{-1}$
鲁氏毛霉		6.0	$20.31mg \cdot g^{-1}$
马尾藻		4.5	$0.90mmol \cdot g^{-1}$
团扇藻		5.0	$0.53mmol \cdot g^{-1}$
石莼	酸预处理	6.0	$43.0mg \cdot g^{-1}$
	碱预处理	8.0	$90.7mg \cdot g^{-1}$

2. 温度

温度也是影响微生物吸附效果的重要因素之一。但总的来说,温度对微生物吸附量的影响不如 pH 的影响明显。温度主要通过影响微生物吸附剂的生理代谢活动、细胞酶活性、基团吸附热动力和吸附热容等因素,进而影响吸附效果。每种微生物都有其适宜的生长温度,在这个温度下,细胞内各物质的氧化还原反应、合成反应及分解反应等进行得最快,细胞对金属离子的细胞内扩散和酶促反应效率最高。

Fosso-Kankeu 等(2010)研究了不同微生物对多种重金属的吸附特性,结果表明,高温条件更有利于枯草芽孢杆菌和芽孢杆菌科细菌(*Bacillaceae bacterium*)对重金属的吸附,其中当温度为 45℃时,枯草芽孢杆菌对 Ag^+ 的去除效果最好,和37℃时相比,Ag^+ 的吸附率提高了 32％。孟令芝等(2000)在不同温度下进行 Hg^{2+} 的吸附实验,结果表明 Hg^{2+} 吸附去除率随温度的升高而增加,在 25℃与45℃时的去除率分别为 35％、80％,并证明这与吸附热动力有关。另外大量研究报道指出,微生物吸附有机化合物的最佳温度通常较低(16～36℃),且随着温度的降低,吸附能力会有所提高,这是因为过高的温度会破坏微生物吸附剂的活性位点,且多数有机化合物的吸附是放热过程,另外,温度上升细胞表面活性可能会下降。对农药的微生物吸附研究也表明,在一定温度范围内,温度越低,微生物对林丹、二嗪农、马拉息昂等农药的吸附量越大。

3. 吸附时间

吸附时间是影响重金属吸附的最主要因素。大多数学者认为,活性生物材料吸附重金属分为两个阶段(Kratochvil and Volesky,1998)。第一个阶段为快速吸附阶段,通常在几十分钟内即达到最终吸附量的 70%左右;第二个阶段为慢速吸附阶段,这一阶段常常需要几十小时才能达到最终饱和吸附量。前者是快速的表面吸附,后者是重金属离子向细胞内转移,受胞内代谢、细胞扩散过程的控制。适当增加处理时间可有效地去除重金属,但时间的增加意味着进行污水处理时池体的需要相应加大,这在经济上是不划算的,因此,吸附作用的时间跨度的选取要适当。一般而言,微生物吸附剂需要 2～4h 或更长的时间才会达到较理想的去除效果,这也是影响微生物吸附法实际应用的主要因素。

4. 吸附液中共存离子

吸附液中存在的阳离子会与主要处理对象的重金属离子竞争吸附活性位点,从而对吸附产生干扰。例如,Ca^{2+} 会严重干扰 Ni^{2+} 的吸附。但阴离子会对吸附产生何种影响要视具体情况而定。

在重金属废水中,往往不止一种重金属离子,共存的重金属离子通常以复合污染的形式出现。Bliss 曾于 1939 年首次提出,两种毒物联合作用可划分为拮抗作用、协同作用及加和作用,而对重金属复合污染来说,同样存在着上述三类作用(Freedman,1995)。Yan 和 Viraraghavan(2003)对鲁氏毛霉分别暴露于 Pb^{2+}、Cd^{2+}、Ni^{2+}、Zn^{2+} 单一污染、双重复合污染、三重复合污染等不同状态下的吸附能力进行比较分析。在复合污染中,Cd^{2+}、Ni^{2+}、Zn^{2+} 均受到其他重金属离子的干扰,呈现吸附能力下降的现象,而 Pb^{2+} 则表现为与其他重金属离子产生协同效应,吸附能力提高。本课题组利用解脂假丝酵母(*Candida lipolytica*)吸附 Cr^{6+},考察不同浓度的 NaCl、$MgCl_2$、$AlCl_3$、$NaNO_3$、Na_2SO_4 和 NaBr 等电解质对吸附过程的盐效应。动力学实验表明,除了 Al^{3+} 表现出抑制作用,其他阳离子(Na^+、Mg^{2+})在浓度较低且阴离子相同的条件下对 Cr^{6+} 吸附均有促进作用,盐效应顺序为 $Al^{3+}>Mg^{2+}>Na^+$;而当阳离子相同时,除了 Cl^- 起到促进作用,Br^- 和 NO_3^- 均对吸附表现出抑制作用,盐效应顺序为:$Br^->SO_4^{2-}>NO_3^->Cl^-$(尹华等,2005b)。而 Liu 等(2002)的研究则表明,当 ^{241}Am 与 Au^{3+}、Ag^+ 共存时,酿酒酵母对 ^{241}Am 的

吸附能力并不受 Au^{3+}、Ag^+ 的干扰,即使将 Au^{3+}、Ag^+ 的浓度增加为 ^{241}Am 浓度的 2000 倍,其吸附能力依然不受干扰。

目前,对于金属微生物吸附体系中多种离子间的竞争吸附还没有较好的数学模型来描述,仅有二维、三维图形表示一种或者两种竞争离子对一种目标离子吸附的影响,因此,探讨采用多参数模型对多种重金属离子间的竞争吸附过程和机制进行描述是当前微生物吸附研究中的一个重要方向。

5. 营养物质

活体微生物吸附剂在处理重金属时,具有活跃的生理代谢作用。因此,适当地补充营养物质有助于吸附剂生理代谢活动的增强,从而更有利于吸附剂对重金属离子的吸附富集。有研究表明,葡萄糖和磷酸盐的加入,可使金属的吸附量增加 5～20 倍;通过增加培养基的蛋白质、脂肪含量,可使发酵性酵母、产朊酵母和食用菌对 Fe、Zn、Se 的吸附富集能力提高 20 倍;但高浓度盐类微量元素却会对酵母菌的生长与吸附产生抑制作用。这与酵母菌的生理代谢及阳离子对吸附的竞争有关。

1.5　微生物吸附法的发展历程与趋势

1.5.1　微生物吸附法的发展历程

微生物吸附法是利用微生物从水溶液中富集、分离重金属、染料分子、毒害性有机污染物等溶质的方法,是近年来发展起来的一种新的吸附处理技术,因其价廉易得的特点而受到人们的广泛关注。该方法最早由 Ruchhoft(1949)提出,以活性污泥为吸附剂去除废水中的 ^{239}Pu。此后,国内外研究者围绕微生物吸附剂进行了广泛而深入的研究。

在国外,对利用微生物吸附剂去除废水中重金属的研究早已开始。Ahluwalia 和 Goyal(2007)和 Vijayaraghavan 等(2008)综合多项研究成果发表综述文章,详细介绍了细菌对重金属的生物吸附情况。Greene 等(1986)利用藻类去除水中的 Au^+,Tsezos 等(1988)利用真菌吸附水中的铀。Ridvan 等(2001)对黄孢原毛平革菌吸附 Cd^{2+}、Pb^{2+}、Cu^{2+} 的研究表明,该菌株对这三种重金属的吸附量分别为 27.79mg·g^{-1}、85.86mg·g^{-1} 和 26.55mg·g^{-1}。而真菌曲霉属(*Aspergillus* sp.)对 Cu^{2+} 的吸附量达到了 124.1mg·g^{-1}(莱荣等,2003)。目前,国外已经有采用微生物制成吸附剂去除水中重金属的专利并投入实际应用。例如,AMT-BIO-CLAIM 工艺就是利用死的芽孢杆菌制成球状微生物吸附剂吸附水中的重金属离子。在加拿大和美国目前已有公司开发微生物吸附剂,并将其进行商业化生产应用。加拿大蒙特利尔市 B. V. SORBEX 有限责任公司,从事开发经营微生物菌体生物吸附剂;美国的拉斯维加斯生物回收系统有限责任公司,从事硅胶或聚丙烯酰胺凝胶固定淡水藻菌体,开发微生物吸附剂;美国犹他州盐湖城高级矿产技术有限责任公司,从事开发以芽孢杆菌为基础的广谱微生物吸附剂。这些商业用途的微生物吸附剂大部分是以废弃微生物或藻类为原料制备的。

近几年我国在微生物吸附方面也有很多研究。尹平河等(2000)用几种大型海藻作为吸附剂,对废水中 Pb^{2+}、Cu^{2+}、Cd^{2+} 等重金属离子的吸附量和吸附速率进行研究,得到它们对 Pb^{2+}、Cu^{2+}、Cd^{2+} 吸附平衡时的等温线。实验表明,海藻的最大吸附量为 $0.8\sim1.6\mathrm{mmol \cdot g^{-1}}$(干重),吸附量比其他种类的生物体高得多,吸附速率较快,10min 内重金属从溶液中的去除率就可达到 90%。王建龙和陈灿于 2006 年发表了一篇关于酿酒酵母吸附重金属的综述文章,总结了酿酒酵母作为生物吸附材料的优点、吸附性能及吸附机理,介绍了等温吸附平衡模型和动力学模型在酵母菌生物吸附中的应用情况。王建龙课题组多年来对重金属的微生物吸附的研究成果表明(刘恒等,2002;陈灿和王建龙,2007b;郜瑞莹等 2007;郜瑞莹和王建龙,2007;陈灿等,2008),酿酒酵母对多种重金属离子(Zn^{2+}、Pb^{2+}、Ag^+、Cu^{2+}、Cd^{2+})具有较好的吸附作用,他们分别对每一种重金属离子的吸附特性,包括影响因素、吸附平衡和吸附等温线等特性展开研究。结果发现 0.1g 干酿酒酵母对初始浓度为 $71.6\mathrm{mg \cdot L^{-1}}$ 的 Cu^{2+} 吸附效果显著,在 10min 就达到吸附平衡,Cu^{2+} 的去除率为 93.2%。Langmuir 方程比 Freundlich 方程能更好地描述酿酒酵母对 Cu^{2+} 的平衡吸附行为。酿酒酵母对处理低浓度的 Zn^{2+}、Cd^{2+} 废水也具有较好的效果。当 Zn^{2+} 和 Cd^{2+} 初始浓度为 $1\mathrm{mmol \cdot L^{-1}}$ 时,吸附速率很快,在 3h 内即可达到吸附平衡。动力学特性研究表明,酿酒酵母吸附 Zn^{2+}、Pb^{2+}、Ag^+、Cu^{2+} 的动力学过程均可以用准二级动力学方程进行描述。同时,陈灿和王建龙(2011)还利用多种表面显微分析技术探讨酿酒酵母吸附 Pb^{2+} 的微观作用机理,研究结果表明,Pb^{2+} 在细胞表面发生吸附的同时产生更高浓度的含铅沉淀物,而且由于金属离子的作用,酵母菌细胞内含物释放。此外,他们还研究了硫酸盐还原菌混合菌群分泌的胞外聚合物(EPS)对重金属的吸附特性,结果证实,这种混合菌群的 EPS 能有效地去除水溶液中的 Zn^{2+} 和 Cu^{2+},最大吸附量分别为 $326.07\mathrm{mg \cdot g^{-1}}$ 和 $478.47\mathrm{mg \cdot g^{-1}}$;通过 FTIR 分析表明,EPS 对 Cu^{2+} 的吸附主要在于 EPS 中蛋白质的酰胺(Ⅱ)、羧基、多聚糖的 $\mathrm{-C\!-\!O\!-\!C\!-}$ 、—OH 和脂类等基团,而对 Zn^{2+} 起主要作用的则是多聚糖的 $\mathrm{-C\!-\!O\!-\!C\!-}$ 、羧基和脂类官能团,蛋白质和多聚糖的—OH 对 Zn^{2+} 的结合能力有限(潘响亮等,2005;Wang and Chen,2009)。

　　随着排入环境中的污染物越来越复杂,对废水的处理要求越来越高,利用单一的微生物来吸附处理废水已经不能满足要求。因此,在微生物吸附法的研究中,人们开始探索如何更有效地提高微生物吸附的效率,主要集中在构建高效工程菌、制备复合菌吸附剂、完善吸附设备和工艺等,并且在掌握了微生物的吸附特性、规律和机理的基础上,逐渐将实验室模拟吸附处理人工废水的工艺转入实际的工业废水处理应用中。吴乾菁等(1996)从电镀污泥、废水及下水道铁管内分离筛选出 35 株菌株,从中获得了高效净化 Cr^{6+} 及其他重金属离子的 SR 系列复合功能菌。在国营成都锦江电机厂(简称锦江电机厂)建成了以此复合功能菌为主的生物净化回收电镀废水和污泥中铬离子等金属的示范工程,对 Cr^{6+}、Cr^{3+}、Ni^{2+}、Zn^{2+}、Cd^{2+} 和 Cu^{2+} 等金属离子的一次净化率达 99.9% 以上。随后,李福德等(1997)在成都红光实业股份有限公司、中国人民解放军第 5701 工厂、锦江电机厂等厂进行应用,从处理效果来看,处理后各种金属的指标均低于《污水综合排放标准》(GB8978—1996)中的第一类污染物最高允许排放浓度,并实现水回用、污泥量少、污泥中金属回收、无二次污染,获得了显著的环境和经济效益。

　　笔者所在课题组自 2000 年开始开展重金属的微生物吸附相关研究,从受污染环境中筛选培育了一批对重金属铜、铬、镉和锌等有高效吸附效能的菌株,并对其吸附特性和作用机理等进行了探讨。随着研究的深入,开始关注环境中多种污染物共存情况下的微生物吸附和降解,尤其是常见的重金属-持久性有机化合物复合污染的微生物修复,并对此展开多方面研究,考察微生物吸附剂对水体、沉积物、土壤中重金属和持久性有机污染物的吸附/转化/降解去除的性能和作用机理,取得了显著的成果。

1.5.2　微生物吸附法的发展趋势

　　微生物吸附法最初主要用于去除废水中的重金属,净化水质。但随着研究的深入,微生物吸附法的应用领域目前已逐渐扩展到回收贵金属、脱除染料、去除难降解和毒害性有机化合物等方面。在实践过程中,微生物吸附剂展现了其优良的应用性能和广阔的发展前景。然而,由于对微生物吸附重金属的机理研究还不够完整清晰,以及制备生产成本较高,微生物吸附剂在实际应用中还未能实现规模化和产业化,这也势必成为今后微生物吸附剂研究的热点、重点和难点。

1. 微生物吸附剂的改良技术

　　在微生物吸附剂的研发过程中,研制新的生物固定化技术以减少废水连续处理过程中吸附剂的流失,同时更好地实现吸附剂的回收和再生;通过基因工程选育新的、更稳定的、具有高效吸附性能的微生物新品种;研究能增强微生物吸附性能的化学或生物学方法等是寻找具有高选择性和强吸附能力的高效微生物吸附剂的关键。

1）预处理

对微生物细胞进行预处理主要是为了改善细胞表面的吸附特性，并对细胞进行活化，调节细胞内部的生理作用，这有利于微生物对重金属的表面吸附与内部积累。现阶段在重金属微生物吸附处理实验中，预处理的方法主要有酸碱处理、热处理、冷处理、碎裂、无机盐活化等（王建龙等，2000）。酸碱处理适用于所有微生物吸附剂，但对活体微生物吸附剂进行预处理时，所用酸碱的浓度不宜过高。

已有研究表明（Wang and Chen，2009），利用极端的物理和化学方法处理死体的酵母菌细胞，可以明显地改变其对重金属的吸附特性。一般针对不同的微生物吸附剂应选取不同的预处理方法。碱处理可以显著地提高真菌对金属的吸附能力，但酸处理后的菌体细胞对金属的吸附能力没有明显差异。Wang（2002）分别利用甲醇、甲醛和戊二醛对酿酒酵母进行预处理后再将其应用于含 Cu^{2+} 废水的处理，实验结果发现，菌体细胞壁上羟基的酯化反应和氨基的甲基化会明显抑制其对 Cu^{2+} 的吸附，而戊二醛处理后菌体的吸附能力没有受到影响。

Goksungur 等（2005）利用工业上废弃的酵母菌，分别利用腐蚀剂、乙醇和热处理方法处理菌体，考察其对废水中 Cd^{2+} 和 Pb^{2+} 的吸附能力。结果表明，经乙醇处理的菌体细胞对 Cd^{2+} 和 Pb^{2+} 的吸附能力最强。而 Suh 和 Kim（2000）利用完全不同的预处理方法处理后，酵母菌对 Pb^{2+} 的吸附能力均下降，表现为：原始菌体＞高压蒸汽处理 15min（共 5 次）的菌体＞干燥后细胞磨碎菌体＞高压蒸汽处理 5min 的菌体。

碎裂处理是为了使粒径较大的吸附剂通过外力破碎，使粒径大小适宜、均匀，从而提高吸附效率。尹平河等（2000）在进行吸附实验前将海藻破碎成粒径为 $300\sim600\mu m$ 的颗粒，使吸附效率大大提高。无机盐活化的预处理方法主要适用于活体微生物吸附剂。在白腐真菌菌丝球培养过程中，培养基中存在的 Ca^{2+} 有助于菌丝球的生长，也有利于菌丝球对铅的吸附（李清彪等，1999）。热处理主要是改变吸附剂的化学性能。例如，真菌中曲霉属经 $1mol \cdot L^{-1}$ NaOH 煮沸 60min 后对 Cu^{2+} 的吸附能力增强，其原因可能是加热煮沸改变了吸附剂细胞的化学结构，使其暴露更多的活性位点，同时，NaOH 处理可以使吸附剂细胞壁羟基化，使菌体易于吸附 Cu^{2+}（傅锦坤等，2000）。另外，一些有机化合物也被用于微生物吸附剂的预处理。例如，乙醇预处理的酿酒酵母对 Cd^{2+}、Pb^{2+} 的吸附性能优于热处理和碱处理的菌体，对 Cd^{2+}、Pb^{2+} 的吸附量分别达到了 $31.75mg \cdot g^{-1}$ 和 $60.24mg \cdot g^{-1}$（Goksungur et al.，2005）。

2）化学修饰

微生物吸附主要取决于细胞壁上的官能团（如羧基、巯基、氨基、磷酸基、磺酸基等）与污染物之间的相互作用，而通过化学修饰的手段可以在吸附剂表面引入某种官能团以提高吸附剂的选择性和吸附量,因此,化学修饰具有良好的应用价值。

选择不同化学修饰技术之前首先要鉴定吸附剂起主要作用的官能团,这是非常重要的。由获得的官能团信息尝试进一步用化学或生物合成方法改变吸附剂的表面性质,以提高其吸附能力或选择性;明确发挥作用的关键官能团有助于深入研究微生物吸附的机理。

3) 固定化技术

固定化微生物是将微生物限定或定位于一定的空间领域内,保持需要的催化活性,在可能或必要的情况下保持微生物的活性,使之可以反复使用。使用固定化微生物处理环境污染物是通过有选择性地、高浓度地固定各种优势菌种于某一载体,以达到系统高效、稳定运行的目的。目前该技术已广泛应用于废水和臭气的处理。

常用的微生物吸附剂固定化技术主要有吸附法、包埋法、交联法和载体偶联法。在废水处理领域中,以吸附法、包埋法为主,交联法大多与吸附法和包埋法结合使用。而载体偶联法目前主要应用在固定化酶领域,在废水处理领域应用较少。

(1) 吸附法。

在废水处理领域主要采用物理吸附法。这种方法是利用微生物和吸附载体之间的相互作用(主要是范德华力、氢键及静电作用)将微生物吸附到载体的表面,从而固定微生物吸附剂。在吸附法中,要求载体内部多孔、比表面积大、无生物毒性、传质性能良好、性质稳定不易分解、机械强度高、价格低廉。目前常用的载体有硅藻土、多孔砖、石英砂、活性炭、聚氨酯泡沫、大孔树脂和多孔陶瓷等。根据所采取处理工艺的不同而采用不同的载体。吸附法是固定化技术中最简单的方法,其优点是制备简单、载体可以再生。但微生物和载体的结合力弱,当环境中的 pH、离子强度、温度、底物浓度等外界条件变化时,酶或微生物常会部分或全部脱落。

(2) 包埋法。

包埋法的原理是将微生物细胞截流在不溶于水的凝胶聚合物孔隙的网络空间中,通过聚合作用或离子网络形成、沉淀作用,改变溶剂、温度、pH 等使细胞截流。凝胶聚合物的网络可以阻止细胞泄漏,但小分子底物及代谢反应产物可以自由进出这些多孔凝胶膜。包埋法操作简单,能保持多酶系统,并且对微生物细胞的活性影响较小,是目前工业应用上制备固定化微生物最常用、研究最广泛的方法。此法所用的载体通常有聚乙烯醇(PVA)、聚丙烯酰胺(ACAM)、琼脂、海藻酸钙、角叉莱胶等。

(3) 交联法。

交联法又称为无载体固定法。这种方法不使用载体,而是利用双功能或多功能试剂使微生物细胞之间相互连接成网状结构,即使功能基团直接与微生物细胞表面的反应基团如氨基、羟基等进行交联形成共价键而达到固定化的目的。这种方法往往对微生物细胞的活性造成较大影响,且此类固定化的交联剂大多较昂贵,制备程序烦琐,因而在应用中受到一定的限制。常用的交联剂有戊二醛、甲苯二异氰酸酯、双偶氮联苯等。

微生物吸附剂的固定化在水体污染物处理中已显示出一定的技术优势。在重金属废水处理方面,Carpio 等(2014)利用活性炭作为对重金属有耐受性的生物膜生长载体设计固定床反应器,研究证明,固定化处理后的生物膜对含铜废水具有较好的处理效果。Yan 和 Viraraghavan(2001)研究了聚砜固定化的鲁氏毛霉对重金属离子 Pb^{2+}、Ni^{2+}、Cd^{2+}、Zn^{2+} 的吸附。Bai 和 Abraham(2003)用海藻酸钠、聚乙烯醇、聚丙烯酰胺、聚异戊二烯、聚砜固定化的黑根霉菌(*Rhizopus nigricans*)吸附重金属铬。Bayramoğlu 等(2003)用羧甲基纤维素固定化的白腐菌(*Trametes versicolor*)吸附 Cu^{2+}、Pb^{2+}、Zn^{2+}。Stanley 和 Ogden(2003)用海藻酸钠固定化的细菌处理含铜电镀废水。王会霞(2005)用搅拌培养 96h 木屑固定化的解脂假丝酵母处理含铬废水,当吸附柱高为 500mm,铬浓度为 $50mol \cdot L^{-1}$ 时,6038mL 处理液的铬去除率达到 80% 以上。

4)高效微生物吸附剂的构建

废水微生物处理的有效应用,依赖于高效吸附菌株的投入使用。性能良好的吸附菌株必须具备吸附效率高、抗重金属毒性能力强、生长周期短、对生长的营养需求低、适应能力强、沉降性能良好、无毒等特点。纯培养的微生物一般很难具备上述多项优点,因此,需要对吸附剂进行适当改造。例如,采用基因育种、诱变育种、原生质体技术育种等基因工程手段,通过改变微生物的遗传物质,提高微生物的吸附性能。具体的育种技术在第 2 章将作详细介绍。

2. 微生物吸附法的研究方向

1)加强微生物对污染物毒性的抗性研究

污染物毒性的生物解毒是复杂的物质循环与生理代谢过程,各种编码基因将抗性物质的表达、污染物的胞内外结合与排放偶合在一起。如何系统地研究庞大微生物群体对各类污染物的抗性,仍需进一步的探索,以期为实际应用奠定基础。

2)重视基因工程菌的构建与应用

随着越来越多的人工合成材料被生产应用,进入环境中的污染物越来越复杂,呈现复合性、高毒害性、难降解性、持久性等特点,仅依靠原始的单一微生物已不能将其有效去除。因此,需从污染环境中筛选或利用遗传工程、基因重组技术、原生质体融合技术构建"超级工程菌",且加强新型高效微生物吸附剂系列产品的开发与制备条件的优化研究。

3)深入探讨微生物吸附的机理

关于微生物吸附机理的研究有很多,但至今还不透彻。应利用现代分析手段如同步辐射技术、各种显微电镜观察、X射线能谱分析、流式细胞术等,研究污染物在界面的迁移转运、在细胞内的沉积部位和存在状态、污染物与细胞特定官能团结合的能量变化及关键官能团的结构和特性,以及吸附剂细胞调控基因和功能蛋白的表达等,力求在吸附机理上寻求突破,并对污染物和微生物吸附剂之间的反应动力学和热力学作进一步探讨。

4) 研发低成本、高效的生产应用工艺

实现微生物吸附剂的生产应用需重点关注微生物吸附剂制备技术的研发和微生物吸附剂应用于环境污染治理的工艺改进。其中,应以提高吸附剂吸附效率为目的,综合采用预处理、固定化技术、化学修饰等手段,针对不同的污染物研发单一菌剂、复合菌剂等高效的微生物吸附剂,重点寻求廉价有效的生产辅料替代品,研究低成本的吸附剂制备生产工艺等。在微生物吸附技术应用方面,应建立在微生物技术基础上的新的处理工艺,开发新的生物反应器,实现可反复连续生产并回收贵金属,优化不同类型反应器和吸附工艺特征参数,改进在线调控技术等。

3. 微生物吸附法的应用领域

微生物吸附法最早用于吸附废水中的重金属,应用目的是净化水质。但随着研究的深入和发展,微生物吸附法的应用领域逐渐扩展到富集回收贵金属、脱除染料、去除难降解和毒害性有机化合物等。微生物吸附法在环境治理领域也越来越受到重视。大量成功的应用实例证明微生物吸附法在重金属废水、染料废水、难降解持久性有机化合物污染、贵金属回收等方面具有得天独厚的优势。此外,随着细胞吸附规律、特性和机理的掌握,微生物吸附剂制备及生产应用技术的不断成熟,该方法将被推广到其他应用领域,如环境监测,生产制备催化剂、杀菌剂、消毒剂,生物探矿与采矿,金属的防腐,重金属的生物解毒,重金属的生物修复等,详细的技术、特点将在本书第 6 章进行介绍。

第2章 微生物吸附剂菌种的选育

2.1 微生物吸附剂菌种的筛选

2.1.1 筛选微生物吸附剂菌种的重要性

在众多处理废水的方法中,生物处理法越来越受到青睐。生物处理法与物理、化学法相比,具有经济、高效、不会带来二次污染等优点,而微生物处理法是生物处理法中应用最广、最常见的一种。目前,用微生物处理废水的硬件设施和工艺流程已经相对成熟,但要想充分发挥微生物处理法的优势、提高处理效率,还需要培育高效菌株来处理废水中的目标污染物。在传统方法中,微生物菌种往往取自自然环境,然后在实验室由人工分离筛选得到,这种方法在处理普通生活污水中应用广泛。随着工农业的发展,人工合成化肥和化工制品大量使用,各类环境污染物的排放量不断增大,难降解的有毒、有害有机化合物的排放不断增多。在处理这些含人工合成的难降解的有机化合物废水时,由于污染物在自然界并不存在,以往传统的技术方法难以奏效,必须通过选育具有特殊功效的微生物进行这类污染物的处理。同时,一般微生物处理法的去除速率较慢,微生物需要一段较长的时间来适应突变的环境,而通过投加优势菌种可迅速有效地去除目标污染物,加快系统启动,增强耐负荷冲击能力和系统稳定性。因此,生物强化技术提出了对特殊高效菌的迫切需求。

微生物吸附剂作为重金属废水生物处理的主体,其筛选对重金属废水的有效治理至关重要。微生物吸附剂的筛选主要是指微生物的选育,通过选种和育种,得到性状优良,对目标污染物具有强耐受性、高去除率的菌株。选种即根据微生物的特性,应用各种筛选方法从自然界和生产中选择我们需要的菌种;育种即通过改变已有菌种的遗传物质,进一步提高其某种性能,使其更符合我们的需要。变异菌株中通常只有少数菌株在某些性能方面比初始菌株有所提高,因此育种工作中也存在选种问题。选种与育种在微生物吸附剂的筛选过程中紧密联系。

2.1.2 微生物吸附剂菌种的筛选方法

微生物吸附剂菌种的筛选方法有自然选育、诱变育种、杂交育种、代谢控制育种和基因工程育种五大分支。

自 20 世纪 30 年代青霉素被发现以来,人们便开始了微生物菌种的选育。诱变育种的成功使青霉素和其他各种抗生素得以大规模生产。在代谢控制育种的推动下,生产氨基酸、核苷酸、有机酸等次生代谢产物的高产菌株大批投入生产。由基因工程构建的工程菌株使微生物次生代谢产物的生产能力迅速提高,而且生产出微生物本身不能生产的外源蛋白质,如胰岛素、生长激素、单克隆抗体、细胞因子及基因工程疫苗等。在不断研究中取得的各项重大成果证明微生物的优化育种是提高产品产量和质量的有效途径之一,也促使微生物育种技术进入真正意义的分子水平育种时代。

2.2　自　然　选　育

自然选育就是直接从自然界或生产中选择我们需要的菌种,又称为单菌落分离。自然选育在废水生物处理中应用非常普遍,一般通过以下两种方法获得适宜的微生物菌种:①微生物样品驯化,即利用待处理的废水对微生物种群进行自然筛选,使微生物对污染物逐步适应,从而具有更好的净化性能;②实验室筛选高效菌株,即在实验室中对微生物菌种进行人工分离,筛选其中降解能力强的高效菌株。以上两种方法可以分别实施,也可以相辅而行。

2.2.1　实验室自然选育高效菌株的流程和步骤

图 2-1 为实验室自然选育高效菌株的流程图。

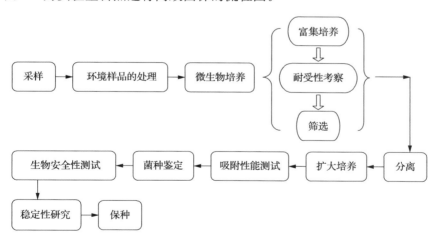

图 2-1　实验室自然选育高效菌株的流程图

1. 采样

为提高选育的效率,通常是有目的地选取特定的环境进行采样。例如,要获得

Cr^{6+} 的高效吸附菌,通常到 Cr^{6+} 污染严重的地方采样,如采集电镀废水、冶炼废水、制革废水等。

2. 环境样品的处理

对采集的环境样品需要尽快进行培养处理。环境样品中通常含有大量的微生物,为使后期筛选、分离工作操作方便,一般要将样品按一定倍数,用无菌水进行稀释。

3. 微生物培养

吸取一定体积(如 0.2mL)稀释后的环境样品于灭菌的平板培养基上,涂布、倒置培养 24h,然后挑取单一菌落平板划线培养。将已经纯化的菌株进一步接种到加有目标污染物的培养基中培养,考察其耐受性,进行筛选。以上所有的接种培养工作均要无菌操作。

4. 分离

挑选分离出对目标污染物具有高耐受性的菌株进行保种。

5. 扩大培养

将筛选、分离得到的菌株接入液体培养基扩大培养,并将培养液离心,弃上清液,然后取菌体制成一定浓度的菌悬液,用于性能测试。

6. 吸附性能测试

取一定量(通常 1mL)待测菌株的菌悬液接入定量的培养液中,改变各种培养参数,分别进行吸附实验。考察的参数一般包括:目标污染物初始浓度、吸附时间、反应温度、摇床转数、pH、菌龄、投菌量等。可以对每个参数分别进行单一考察,也可以进行正交实验,而且要设置平行样和空白对照样。

7. 菌种鉴定

对筛选分离得到的具有良好吸附性能的菌株开展进一步的鉴定工作,明确具体菌种。一般菌种的鉴定包括常规的形态特征和理化特性鉴定,以及遗传物质的分子生物学鉴定。形态特征包括显微形态和培养特征;理化特性包括营养类型、碳/氮源利用能力、各种代谢反应、酶促反应和血清学反应等。分子生物学鉴定主要通过提取微生物的遗传物质,利用核酸测序、比对分析确定微生物的种群分类,其中常用的是细菌的 16S rDNA/16S～23S rDNA 区间序列扩增、酵母菌 18S rDNA/26S rDNA(D1/D2)序列及丝状真菌的 18S rDNA/ ITS1-5.8S-ITS2 序列扩增等。

8. 生物安全性测试

为确保微生物吸附剂使用安全,还要对吸附剂的生物安全性进行测试,一般包括急性毒性实验、生殖毒性实验和致畸敏感期毒性实验。

(1) 急性毒性实验:指在 24h 内动物接受受试菌 1~2 次(间歇时间为 6~8h),观察给药后动物 7~14d 内所产生的急性中毒反应。

(2) 生殖毒性实验:评价受试菌对哺乳动物(啮齿类大鼠为首选)生殖的影响。一般以大鼠接受实验,按受试菌剂量分组进行皮下注射给药,给药时间为交配前,雄大鼠 60d,雌大鼠 14d,每天一次,连续给药;雌大鼠交配后继续给药至妊娠后 20d。观察受试菌各剂量组对大鼠的一般状况、体重变化、受孕率、死胎数、活胎数、活胎质量、外观、内脏及骨骼的影响,并与生理盐水对照组比较。

(3) 致畸敏感期毒性实验:一般以大鼠为实验对象,按受试菌剂量分组,对雌性大鼠受孕后的第 6~15d 连续给药。观察受试菌对胎仔外观、体重、身长、尾长、内脏和骨骼等的影响,并与生理盐水对照组比较。

一般情况下,微生物吸附剂生物安全性测试中,较常用的是选用鱼类开展急性毒性实验,因为微生物吸附剂较多用来修复水体污染,对水生生态环境的影响较明显。同时鱼类对水环境的变化反应十分灵敏,当水体中存在一定浓度的外加物质时,会引起一系列的生理生化反应,包括行为异常,生理功能紊乱,组织细胞病变、甚至死亡。因此,可以在规定条件内,使鱼类接触含有不同浓度微生物吸附剂的水体,在一定周期内记录实验鱼类的各种反应现象及死亡率,以短期暴露效应表示受试菌的安全性,主要的实验步骤如图 2-2 所示。

9. 稳定性研究

在实际废水处理中,吸附处理后的失活菌体必须不断从体系中排出,并补充新发酵的活性菌体,因此,菌体去除污染物的性能能否通过自身调节稳定遗传,并通过优胜劣汰使整个菌群去除污染物的性能得到改善,对其能否投入实际应用具有非常现实的意义。另外,微生物吸附剂在存放使用过程中能否保持稳定性能,不被轻易污染、变质也是吸附剂生产应用中的关键。

因此,在生产过程中需定期从保存的微生物吸附剂中挑选菌种进行考察,对菌种进行自然分离,在实验室进行摇瓶发酵,测定其生产性能,并从中挑选具有较高生产能力的纯菌株重新保种,以防止菌种生产能力的下降及菌种的污染。

10. 保种

菌种的长期保藏是一切微生物工作的基础,其目的是使菌种在保存中不死亡、不变异、不被杂菌污染,并保持优良性状。现有的菌种保藏方法大体可以分为以下

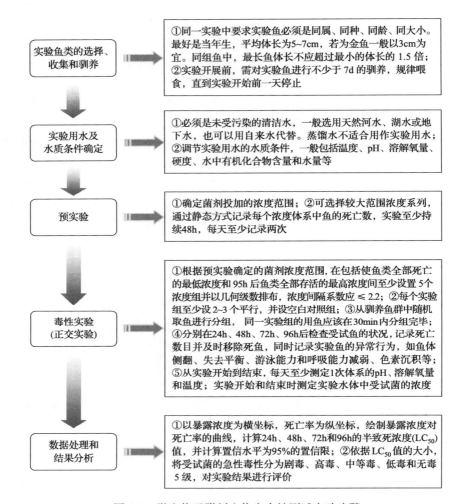

图 2-2　微生物吸附剂生物安全性测试实验步骤

几种：传代培养法、悬液法、载体法、真空干燥法及冷冻法。下面介绍几种实验室较常用的保种方法。

1）斜面法

将筛选分离纯化得到的，并经过一系列测试，证明具有高效吸附性、安全性和稳定性的菌株接种到特定的斜面培养基中，待其充分生长后，用石蜡膜将试管塞部分包扎好（斜面试管用带帽螺旋试管为宜，这样培养基不易干，且螺旋帽不易长霉，若用棉塞或木塞，需较干燥），置于冰箱 4℃保存。保藏时间根据微生物种类各异，霉菌、放线菌及有芽孢的细菌一般 2~4 个月保种 1 次；普通细菌最好每个月移种 1 次；假单胞菌两周传代 1 次；酵母菌间隔 2 个月保种 1 次。该方法操作简单，使用方便,但是保藏时间短,需要定期传代,且易被污染,菌种的主要特性易改变。此法主要适用于目标菌株正频繁使用和研究中。

2）液体石蜡法

（1）将液体石蜡分装于试管或三角瓶中,加塞包扎好并于 121℃灭菌 30min,然后放置于 40℃恒温箱中使水汽蒸发后备用。

（2）将需要保藏的菌种在适宜的斜面培养基中培养,直到菌体健壮或孢子成熟。

（3）用无菌吸管吸取已灭菌的液体石蜡,加入已长好菌的斜面上,其用量以高出斜面顶端 1cm 为准,使菌种与空气隔绝。

（4）将试管直立,置于低温或室温下保存。

此保种方法效果较好,一般霉菌、放线菌和芽孢菌可以存放 2 年以上,有些酵母菌可以保藏 1～2 年,一般的普通细菌也可以保藏 1 年左右。该方法操作简便,不需特殊设备,且可以实现较长时间保藏;但保存时须直立放置,因此,占用较大空间,且不便于携带。

3）半固体穿刺法

半固体穿刺法也是一种短期保藏的有效方法,具体操作如下。

（1）用接种针挑取目标菌株,在琼脂柱中穿刺培养。培养试管一般选用带螺旋帽的短聚丙烯安瓿管。

（2）将培养好菌株的穿刺管盖紧,外面用石蜡膜封严,置于冰箱 4℃保存。

取用时将接种环伸进菌种生长处挑取少许细胞,接入适当的培养基中扩大培养。穿刺管封严后可以保留,以后继续使用。

4）冷冻真空干燥法

冷冻真空干燥法是菌种保藏的主要方法,对大多数微生物较为适宜,效果较好,保藏时间依不同的菌种而定,有的为几年,有的甚至可以达几十年。冷冻真空干燥法的实验流程如图 2-3 所示。

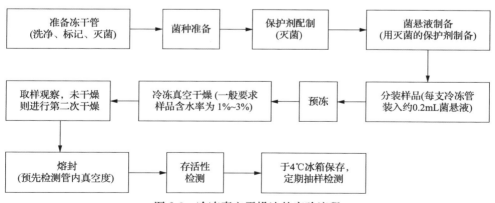

图 2-3　冷冻真空干燥法的实验流程

2.2.2 自然选育的局限性

自然环境中微生物种类不计其数,为吸附剂的制备提供了丰富的菌种库,但是随着工农业的发展,排放到环境中的污染物的种类、成分越来越复杂,含有各种难降解、高毒害性的有机化合物,以及人工合成的多种持久性有机化合物等。仅靠从自然界中获取的菌种已不能满足对这些复合型、高毒害性、难降解的持久性污染物的有效去除,且废水的复杂性也使得自然选育菌株的稳定性和对有毒污染物的抗性易受影响,不利于持续反复的生产应用。所以人们开始通过各种育种手段寻找高耐毒性、高吸附活性及特异或广谱降解污染物的特殊菌种用于处理特殊污水。

2.3 诱 变 育 种

诱发突变是指在人为的条件下,利用物理或化学因素处理微生物群体,促使少数个体细胞遗传物质(主要是 DNA)的分子结构发生改变,使基因内部的碱基配对发生差错,从而引起微生物的遗传性状发生突变。根据应用的要求,可以从突变菌株中筛选出某些具有优良性状的菌株供科研和生产使用。

1927 年,美国马勒发现 X 射线能诱发果蝇基因突变,到 20 世纪 50 年代以后,诱变育种方法得到改进,成效更为显著。例如,美国用 X 射线和中子引变育成了用杂交方法未获成功的抗枯萎病的胡椒薄荷品种(*Todd's mitcham*)等。自 70年代以来,诱变因素从早期的 X 射线发展到 γ 射线、中子、多种化学诱变剂和生理活性物质,诱变方法从单一处理发展到复合处理,同时,诱变育种与杂交育种、组织培养等密切结合,大大提高了诱变育种的实际意义。通过近几十年的研究,人们对诱变原理的认识逐步加深,诱变育种技术从植物选育逐渐发展应用到工业微生物的选育,而多种诱变技术的研发为工业微生物诱变育种提供了前提条件。诱变育种是以诱变剂诱发微生物基因突变,通过筛选突变体,寻找正向突变菌株的一种诱变方法。

2.3.1 诱变育种的基本程序

可以通过处理完整细胞进行诱变,也可以将诱变了的基因引进原生质体。可以对营养细胞或孢子进行诱变,也可以将诱变剂加入培养基中,在微生物细胞的生长过程中进行诱变。诱变育种一般包括选择适当的出发菌株、诱变菌株与诱变剂作用及筛选突变菌株三个基本过程。常规诱变育种的实验程序如图 2-4 所示。

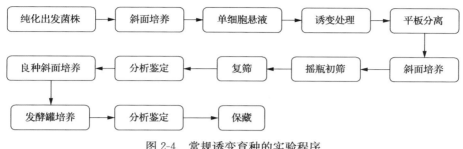

图 2-4　常规诱变育种的实验程序

1. 选择出发菌株

工业上用来诱变育种的菌株称为出发菌株,出发菌株是诱变育种的重要基础,选择合适的出发菌株是诱变成功的基本前提。出发菌株可以从自然界筛选分离得到,可以从菌种保藏部门购买,也可以将正在应用的菌种作为出发菌株进行改良。

从自然界筛选分离菌种,通常有目的地选择特定的环境进行采样分离,这样可以提高筛选分离的效率,取得较好的结果。例如,想分离得到对多环芳烃(polycyclic aromatic hydrocarbons,PAHs)有高降解能力的菌株,可以从 PAHs 污染严重的环境中或含有 PAHs 化合物的工业废水或污泥中采样并筛选分离。

选择出发菌株一般要考虑两个问题:①菌种的特性,如该菌的遗传、生理生化特点,是否具有诱变的潜力,培养条件是否方便经济,菌种的安全问题等;②菌种的潜力,即如果该菌是经过多次诱变得到的,则再用同样方法进行诱变时,菌种性状进一步提高的潜力较小,这时最好改换菌种或者采用其他的诱变方法。

2. 选择诱变剂

诱变剂的选择包括诱变剂种类和剂量的确定。选择诱变剂时要根据诱变剂的作用机理,结合菌种特性和遗传稳定性考虑。在微生物诱变中,不同的诱变因素往往引起不同位点的诱变效应,各种类型的微生物对同一种诱变因素的细胞透性一般不同,同一种诱变因素对不同微生物的作用也不同,不能简单地认为对选育一种菌株有效的诱变因素对于选育其他种类的菌株也是有效果的。要成功地选育一种生产菌株,必须进行预备试验,正确选择诱变因素。对于稳定的菌株应采用较强烈的诱变剂,或使用尚未用过的诱变剂,而对于已经多次诱变的菌株可以轮换应用不同类型的诱变剂。

诱变剂最适剂量应满足使所希望得到的突变菌株在存活群体中占有最大比例,通常要经过多次试验来确定。化学诱变主要通过调节诱变剂浓度、处理时间、处理条件等实现,而物理诱变主要是控制照射距离、照射时间和照射过程的条件等。就一般微生物而言,诱变频率往往随诱变剂剂量的增加而升高,但达到一定剂量后,再提高剂量会使诱变频率下降。根据对紫外线、X 射线及乙烯亚胺等诱变剂诱变效应的研究,发现正突变较多地出现在较低的剂量中,而负突变则较多地出现在高剂量中。同时还发现,经多次诱变而提高产量的菌株中,高剂量更容易出现负突变。因此在诱变育种工作中要视具体情况而定,从较低剂量开始尝试。

在选择诱变剂时通常需要进行效果测试,以评价诱变的结果。最简单的方法是用肉眼观察菌落,以菌落的形态变异作为诱变作用的指标。但是诱变作用和菌落变异形态之间目前尚未发现有固定的相关性(个别例外),因此进行诱变作用测试的方法主要以营养缺陷型的回复变异和微生物抗药性变异为指标。

3. 制备细胞悬液

细胞悬液制备的质量好坏直接关系到菌株诱变的效果。制备细胞悬液要注意以下几个方面。

1) 出发菌株的菌龄

细菌一般采用其营养体,在生长对数期的诱变率较高,真菌与放线菌一般采用孢子处理。但由于孢子代谢慢或处于静止状态,因此处理时应力求新鲜,最好是孢子刚成熟时。处理时可以将孢子先培养数小时,使其脱离静止状态,或使用刚萌发的孢子,这样可以提高诱变的变异率。

2) 细胞的悬浮

为了使细胞能与诱变剂均匀接触,必须制备处于分散状态的单细胞或单核孢子悬液。可以用灭菌的玻璃珠将成团的细菌打散,再将细胞或孢子用脱脂棉或适宜的滤纸过滤,以得到更多单细胞或单核孢子的悬浮液。菌悬液一般用生理盐水(0.85% NaCl)或 $0.1mol \cdot L^{-1}$ 磷酸盐缓冲溶液配制,其细胞浓度一般控制为:真菌孢子或酵母菌细胞为 $10^6 \sim 10^7$ 个 $\cdot mL^{-1}$;放线菌或细菌为 10^8 个 $\cdot mL^{-1}$。对于计数方法,真菌用细胞计数法,细菌用涂片直接计数,且一般以活菌计数为标准。菌悬液的具体制备方法如下。

(1) 细菌:选用最适培养基,在最佳条件下摇瓶振荡培养至生长对数期,离心洗涤、收集菌体。用冷生理盐水或磷酸盐缓冲溶液制备菌悬液,放在装有玻璃珠的三角瓶(已灭菌)内振荡 10min,用无菌脱脂棉或滤纸过滤,通过菌体计数调整菌悬液的浓度。

(2) 孢子:将已成熟孢子置于灭菌液体培养基中振荡培养至孢子刚萌发,即芽长相当于孢子直径的 0.5~1 倍。离心洗涤,加入生理盐水或磷酸盐缓冲溶液,振荡打碎孢子团块,以脱脂棉过滤,计数,调整菌体浓度供诱变处理。对不产孢子的真菌,可直接采用年幼的菌丝体进行诱变处理。

4. 诱变

诱变是诱变剂与细胞作用的过程。由于诱变剂种类及诱变剂剂量不同,或微生物细胞生理状态有差异,细胞的突变能力会不同,因此诱变过程中应该注意诱变的条件。诱变时一般采用处于生长旺盛期的菌体细胞,此时细胞内 DNA 的合成活跃,发生基因突变的概率较大。有时也将菌体细胞制成原生质体以达到较好的处理效果,主要是因为原生质体对理化因子的敏感性比营养细胞和孢子强。为了提高诱变效率,在进行诱变处理时可以添加助变剂,这有利于不同程度地提高诱变效果。常用的助变剂有氯化铝、8-甲氧基补骨脂素等,助变剂本身没有诱变作用,但能与其他诱变因子一起产生协同作用。诱变处理一般包括以下两种方法。

(1) 单一因子处理:采用单一诱变剂处理,可以减少菌种遗传背景复杂化、菌落类型分化过多的弊病,使筛选工作趋向简单化。

(2) 复合因子处理:指两种以上诱变因子共同诱发菌体突变。适合于遗传性稳定的纯种及生活能力强的菌株的处理,能导致较大的突变。复合因子处理分为:两个以上因子同时处理;不同诱变剂交替处理;同一种诱变剂连续重复使用;紫外线复活交替处理。

5. 筛选

筛选是诱变育种过程中十分关键的一步,同时也是较烦琐,要投入大量人力、物力和时间的一步。但随着科技的发展,借助物理、化学、生物的方法,已经形成了高通量的筛选技术,可以大大提高筛选的效率。具体的突变菌株筛选方法将在2.3.5 节作具体介绍。

2.3.2　诱变剂

1. 诱变剂的种类

常用诱变剂有物理诱变剂、化学诱变剂和生物诱变剂三类。物理诱变剂包括紫外线、X 射线、激光、低能离子、快中子等。化学诱变剂包括烷化剂(如甲基磺酸乙酯、硫酸二乙酯、亚硝基胍、亚硝基乙基脲、乙烯亚胺及氮芥等)、碱基类似物、脱氨剂(如亚硝酸)、移码诱变剂(如吖啶黄、吖啶橙、ICR-171、ICR-191 等)、羟化剂和金属盐类(如氯化锂及硫酸锰等)等。

生物诱变剂包括噬菌体、转座子、质粒等。其中,物理诱变剂因其价格经济、操作方便而应用最为广泛;化学诱变剂多是致癌剂,对人体及环境均有危害,使用时受到限制;生物诱变剂存在生物危害风险,且致死率高,因而应用受限。

2. 诱变剂的剂量

诱变剂的剂量即是诱变剂的使用强度。在诱变剂的作用下,微生物部分群体会发生基因突变,发生基因突变的细胞可能出现三种情况:①正突变,即突变后性状比原来好;②负突变,即突变后性状比原来差;③致死突变,即突变导致个体死亡。

微生物诱变育种是为了获得性状优良的菌株,因此选育诱变剂进行微生物育种即希望最大限度地发生正突变。诱变剂剂量的选择必须以此为依据。因为剂量越大,诱变效率越高,但致死率也越高,所以在选择诱变剂剂量时,并不是越大越好。根据经验,在多数情况下,选择 70% 左右致死率时的诱变剂剂量较合适。

2.3.3 物理诱变育种

1. 紫外线诱变

紫外线是一种使用最早、延用最久、应用广泛、效果明显的物理诱变剂。它的诱变频率高,而且不易恢复突变。紫外线在工业微生物育种史上曾经发挥过极其重要的作用,迄今仍然是微生物育种中最常用和有效的诱变剂之一。

1) 紫外线的诱变机制

紫外线被 DNA 吸收后引起突变的原因主要包括:①DNA 与蛋白质的交联;②胞嘧啶与尿嘧啶之间发生水合作用;③DNA 链的断裂;④形成胸腺嘧啶二聚体(图 2-5)。其中形成胸腺嘧啶二聚体是产生突变的主要原因,微生物细胞内胸腺嘧啶二聚体越多,突变率越高。胸腺嘧啶二聚体不仅可以由单链上相邻的两个胸腺嘧啶之间反应形成,也可以产生于双链上对应的两个胸腺嘧啶之间。

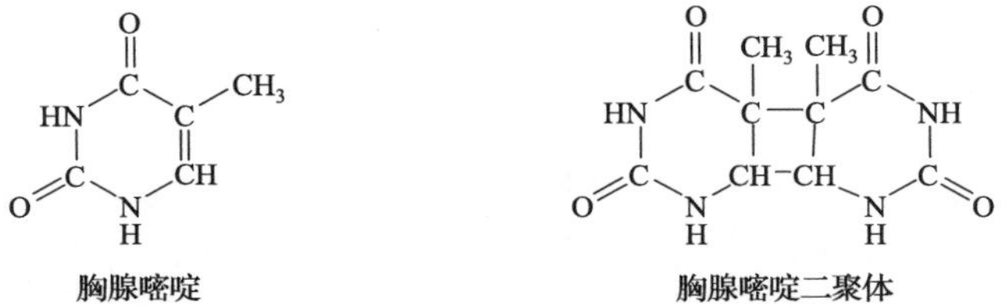

胸腺嘧啶　　　　　　　　　　　　胸腺嘧啶二聚体

图 2-5　胸腺嘧啶及其二聚体分子式

当 DNA 自身复制时,双链先解成单链,由于互补双链间形成胸腺嘧啶二聚体,妨碍 DNA 双链正常的拆分和复制;而同一链上相邻碱基形成胸腺嘧啶二聚体,会妨碍碱基的正常配对。正常情况下 DNA 自我复制过程中,胸腺嘧啶与腺嘌呤配对,如果链上相邻的两个胸腺嘧啶连接则会破坏腺嘌呤的掺入配对作用,从而导致复制在此点终止,或错误地进行,最后在新链上形成错误的碱基序列。在随后的 DNA 复制中,已改变碱基次序的 DNA 仍进行自我复制,产生错误的分子,从而引起突变。

2) DNA 损伤修复

DNA 损伤修复对突变体的形成影响很大。DNA 损伤包括任何一种不正常的 DNA 分子结构。到目前为止,DNA 损伤中研究较多的是由紫外线引起的胸腺嘧啶二聚体的形成。在修复系统中研究较多的是光复活、切补修复、重组修复和 SOS 修复系统,另外还有聚合酶的校正作用。

（1）光复活。

一定剂量紫外线照射后的突变体在可见光下照射适当时间,有 90% 以上被修复而存活下来。这是由于在黑暗中胸腺嘧啶二聚体被一种光激活酶结合形成复合物,这种复合物在可见光下由于光激活酶获得光能而发生离解,二聚体重新分解成单体,DNA 恢复成正常的构型,使突变率下降。在一般的微生物中都存在着光复活作用,因此用紫外线进行诱变时,照射或分离均应在黑暗中进行。

（2）切补修复。

切补修复是在 4 种酶的协同作用下进行的 DNA 损伤修复,这 4 种酶都不需要可见光的激活,在黑暗中就可修复,所以也称为"暗修复"。参与切补修复的酶可以识别 DNA 链上胸腺嘧啶二聚体的位置。嘧啶二聚体的 $5'$ 端在限制性内切核酸酶的作用下造成单链断裂,接着在外切核酸酶的作用下切除胸腺嘧啶二聚体。然后在 DNA 聚合酶 I、III 的作用下,以另一条完整的 DNA 单链作模板合成正确的碱基对序列,最后由连接酶完成双链结构。

由此说明,紫外线照射引起微生物突变体形成是一个复杂的生物学过程。紫外线引起 DNA 结构的改变仅仅使微生物处于亚稳定状态,由亚稳定到稳定的突变体的形成需要一定时间和过程,所以在实际诱变过程中要采取某些措施避免以上的修复作用,如加入某些助变剂,提高诱变效率。

3) 紫外线诱变的要点

紫外线诱变的波长范围为 $200\sim300nm$,由于 DNA 和 RNA 的嘌呤和嘧啶最大的吸收峰在 260nm,因此在 260nm 处的紫外辐射是最有效的。

紫外线的计量单位为能量单位:尔格(erg,$10^{-7}J$)。由于常用的紫外线能量较难测定,一般不采用此绝对量单位,而是用时间作为相对计量。当紫外灯的功率和照射距离一定时,照射的时间越长,剂量越大,两者成正比关系。另外,杀菌率与变异率之间也有一定关系,因此,可以用来作为选择适宜剂量的依据,更加方便、常用。一般来说,剂量越大,杀菌率越高,在存活细胞中的变异幅度也越广;反之,变异幅度窄。

紫外线诱变的使用方法:将处理的细胞悬液放在培养皿内进行紫外线照射,一定时间后涂布于平板培养。操作过程要在红外灯下进行,以免引起光复活效应。

但不是所有微生物都有光复活效应,要通过实验来证明,不同菌甚至同一种菌的不同菌系都有明显差异。导致光复活的光谱范围对各种微生物来说是不同的,一般若放在波长大于 525nm 下影响都不大,大多数变异株不会在黑暗中复活,因此紫外线诱变工作必须在红外灯下进行,并在黑暗条件下培养处理后的细胞,以免发生光复活。

4) 紫外线诱变育种技术的研究现状

目前,国内外研究紫外线诱变技术选育优势菌种并应用于废水微生物处理已取得了很多成果。

Li F 等(2012)利用紫外线诱变技术处理草酸青霉菌(*Penicillium oxalicum*,DSYD05),选育获得一株对聚己丙酯(PCL)有高效降解作用的突变菌株(*Penicillium oxalicum*,DSYD05-1),通过对比实验发现,突变菌株在液体培养体系中 4d 内对 PCL 的降解活性最高;除了 PCL,该突变菌还能有效降解聚 β-羟基酸和聚丁烯琥珀酸。冯栩等(2008)将紫外线诱变育种技术用于 6 株特效菌的处理,考察诱变前后菌株的理化特性和对废水中目标污染物的降解能力变化。结果表明,经诱变菌株的形态和 ERIC-PCR 指纹图谱均发生明显变化,而对目标污染物的降解效率均提高了 20%左右;通过 7 代转接后的突变菌具有遗传稳定性,降解性能无显著降低。Joshi 等(2013)为获得高效处理磺化偶氮染料(GHE4B)的菌株,利用紫外辐射诱变获得一株突变菌(*Pseudomonas* sp.)1F,该菌和野生型菌株相比,完全降解染料 GHE4B 的时间缩短了 25%。另外,Gopinath 等(2009)联合利用紫外线和溴化乙啶对一株芽孢杆菌进行诱变,筛选获得两株对有毒偶氮染料刚果红有较高降解效果的菌株,分别为芽孢杆菌 ACT1 和芽孢杆菌 ACT2,其中芽孢杆菌 ACT2 显著地提高了菌体内偶氮还原酶的含量,而芽孢杆菌 ACT1 和野生型菌株相比,生长率较高。这两株诱变菌对初始浓度为 3000mg · L^{-1} 的刚果红染料废水具有很好的脱色效果,且对染料的完全降解所用时间,和野生型菌株相比,可以缩短 12%~30%。

2. X 射线和 γ 射线诱变

X 射线波长为 0.01～10nm,γ 射线的波长比 X 射线还要短,一般小于 0.001nm,但是其穿透能力比 X 射线还强。X 射线和 γ 射线都是高能的电磁波,其辐射作用称为电离辐射,能量越大,射线作用于物质时产生的电子越多。电离作用能引起微生物变异,对基因和染色体均有一定的效应,除引起点突变外,也会产生染色体断裂,结果造成染色体畸变。

诱变的机制:当射线与基因分子碰撞时,把全部或部分能量传给原子而产生次级电子,这些次级电子一般具有很高的能量,能产生电离作用,因而直接或间接地改变 DNA 结构。直接效应是使碱基的化学键、脱氧核糖的化学键及核糖磷酸键断裂;间接效应是从水或有机分子中产生自由基,这些自由基作用于 DNA 分子引起损伤和缺失,电离辐射还能破坏 DNA 的磷酸二酯键,造成染色体损伤,引起染色体的畸变,从而导致微生物遗传性状发生改变。

低剂量的电离辐射对 DNA 的影响不大,但高剂量会使 DNA 多处损伤而导致细胞死亡。与紫外线不同,X 射线和 γ 射线的穿透能力很强,常用于动物的诱变育种,因为其穿透能力可以到达动物的生殖细胞,而用于微生物育种的较少。除 X 射线和 γ 射线外,电离辐射还包括 β 射线和快中子等。电离辐射有一定的局限性,操作要求较高,且有一定的危险性,通常用于不能使用其他诱变剂的诱变育种过程。

3. 激光诱变

激光是一种光量子流,又称光微粒。激光辐射通过产生光、热、压力和电磁场效应的综合作用直接或间接地影响有机体,引起细胞染色体畸变效应、酶的激活或钝化,以及细胞分裂和细胞代谢活动的改变。激光对细胞内含物中的任何物质一旦发生作用,都可能导致生物有机体在细胞学和遗传学特性上发生变异。对不同种类的激光辐射,生物有机体所表现出的细胞学和遗传学变化也不相同。

应用于生物体诱变育种的激光大约有 15 种,除了经常使用的 He-Ne 激光(占 40%)、CO_2 激光(占 30%)、N_2 激光(占 15%)外,还有 Cu 激光、Ar^+ 激光和半导体激光。这些激光大致可以分为三大类:①紫外激光,波长为 260~380nm,如 N_2 激光;②可见激光,波长为 440~700nm,如 He-Ne 激光;③红外激光,波长为 900~4470nm,如 CO_2 激光。不同类型的激光对微生物的作用机理不同,应用也不同。

激光作为一种育种方法,具有能量密度高、靶点小、单色性和方向性好,且在诱变当代即可出现遗传性突变等特点,近年来应用于工业微生物育种中取得不少进展。Jiang 等(2007)以驯化活性污泥中得到的一株热带念珠菌(*Candida tropicalis*)为材料,利用 He-Ne 激光辐射诱导,从获得的突变体中筛选到一株对苯酚具有较高降解能力且遗传稳定的突变菌株(热带念珠菌,CTM2),该菌能在 70.5 h 内对 $2600mg \cdot L^{-1}$ 的苯酚完全降解;通过对苯酚羟基酶基因测序发现,该突变菌株由于激光诱变导致苯酚羟基酶上 4 种氨基酸发生突变。在 Jiang 等(2006)的另一组研究中,同样利用 He-Ne 激光辐射诱导粪产碱菌(*Alcaligenes faecalis*),获得一株对苯酚有较强耐受性和降解能力的突变菌(粪产碱菌,AFM2)。该菌相对于原始菌具有显著的苯酚降解能力,在 80.5h,30℃条件下能完全分解 $2000mg \cdot L^{-1}$ 的苯酚,而这是由于激光辐射导致其苯酚羟基酶和 1,2-邻苯二甲酸双加氧酶活性增强。

4. 微波、超声波诱变

微波辐射属于一种低能电磁辐射,具有较强生物效应的频率范围为 300MHz~

300GHz,对生物体具有热效应(转化能)和非热效应(场力)。

热效应主要是研究电磁波与生物体相互作用,是指一定频率和功率的电磁辐射照射在生物体上,引起生物体局部温度上升,从而引起生理、生化反应甚至死亡;非热效应指在电磁波的作用下,特别是在低强度、长时间的弱电磁场的作用下,生物体不产生明显的温升,或产生的温升是在生物体自身温度自然起伏的范围内,可以忽略其变化,但却会产生非温度关联的各种生理、生化反应。实际上,微波对生物体的这两种效应同时存在。一次采用微波诱变,可以引起生物体产生一系列的正突变效应或副突变效应。Lin 等(2012)利用微波辐射对鼠李糖乳杆菌(*Lactobacillus rhamnosus*)进行诱变处理以选育到能显著提高乳酸产量的生产菌。在 2450MHz 微波辐射 3h 作用下获得一株 L(+)-乳酸高产菌(W4-3-9),该菌株在有葡萄糖作为碳源的情况下,乳糖和 L(+)-乳酸的产量比原始菌高 1.5 倍,而这可能是由微波辐射下苹果酸/乳酸脱氢酶和丙酮酸激酶基因发生突变所致。

下面以宇佐美曲霉(*Aspergillus usamil*)为例介绍微波诱变的基本方法,微波诱变的方法示意图如图 2-6 所示。

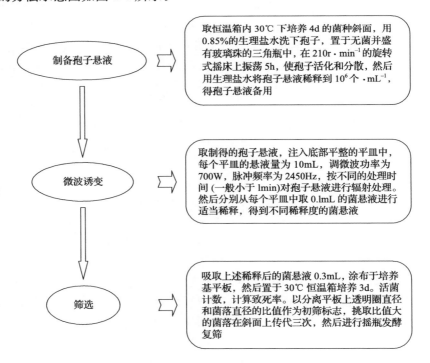

图 2-6　微波诱变的方法示意图(李乃强等,2001)

微波诱变在微生物育种方面的研究及应用还很少,也很不系统。但微生物微波诱变育种却具有许多优点,如基因组小、世代时间短和菌种易于培养分离等。这些优点决定了微波在微生物育种方面的应用研究应得到重视,其作为一种新兴的微生物育种技术将具有不可估量的潜力。

超声波同样具有很强的生物效应,但其作用机理较复杂,主要为空化作用,是指在超声波的作用下,存在于液体中的微小气泡或空穴所发生的一系列动力过程,如高速振荡、扩大、收缩及至崩溃。这些过程可以改变微生物细胞的壁膜结构,使细胞的内外物质交换加速,甚至使 DNA 发生变质。

5. 离子注入诱变

离子注入诱变是人工诱变方法的一种新发明,刚开始时主要用于金属材料表面的改性,1986 年以来逐渐用于农作物育种,近年来在微生物育种中逐渐引入该技术,特别是低能离子束注入法。已经证实离子注入诱变可以获得高突变率,扩大突变谱,为筛选优良的突变型菌株提供广阔的空间;同时,离子束也可以作为介质进行外源目的基因转移和转导。

离子注入时,生物分子吸收能量,并且引起复杂的物理和化学变化,这些变化的中间体是各类活性自由基,这些自由基可以引起其他正常生物分子的损伤,可使细胞中的染色体突变,造成 DNA 链和质粒 DNA 断裂。离子束特别是低能离子束对微生物有很好的诱变作用,低能离子束注入生物体组织或细胞,从而使染色体产生变异的效应一般包括以下四个过程:能量沉积、动量传递、质量沉积和电荷交换。

1) 离子注入诱变的特点

(1) 正突变的高效性。

离子注入诱变育种其是一种集化学诱变、物理诱变为一体的综合诱变方法。它能够引起染色体的畸变,导致 DNA 链碱基的损伤、断裂,从而使遗传物质在基因水平或分子水平上发生改变或缺失,大幅提高变异的频率。特别是在工业微生物育种方面,离子注入诱变为筛选高效的正突变菌株提供更广阔的空间。

近几年利用离子注入诱变育种获得高产菌株,成果显著,正突变率高,生产水平也大幅度提高,是工业微生物进一步获得优良菌株的有效育种途径。Wang 等(2012)为了获得稳定遗传、高产的漆酶产生菌,将 N^+ 注入虫拟蜡菌进行诱变,获得一株正突变菌株(NL4),该突变菌株具有较高的漆酶产率,为 $323U \cdot L^{-1}$。在突变菌的发酵培养中发现,该菌比原始菌提前 24h 进入生长对数期,且在稳定期产生大量的漆酶,在第 6d 时获得的漆酶活性最高,达 $377U \cdot L^{-1}$,是原始菌的 4.79倍。另外,多项研究表明,通过离子注入诱变可以使利福霉素生产菌效价稳定提高 18%,工业化的生产试验中平均提高率达 10%(姚建铭等,1999);而利用离子注入诱变使花生四烯酸生产菌小试发酵量达 $4.5g \cdot L^{-1}$,比国外专利的 $2.28g \cdot L^{-1}$ 发酵量高出近一倍(姚建铭等,2000)。

（2）菌体细胞表面的刻蚀性。

离子注入生物体的动量传递,可以根据直观的表面现象进行观察、研究,注入的离子像"手术刀"一样对细胞表面进行刻蚀,留下非常整齐的创面。动量传递的结果是引起生物组织或细胞的表面溅射,造成细胞形态的变异。具体表现为细胞壁变薄、细胞膜损伤,甚至大剂量时细胞破裂、死亡。这实际上是注入的离子在进入细胞过程中对细胞造成的物理损伤(Gu et al.,2008)。也有研究表明,离子注入微生物细胞的动量传递同样导致细胞表面的刻蚀,且菌体刻蚀程度及修复能力随注入剂量的不同而有差别。Phanchaisri 等(2002)利用扫描电子显微镜(scanning electron microscope,SEM)观察一株大肠杆菌(大肠杆菌 strain DH5α)在离子注入诱变后的细胞表面刻蚀现象时发现,和对照组相比,经离子辐射的菌体细胞表面凹凸不平,细胞壁断裂,在细胞表面分布有微小颗粒物[图 2-7(a)和图 2-7(b)]。宋道军等(2000)研究了 N$^+$ 和 γ 射线对两种微生物膜损伤的比较,SEM 观察结果表明,离子束的溅射可以引起细胞表面形态的变化,随着剂量的增大,细胞由表及里刻蚀损伤程度逐渐增大,刻蚀面积及深度逐渐增加,小剂量的刻蚀却看不到。由于细胞表面产生许多可修复的微孔或小洞,并深入细胞内部,这为离子束转移外源基因创造了条件,而离子束转导基因的成功也证明了这一点。γ 射线辐射却未见这种直观的刻蚀现象。

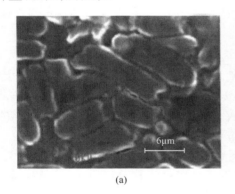 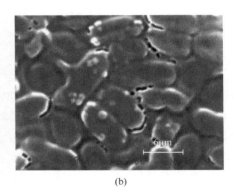

(a)　　　　　　　　　　　　　　　　　　(b)

图 2-7　大肠杆菌细胞表面的 SEM 图(Gu et al.,2008)

(a) 对照组,不经诱导处理;(b) 细胞经 26keV Ar 离子注入诱变,注入量为 1×10^{15} 个 · cm^{-2}

（3）菌体存活曲线呈马鞍形。

存活率是微生物育种中的常测指标,存活曲线是存活率趋势的直观表现。传统的物理、化学诱变方法(UV、γ 射线、甲基磺酸乙酯、硫酸二乙酯)均产生指数型或肩形的存活曲线,而离子注入诱变的存活曲线为先降后升再降的马鞍形。这说明了离子注入损伤小、突变率高的生物学效应。宋道军等(1999)就"马鞍形"存活曲线的可能机制进行了研究,认为低剂量的 N$^+$ 注入时,能量沉积效应和动量传递效应的综合作用导致 DNA 损伤和生物膜等大分子的损伤,造成存活率下降;中高剂量注入时存活率上升,可能是 N^+ 注入后电荷积累发挥了作用,激活了细胞的修复机制和修复酶活性;高剂量 N^+ 注入时,细胞损伤程度大于其修复能力,电荷效应也由于达到临界值而产生库仑爆炸,导致保护屏障消失。虽然理论上能解释其原因,但具体的修复机制还需要进一步的研究证明。马鞍形存活曲线充分说明离子注入诱变具有独特的作用机理。

2) 离子注入诱变的方法

微生物诱变育种,一般采用生理状态一致、处于生长对数期菌体的单细胞进行理化处理,这样才能使菌体均匀接触诱变剂,减少分离现象的发生,获得较理想的效果,对于以菌丝生长的菌体,则利用孢子来诱变。同样,离子注入诱变育种也符合该规律,因此,菌体的前处理过程中获得高活性的单细胞是离子注入诱变育种的关键点。许多研究证明,利用菌膜法或干孢法进行离子注入的效果较好。基本的育种步骤为:①取培养活化的菌体种子液或斜面活化的菌苔进行稀释,一般是 $10^{-2}\sim10^{-3}$ 的稀释度,菌体浓度以 $10^8\sim10^9$ 个·mL^{-1} 为宜;②吸取适量的菌体稀释液涂布于无菌的玻璃片($2cm\times3cm$)或无菌培养皿上,通过显微镜检验以保证无重叠细胞,自然干燥(约 10min)或用无菌风吹干形成菌膜;③放入离子注入机的靶室(具有一定的真空度)进行脉冲注入离子,同时配置相应有无离子注入的真空对照和空气对照。

除此之外还有涂孢(胞)法和培养法,涂孢法是将稀释的菌体或孢子悬液涂布于合适的琼脂平皿上,尽量减少细胞重叠,置于离子注入机靶室,抽真空进行离子注入;培养法是将菌悬液接种到培养基平皿上,待长出菌落并产生大量孢子后,将平皿置于离子注入机靶室,抽真空后进行离子注入诱变,常应用于具有菌丝的微生物。这两种方法不能保证菌体的高活性,因此一般常用干孢法或菌膜法进行离子注入,且效果最佳。

离子注入过程中,多种因素会影响菌体活性,主要包括保护剂选择、离子诱变剂种类、注入能量控制、离子注入的方式、离子注入的时间和温度、真空度等。在实际生产应用中,针对不同的菌种和诱变目的要进行适当的调节。

3) 离子注入诱变的应用

离子注入诱变育种的研究近几年发展非常迅速,主要集中在工业微生物优良菌株的选育或改良,其以获得高产率的目标产物为目的,但对于注入微生物中离子的作用机理和外源目的 DNA 转移的研究相对较少。发酵工业上,以高产菌株为出发菌株进行诱变,提高发酵产物的产率和品质,一直是工业界的常用手段。但传统诱变方法的多次诱变往往导致负突变和抗性饱和,而离子注入却能打破此瓶颈,获得以目标产物为目的的高产、优良菌株。

虞龙等(1999)利用 H^+、N^+、Ar^+ 三种离子注入维生素 C 发酵大菌——巨大芽孢杆菌(*Bacillus megaterium*),确定了最佳的离子注入剂量,选出了 4 株改良菌株进行工业化生产,发现 180m³、300m³ 发酵罐 300 批次的实际生产表现良好,最高罐批糖酸转化率达 94.8%,平均罐批糖酸转化率为 91%,高出出发菌株 11 个百分点,从而提高了生产效率,降低了成本,为企业带来显著的经济效益,这也增强了我国维生素 C 产品在国际上的竞争力。为提高表面活性剂槐糖脂的产率,Li 等(2012)利用低能量 N^+ 注入诱导一株槐糖脂产生菌拟威克酵母(*Wickerhamiella domercqiae*)获得 18 株正突变菌株,其中有 1 株跟野生菌相比槐糖脂产率最高,其在锥形瓶中培养时槐糖脂产量为 104g·L^{-1},比野生菌高出 87%;当在 5L 发酵罐里培养时,其槐糖脂产量增加到 135g·L^{-1}。He 等(2011)同样利用低能量 N^+ 注入诱导法,选育出一株核酸酶 P1 活性达 421U·mL^{-1} 的高产菌。虽然离子注入诱变选育高酶活、高产率菌株已取得一定研究成果,但相对其他的育种技术来说,现阶段的研究仍相对较少,应用于工业化生产的并不多见,而酶制剂在现今的工业生产中越来越显出其优越性。因此,有必要拓宽离子注入诱变育种的范围,加大中试及工业生产方面的研究,以获得更多菌源性酶制剂。

离子注入诱变育种技术作为一种新兴的交叉技术显现了巨大的优势。离子注入诱变集化学诱变和物理诱变于一身,传能线密度大、生物生化作用强、突变率高、操作简单。加之离子束介导转基因的可能性,使其在微生物育种中更具有目的性和针对性。随着研究的深入,研究范围的拓宽,相信离子注入法在微生物育种中将发挥巨大的作用。

2.3.4　化学诱变育种

与物理诱变相比,化学诱变育种在某种程度上应用更为广泛,是指利用一些化学物质提高生物的自然突变率,这些化学物质称为化学诱变剂。化学诱变可操作性强,简单易行,特异性较好,能诱变定位到 DNA 上的某些碱基,后代较易稳定遗传,是细胞融合技术的基础。化学诱变剂主要包括以下四类。

1. 烷化剂

烷化剂能与一个或几个核酸碱基反应,引起 DNA 复制时碱基配对的转换而发生遗传变异。常用的烷化剂有甲基磺酸乙酯(ethylmethane sulphonate,EMS)、亚硝基胍、乙烯亚胺、硫酸二乙酯等。

甲基磺酸乙酯是最常用的烷化剂,诱变率很高。它诱导的突变菌株大多数是点突变,首先是鸟嘌呤的 O-6 位置被烷基化,在 DNA 的复制过程中,烷基化的鸟嘌呤与胸腺嘧啶配对,导致碱基的替换,即 G:C 变为 A:T。EMS 的常用浓度为 0.05~0.5mol·L^{-1},作用时间为 5~60min。该物质具有强烈致癌性和挥发性,可用 5%硫代硫酸钠作为终止剂和解毒剂。

N-甲基-N′-硝基-N-亚硝基胍(N-methyl-N′-nitro-N-nitrosoguanidine,NTG)是一种超诱变剂,应用广泛,但有一定毒性,操作时应注意。在碱性条件下,NTG会形成重氮甲烷(CH_2N_2),其是引起致死和突变的主要原因。它的效应很可能是由 CH_2N_2 对 DNA 的烷化作用引起的。

硫酸二乙酯(ethyl sulfate,DMS)作为诱变剂也很常用,但由于毒性太强,目前很少使用。

乙烯亚胺生产的较少,市场上比较难获得,使用浓度为 0.0001%～0.1%(质量分数),有高度致癌性,使用时需使用缓冲溶液配制。

2. 碱基类似物

碱基类似物的分子结构类似天然碱基,可以掺入 DNA 分子中导致 DNA 复制时产生错配、mRNA 转录紊乱、功能蛋白重组、表型改变等。该类物质的毒性相对较小,但负诱变率很高,往往不易得到好的突变体,主要有 5-氟尿嘧啶(5-FU)、5-溴尿嘧啶(5-BU)、6-氯嘌呤等,其中 5-BU 与胸腺嘧啶有类似结构。将细胞培养在含 5-BU 的培养液中,细胞里一部分 DNA 的胸腺嘧啶就会被 5-BU 替代。程世清(2000)用 5-BU 对产色素菌(分枝杆菌 T17-2-39)细胞进行诱变,生物量平均提高22.5%。实验证明,DNA 中含有的 5-BU 越多,细胞的变异率越高。

3. 无机化合物

无机化合物的诱变效果一般,但危害性较小。常用的有氯化锂,其为白色结晶,使用时配成 0.1%～0.5%的溶液,或者可以直接加到诱变固体培养基中,作用时间为 30min～2d。另一种诱变剂亚硝酸易分解,所以需要现配现用。常用亚硝酸钠和盐酸制取,将亚硝酸钠配成 0.01～0.1mol·L^{-1},使用时加入等浓度、等体积的盐酸即可。现以亚硝酸为例,介绍无机化合物的诱变机制。

亚硝酸可直接作用于正在复制或未复制的 DNA 分子,脱去碱基中的氨基,使其变成酮基,改变碱基氢键的电位,引起转换而发生变异(图 2-8)。由于亚硝酸处理 DNA 时,可使腺嘌呤和胞嘧啶脱氨基后引起碱基替换,即 A：T→G：C 和 G：C→A：T,因此,亚硝酸的诱变也可以发生回复突变。

亚硝酸除了脱氨基作用外,还可以引起 DNA 两条单链之间的交联作用,阻碍双链的分开,影响 DNA 复制而导致突变(图 2-9)。

化学试剂引起突变的机制目前有几种较明确的解释,包括碱基类似物的掺入、碱基的插入和缺失、试剂直接作用于 DNA。而当前使用较多的化学诱变发生机制是属于试剂直接作用于 DNA。化学试剂首先与一个或多个核酸碱基起化学变化,然后通过细胞的代谢作用完成碱基配对的转换而产生变异,即由于 DNA 碱基的变化,氨基酸密码产生变化,蛋白质一级结构改变,结果其功能也发生变化。

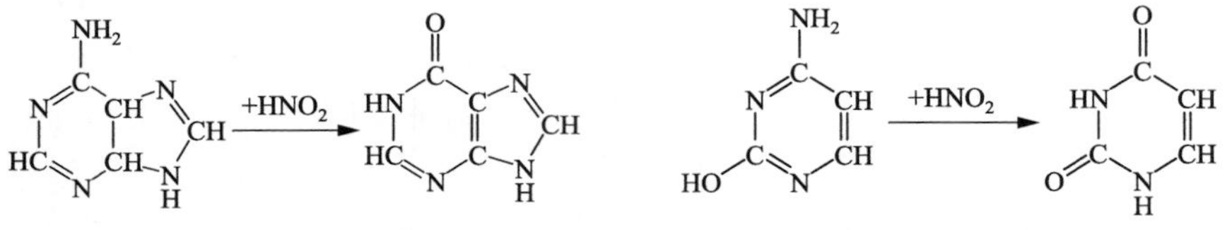

图 2-8　脱氨基后碱基发生转换

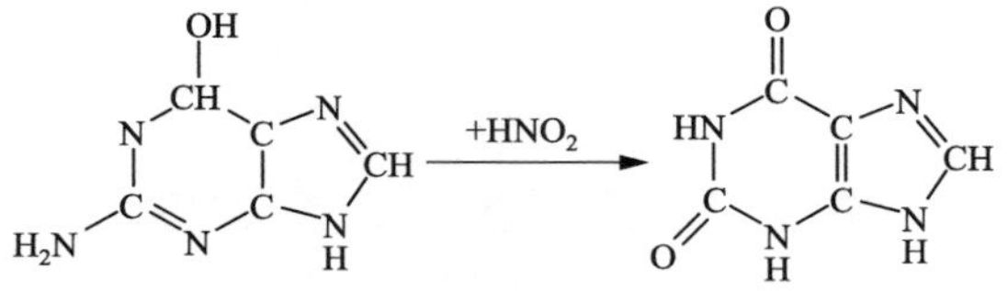

图 2-9　脱氨基后碱基不发生转换

　　影响化学试剂作用效果的一个重要因素是诱变剂的使用剂量。诱变剂剂量取决于药品本身的药性强弱、溶液浓度、作用时间和温度等。应当指出的是,在一种诱变剂中测得的最佳剂量不能推广到其他诱变剂,同一种诱变剂在不同微生物中使用的剂量也是不同的。通常在达到类似的杀菌率时,细菌使用的诱变剂剂量较低,真菌使用的诱变剂较高,放线菌介于两者之间。

2.3.5　突变菌株的筛选

　　微生物经过诱变后还要进行一系列的筛选才能得到我们需要的突变菌株。微生物群体经过诱变,其诱变率比自然诱变提高了,但是由于 DNA 的突变是随机的,有效的突变菌株只是少量的,与整个微生物群体相比,数目是很小的。为了能有效地得到目的突变菌株,采用合理的筛选程序和方法在菌株选育上是至关重要的。诱变是随机的,选育是定向的。在选育中通常要先经过初筛,再进行复筛,初筛是淘汰大量我们不需要的菌株,复筛是筛选少量或个别目的菌株。主要的高效和科学的筛选方法有以下几种。

1. 平皿快速筛选法

　　平皿快速筛选法利用菌体在特定的固体培养基平板上的生理、生化反应,将肉眼观察不到的性状转化为可见的形态变化,包括纸片培养显色法、变色圈法、透明圈法、生长圈法和抑菌圈法等。

　　例如,利用透明圈法来筛选抗生素高产菌,可以用透明圈的大小来判断突变体产生抗生素的水平。将突变体依次接种到含有敏感细菌的培养基中,如果某一突变体的透明圈比出发菌的透明圈大,则说明其产生抗生素的能力比出发菌强,因而选择透明圈大的突变体做进一步的发酵培养,测定其产生抗生素的能力。

2. 形态变异筛选法

微生物的形态特征及生理活性与微生物的代谢生产能力有一定联系。有时微生物的形态变异与其产量变异存在一定的相关性,因此可以利用突变体形态、色素和生长特性的变异来进行初筛。

3. 抗药性定向筛选法

抗药性定向筛选法常用于抗生素产生菌的筛选,其原理是基于抗生素产生菌的抗性基因与抗生素合成的结构基因和调控基因紧密连锁而易发生共突变的理论。首先将诱变出发菌株的孢子进行抗药性致死测定,然后分别采用不同的诱变剂进行处理,使诱变孢子的基因产生高频率突变,再将突变的孢子分别涂布在含有不同药物致死浓度的培养基平板上进行药性突变菌株的测定,将抗出发菌株致死浓度药物的突变菌株做进一步的发酵测试,最后筛选出产抗生素水平高的突变菌株。

4. 抗反馈抑制筛选法

微生物在合成代谢产物的过程中,如果代谢终产物的浓度过高,其就会与代谢过程中的第一个酶发生作用,使终产物的合成受到抑制,这种抑制作用称为反馈抑制。这类酶是一类变构酶,在活性中心外还有一个调解中心。反馈抑制的机理是终产物通过与酶的调解中心结合,引起酶的构象发生变化而失去活性。抗反馈抑制突变体的某些基因发生变化,使酶与终产物的结合部位发生变化,从而解除反馈抑制,突变体就能过量地积累代谢终产物。

同样,一些终产物的结构类似物也能与变构酶的调解中心结合,它们并不是代谢产物,但会对正常的微生物生长产生抑制作用。如果微生物发生了解除反馈抑制的突变,则这种突变菌株将不再被这些终产物的结构类似物抑制,根据这一原理,可以通过筛选抗结构类似物的突变菌株来筛选高产终产物的菌株。

5. 营养缺陷型筛选法

营养缺陷型筛选法在微生物遗传学的研究中非常重要。要了解某一微生物对某一底物代谢途径中相关基因的作用,需要构建一系列相应的营养缺陷型菌株。营养缺陷型筛选法可以分为三个步骤:淘汰野生型、检出缺陷型和鉴定缺陷型。

在酵母菌的遗传转化及外源蛋白的表达方面也需要获得相应的突变体。例如,我们所用的酵母菌表达载体上一般都带有 URA3 及 LEU2(或 LEU1)基因,用带有该标记的载体来转化酵母菌时就需要酵母菌是 URA3 及 LEU2(或 LEU1)基因营养缺陷型的。通过化学或物理的方法诱变酵母菌,筛选出相应的突变体。目前常用的筛选方法是将诱变后的酵母菌孢子涂布在完全培养基上,再影印到缺少尿嘧啶或者亮氨酸的合成培养基上。在完全培养基上可以生长但在合成培养基上不能生长的菌落可能就是相应的突变菌株。

6. 计算机技术筛选法

将现代的计算机技术与生物技术相结合,形成了新的突变体筛选方法。阳葵等以分形和多重分形理论为基础,以计算机图像识别技术为手段,对霉菌绿僵菌(*Metarhizium anisopliae*)的菌落形态进行定量描述,发现菌落的生长形态特征与菌种性能的好坏有一定的对应关系。根据多重分形特征与菌落性能相关性设计的分类器可以用于优良菌种的自动识别,其具有速度快、与人工筛选的数据相一致的特点。

7. 高通量筛选法

高通量筛选法是将许多模型固定在不同载体上,用机器人加样、培养后,用计算机记录结果并进行分析,实现快速、准确、微量筛选,一个星期就可以选出十几个、几十个模型,完成成千上万的样品筛选。高通量筛选法的优点是可以自动灌注与清洗,可在短时间内进行大量筛选,从而提高筛选的效率。

8. 分析法筛选

有些不能用表型进行检测筛选的突变体可以用分析方法检出,主要包括化学分析、生物测定、色谱法等。其中最常用的是将得到的所有突变体进行小规模发酵培养,然后取出少量的发酵液进行高效液相色谱(HPLC)检测,分析发酵产物中目的产物的浓度,如果是比出发菌株的发酵浓度高出很多,就可以用该突变菌株作为生产菌株。

另外还有一种常用的筛选方法——FCCS 法,即利用流式细胞术和细胞分拣相结合,该方法可以有效地分析出单个细胞中代谢物的含量。

2.4　原生质体技术育种

2.4.1　原生质体制备技术

原生质体是指用酶解方法使细胞壁溶解后释放出来的只有半透明细胞膜包裹

着的球状体。它们虽然没有细胞壁,但仍然具有和完整细胞基本相同的生理、生化和遗传特性,并且在合适的条件下能再生细胞壁,恢复成完整的细胞。原生质体技术包括原生质体融合、原生质体诱变、原生质体转化或转染和原生质体再生等。

1. 原生质体的制备

原生质体的完好制备是利用原生质体诱变育种的关键步骤,目前较常用的微生物原生质体制备方法是溶菌酶酶解,具体的操作如下:

将目标菌体活化转接至新鲜斜面,自新鲜斜面挑取一环转接入 25mL 完全培养基中,在 30℃、200r • min^{-1} 条件下振荡培养 14h。取菌体细胞培养液 5mL,在 3500r • min^{-1} 的条件下离心 10min,弃上清液。向沉淀菌体中投加缓冲溶液 5mL,用无菌接种环搅散菌体,振荡均匀后离心洗涤 1 次,再用 5mL 高渗缓冲溶液离心洗涤 1 次。取 3mL 洗涤后的菌悬液于已灭菌小试管中,3500r • min^{-1} 离心 10min,弃上清液。加入一定浓度溶菌酶酶液,于 30℃ 恒温振荡处理。定时取样,镜检观察至细胞变成球状原生质体时,酶解处理完毕。

2. 原生质体形成率和再生率的测定

一般采用平皿菌落计数方法对原生质体的形成率和再生率进行测定。设:A 为酶处理前的活菌数,处理前用无菌水稀释至 10^{-6} 倍,涂布于完全培养基平板上;B 为酶处理后未脱壁的活菌数,处理后用无菌水稀释至 10^{-6} 倍,涂布于再生培养基平板上;C 为酶处理后未脱壁的活菌数与再生原生质体数之和,处理后用原生质体稳定剂稀释至 10^{-6} 倍,涂布于再生培养基平板上。

$$形成率 /\% = (A - B)/A$$
$$再生率 /\% = (C - B)/(A - B)$$

3. 原生质体的再生

在微生物原生质体技术中,原生质体再生出细胞壁,进而在普通的培养基上生长繁殖是一个十分关键的环节。不同微生物原生质体的最适再生条件存在一定的差异。

细胞酶解的时间与原生质体再生率密切相关,一般酶解时间过长会使再生率降低。再生培养基是原生质体进行再生最重要的外界因素之一,再生培养基一般来说是在菌体正常生长的培养基中补加两类物质,一类是营养因子,另一类是渗透压稳定剂。真菌的再生培养基中常常补加酵母膏、蛋白质、糖类或氨基酸等作为营养因子,而细菌、放线菌的再生培养基中常补加水解酪蛋白、血清清蛋白、氨基酸和琥珀酸钠等作为营养因子,这些物质可能是作为细胞壁合成的前体物质,也可能通过代谢转化成细胞壁的前体物质或起到促进代谢、加速细胞壁合成的作用。用于再生培养基中的渗透压稳定剂有 KCl、NaCl、$CaCl_2$ 和 $MgCl_2$ 等无机物质和蔗糖、山梨醇、甘露醇、肌醇和琥珀酸钠等有机物质,另外有研究发现,Ca^{2+}、Mg^{2+} 的存在可以显著提高原生质体的再生率。

原生质体再生的方法主要有液体浅层培养法、液体悬滴培养法、固体平板法、固液双层培养法和琼脂糖珠培养法,其中固液双层培养法应用最广泛。它的具体操作是配制适当的原生质体悬液,取 0.2mL 涂布于双层再生培养基中,使原生质体再生。

4. 影响原生质体形成和再生的因素

1)酶解条件

用酶解法破壁制备原生质体时,酶的作用至关重要。不同菌株的细胞壁成分和结构不同,因此制备原生质体时,对酶的种类要求有所不同。要获得高质量和高产量的原生质体,适宜的酶液浓度也很重要。浓度太低,破壁困难,则原生质体产量不足;浓度太高,易使原生质体变形,甚至破裂,产量反而下降。酶解温度对原生质体分离也有一定的影响,因为温度直接影响着菌体各种生理代谢的活性,尤其是细胞壁的生理状态,进而影响壁对酶的敏感性高低:温度低,酶活性得不到充分发挥,同时菌体的生理代谢水平也偏低,酶解的速度慢,原生质体产量低;若温度太高,会使酶部分失活,并且还会加速菌体老化,则原生质体变形较多,致使酶解效果下降。用酶液处理菌体几分钟后开始形成原生质体,随着酶解时间的延长,释放速度逐渐加快,到达高峰期后,由于溶壁酶的活性降低,有几小时的相对稳定期。但若时间太长,新的原生质体不再形成,早期形成的原生质体又会不断破裂,因此,酶解时间继续延长,原生质体的产量不但不会增加,反而会减少。

2)渗透压稳定剂

渗透压稳定剂是原生质体稳定形成的重要因素,对于同一种菌体,渗透压稳定剂的种类和浓度对原生质体形成的影响很大。渗透压稳定剂对原生质体的形成和再生之所以重要,是因为它在"菌体-酶"反应系统中起着媒介物的作用。首先,渗透压稳定剂的浓度是维持和控制原生质体数量的重要因素。它使菌体细胞内外压力一致,保持生理状况的稳定,使原生质体能释放出来,且保持完整,不破裂也不收缩;其次,渗透压稳定剂的性质影响溶壁酶的反应活性。不同的溶壁酶需要采用不同性质的渗透压稳定剂才能得到最佳的作用效果。

3)菌龄

菌龄对原生质体形成与再生的影响主要由壁的成分和结构变化引起。菌龄短的菌体的细胞壁成分相对简单,细胞壁的厚度相对较小;随着菌龄增加,色素等次生物质逐渐沉积在细胞壁上,从而减弱酶的作用,细胞壁越来越难被溶解。但菌龄过短,又会影响原生质体的再生,一般以对数期的菌细胞为宜。

2.4.2　原生质体诱变育种技术

使用物理和化学的方法处理微生物原生质体的诱变育种法一直是选育高效优质菌株行之有效的经典方法。它是以微生物原生质体为育种材料,采用物理或化学诱变剂处理,然后分离到再生培养基中再生,并从再生菌落中筛选高产突变菌株。自 Kim 等在 1983 年首先采用该法诱变玫瑰色小单孢菌(*Micromonospora rosaria*)取得成功以来,该诱变技术的应用逐渐被推广,已在抗生素(Wang et al., 2013)、酶制剂(赵有玺等, 2014)、有机酸(刘明霞等,2013)及维生素(Zhang et al., 2010)等的高产突变菌株的选育中起重要作用。

1. 原生质体成为诱变育种良好材料的原因

原生质体成为诱变育种良好材料的原因有以下三个方面。

(1)原生质体虽无壁,但仍保持完整细胞的遗传特性、生理生化特性,在适当条件下仍能再生细胞壁,恢复成完整细胞。

(2)原生质体和正常的细胞一样,可以承受多种物理的(如紫外线、γ 射线、X 射线、微波、红外线等)及化学的(如亚硝基胍、氯化锂、亚硝酸等)诱变因素的处理。

(3)对于诱变剂的反应,原生质体具有与完整细胞体系一致的致死动力学,即随着诱变剂剂量的增加,其存活率不断下降。

2. 原生质体诱变育种技术的特点

与其他育种方法相比,原生质体诱变育种可以归纳出以下五点优势。

(1)原生质体诱变育种技术操作简便,出发菌株无需带任何标记,直接选取性能优良的菌株重复诱变即可收到明显效果,是一种易于为人接受和推广的育种方法。

(2)原生质体诱变育种比常规诱变更易得到高效优良的菌株,育种效率提高,与完整细胞(孢子、菌丝等)相比,原生质体对诱变因素的敏感性增强。没有细胞壁的阻挡,理化因子更容易、更直接地作用于 DNA,使反应更灵敏。

(3)原生质体是单细胞的。通常诱变育种都要求所处理的细胞处于单细胞分散的悬浮状态,这是因为分散状态的细胞可以较为均匀地接触诱变剂,同时又可在一定程度上减少不纯菌落出现的可能性。

(4)原生质体的制备可促成相当数量单核原生质体的生成,而单核细胞是诱变的良好材料。诱变处理时,多核状态会造成某个细胞核中发生的基因突变被其他核的正常等位基因掩盖而难以立即表现出来,使遗传突变表现复杂化,因而要尽量避免。

（5）原生质体的再生过程是一个引发变异并淘汰劣种的过程，这是原生质体诱变的另一个优势所在。原生质体从失去壁到长出新的细胞壁，恢复成正常细胞的过程，并不是一个简单的物理或化学的变化，而是牵扯到一系列基因、一系列酶的复杂的生命活动过程。这个过程会导致某些基因的突变、性状的改变等。原生质体再生中的这种现象对于诱变时突变率的提高是有贡献的。当然，也不排除造成回复突变的情况。另外，复杂的再生过程本身就是一个淘汰劣种的过程，诱变造成的不利突变的个体有可能因为再生障碍而被大量淘汰。

尽管原生质体诱变育种技术在微生物育种方面的优势是显而易见的，但其也有不足之处：①原生质体诱变属于诱发突变，摆脱不了诱发突变本质的不足，即（以人工诱发基因突变或染色体畸变为基础）变异是随机而不定向的，筛选工作显得繁重；②与常规的诱变相比，原生质体诱变的技术要求较高，其是在原生质体制备、纯化和再生技术均已成熟的前提下实施的；③原生质体由于经不起持续剧烈的振动或搅拌，虽为单细胞，但其群体不能成为一个诱变所要求的均匀而分散的理想体系，在一定程度上对诱变及其后的筛选带来不利。

3. 原生质体诱变育种的步骤

以复合诱变（紫外线＋化学诱变）选育高效 Cr^{6+} 吸附工程菌为例，介绍原生质体诱变育种的步骤（卢显研，2005），具体流程如图 2-10 所示。

2.4.3　原生质体融合育种技术

原生质体融合育种技术是微生物遗传育种上的一项重要技术，其具有遗传信息传递量大、不受亲缘关系的影响、可有目的地选择亲株以选育理想的融合株、便于操作等优点。

原生质体融合就是用水解酶除去遗传物质转移的最大障碍——细胞壁，释放出只有原生质膜包裹着的球状原生质体，然后用物理或化学方法诱导遗传特性不同的两亲本原生质体融合，经染色体交换、重组而达到杂交的目的，最后经筛选获得集双亲优良性状于一体的稳定融合子。

原生质体融合育种技术能将亲缘关系比较远，甚至毫无关系的生物体细胞融合在一起，为远缘杂交架起了桥梁，是改造细胞遗传物质的有力手段。它不仅打破了有性杂交重组基因创造新种的界限，更重要的是扩大了遗传物质的重组范围。

1. 原生质体融合技术

从发现膜融合现象至今，人们对融合机制的研究兴趣越来越浓。随着各种诱导融合子的发现，各种膜融合机制也随之建立，如"脂无序"模型、"Ca^{2+} 离子诱导膜融合"模型、"侧向分离"模型及"脂六角Ⅱ（HⅡ）"结构模型等。在所有这些模型

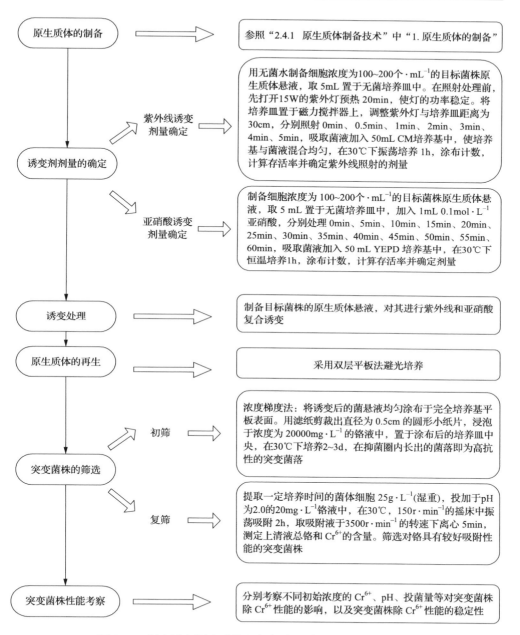

图 2-10　复合诱变原生质体选育高效 Cr^{6+} 吸附工程菌流程图

中,"局部脱水与膜融合"模型更多为人们接受。无论是化学诱导融合还是电场诱导融合,脱去细胞质膜表面的结合水都是融合过程的第一个步骤。

1) 聚乙二醇诱导融合机理

有人通过对聚乙二醇(PEG)诱导原生质体融合的研究进行分析认为,膜表面本身存在着大量的结合水,这些结合水使膜相互隔离,且维持膜表面的低能态,从而保持膜结构稳定,使原生质体相互隔离。PEG 与溶液中的自由水形成氢键,使原生质膜脱去表面的结合水,引起结构变化,从而导致膜缺陷,膜由液晶态变为凝胶态及多相共存,这一系列膜结构的改变直接导致两膜间的紧密接触,通透性的增大,膜上磷脂分子扩散,从而促使两膜融合,最后导致两个原生质体融合(张志光,2003)。

也有人提出原生质体融合是由于原生质膜表面的电荷变化诱导融合。一般说来,原生质膜表面带负电荷,原生质体间相互排斥,保持相对的独立稳定。而 PEG 是一种表面活性剂,它能够改变原生质膜表面局部所带的电荷,有的带正电荷,有的带负电荷。由于异电荷之间的相吸作用,膜发生融合。

总之,PEG 诱导原生质体融合的机制归纳起来目前大致有如下几种看法:①PEG 引起原生质体局部脱水而导致融合;②PEG 改变原生质膜内外的电位差,降低原生质膜表面的势能;③PEG 以一种分子桥的形式沟通于相邻原生质体之间的膜;④PEG 改变原生质膜的流动性;⑤PEG 使原生质膜中相嵌的蛋白质颗粒凝聚,出现了容易融合的蛋白质颗粒磷脂双分子层区域。

2) 电场诱导融合(电融合)机理

电融合法就是将原生质体在电场中极化为偶极子,并沿电场线方向排列成串,加电脉冲后,原生质膜被击穿,形成瞬间性的、可逆的穿孔。相邻紧贴着的原生质体通过穿孔形成原生质桥,继而引起原生质体的融合。电融合的融合率为 PEG 融合的 100 倍,只有小面积的细胞膜在电场下产生暂时性的结构变化,整个过程都是在温和条件下进行的,不存在影响细胞活力的非生理性因素,避免了化学融合剂对原生质体产生的毒性。

2. 原生质体融合育种流程

微生物原生质体融合育种的整个过程包括原生质体的制备与再生、原生质体的融合和遗传标记的选择与融合子的筛选。

1) 原生质体的制备与再生技术

微生物细胞一般是有细胞壁的,进行该项技术的第一步就是制备原生质体。当前去除细胞壁的方法主要有机械法、非酶法和酶法。采用前两种方法制备的原生质体效果差、活性低,仅适用于某些特定菌株,因此并未得到推广。在实际工作中,最有效和最常用的是酶法,该法时间短、效果好。使用的酶主要为蜗牛酶或溶菌酶,具体根据所用微生物的种类而定。

影响原生质体形成的因素很多,不同的微生物有其较为适当的形成条件。在菌龄选择上,多采用生长对数期或生长中后期的菌株,也有的采用生长后期的,这主要是由于生长对数期微生物的细胞壁中肽聚糖含量最低,细胞壁对酶的作用最敏感,但是对数生长早期的菌细胞相对较脆弱,酶的过度作用会影响原生质体的再生率。王迪等(2015)证明原生质体产率受亲本培养时间、培养温度和酶解时间等条件的影响,在一定范围内,酶作用时间与原生质体的形成率呈正相关,而与再生率呈反相关。在酶解过程中添加适宜浓度的甘露醇可以提高原生质体的产率和活性(朱楠等,2014)。

2)原生质体的融合

由于在自然条件下原生质体发生融合的频率非常低,因此在实际育种过程中要采用一定的方法进行人为地促融合。当前常用的促融方法主要有化学法、物理法和生物法等。这几种方法各有其自身的特点,在进行实际工作中可根据操作对象选择适合的融合方法。

(1)化学融合法。

目前最常用的化学融合法是 PEG 法。1974 年,高国楠等在研究植物原生质体融合时发现 PEG 能有效地诱导融合,且融合频率得到显著提高。随后 PEG 诱导融合作用被证明同样适用于动物细胞和微生物原生质体的融合,从此微生物原生质体融合技术迅速建立起来。

PEG 诱导融合的过程:PEG 诱导原生质体融合的过程(Kao and Michayluk,1974)为两亲株原生质体混合于高渗透压的稳定液中,在 PEG 的诱导下,两个或两个以上凝聚成团[图 2-11(a)],相邻原生质体紧密接触的质膜面积扩大,相互接触的质膜消失,细胞质发生融合[图 2-11(b)],形成一个异核体细胞,异核体的细胞在繁殖过程中发生核的融合,形成杂合二倍体,通过染色体交换,产生各种重组体,称为融合子[图 2-11(c)]。

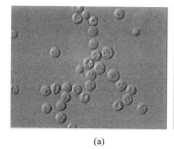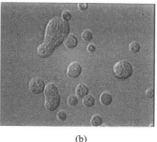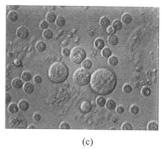

(a)　　　　　　　　　(b)　　　　　　　　　(c)

图 2-11　PEG 诱导酵母菌原生质体融合的过程(Kao and Michayluk,1974)
(a)原生质体聚集成团;(b)细胞质发生融合;(c)形成融合子

用 PEG 作为促融剂时,因其单体聚合程度不同而相对分子质量差异很大,所以不同原生质体应采用不同相对分子质量的 PEG。细菌一般采用 30％～50％（m/V,质量浓度）的 PEG,同时加入 Ca^{2+} 与二甲基亚砜(DMSO)进一步促融,时间一般约为 60s。真菌则一般采用 25％～30％的高分子 PEG,pH 为 9.0 时最佳,也需要加入 Ca^{2+} 进一步促融。Kavanagh 等(1991)在对酿酒酵母或白色念珠菌的融合实验中,采用 PEG3350 浓度分别为 40％和 60％,pH 为 7.0。研究结果表明,用 40％PEG 加 1mmol·L^{-1} 乙酸钙对酿酒酵母的融合频率最高,而对于白色念珠菌,PEG 的浓度对实验没有明显影响,但是当 pH 为 4.7 时,其融合效果优于 pH 为 7.0。

（2）电融合法。

1984 年,Zimmermann 报道了电融合技术,20 世纪 80 年代初电融合技术得到进一步发展。该技术操作简单、无化学毒性、对细胞损伤小、融合率高,在微生物中的应用日益增多,其实验条件也在不断改进。

电融合法中原生质体在电场极化为偶极子,沿电力线排列成串珠状,在两级间高压脉冲冲击下,击穿紧密接触的细胞质膜,然后在细胞膨压的作用下完成融合。

电场诱导融合过程:电融合主要分为三个阶段(Kao and Michayluk,1974)。首先,在电场的作用下,原生质体细胞受到电介质电泳力的作用,根据双向电泳现象,原生质体向电极的方向泳动。与此同时,细胞内产生偶极化,促使原生质体相互粘连,并使细胞沿电力线方向排列成串,融合细胞之间紧密接触[图 2-12(a)];然后,在外加瞬间高频交变电压作用下,以一定的时程脉冲冲击原生质体粘连点,扰乱原生质膜的分子排列,原生质膜发生可逆性击穿[图 2-12(b)];最后,原生质膜复原,相连接的原生质体发生融合[图 2-12(c)]。

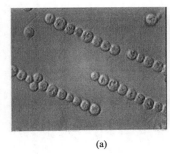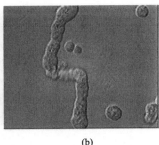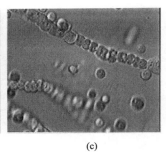

(a)　　　　　　　　　　　　(b)　　　　　　　　　　　　(c)

图 2-12　电场诱导酵母菌原生质体融合的过程(Kao and Michayluk,1974)

(a) 在电场作用下原生质体排列成串;(b) 外加电压下,原生质膜发生可逆性击穿;
(c) 相连接的原生质体发生融合

（3）激光诱导融合法。

从 1987 年开始,利用激光诱导融合的技术迅速发展起来,并很快应用于动物细胞及植物细胞原生质体的融合。

　　激光诱导融合技术是利用激光束对相邻的两个原生质体接触区进行穿孔,使原生质体进行融合,其融合的原理和电融合法相同。该技术选择性高但设备昂贵复杂、操作技术难度大、难推广。激光诱导融合技术仍处在发展初期,还有待进一步完善。

　　3) 遗传标记的选择与融合子的筛选

　　假设用于原生质体融合实验两亲本的基因型分别为 A 型和 B 型,经诱导融合,整个群体中含有五种类型:A 型、AA 型、AB 型、BB 型、B 型。其中只有 AB 型才有可能形成真正的杂种细胞,而其余四种类型必须淘汰,所以考虑采用一种行之有效的筛选方法是原生质体融合实验中至关紧要的一环。下面介绍几种常用的筛选方法。

　　(1) 营养缺陷型筛选遗传标记融合子。

　　利用营养缺陷型作为遗传标记选择融合子即融合的双亲为营养缺陷型,并且为不同的缺陷型。双亲缺陷的原生质体融合后于基本培养基上选择融合子,缺陷的单亲原生质体由于丧失了合成某种物质的能力,在基本培养基上不能萌发生长,单亲融合的原生质体也不能长出菌落。双亲原生质体融合后,缺陷的遗传物质得到互补可以恢复为野生型,在基本培养基上能够萌发生长成菌落。

　　营养缺陷型筛选方法有两种情况:①直接法,即将融合液涂布在基本培养基上,直接从中筛选出融合子;②间接法,即让亲体和融合子都可以得到生长,长出菌落后接种到不同的选择培养基上,从选择培养基上筛选融合子。

　　利用营养缺陷型筛选方法的不足是两个亲本必须要有不同的营养缺陷,而获得不同的营养缺陷较麻烦,要用物理或化学的方法进行诱变,但诱变的结果是可能导致某些优良性状的丢失。

　　(2) 抗药性筛选遗传标记融合子。

　　微生物的抗药性是其菌种的特性,是由遗传物质决定的。不同种的微生物对某一种药物的抗性存在差异,利用这种差异或与菌种其他特性结合起来即可对融合子进行选择。这种方法首先由 Bradshaw 等于 1983 年使用。

　　使用该法要注意控制好药物的浓度,药物的浓度过高会使融合频率降低,浓度过低则会使亲本生长,影响融合子的筛选。

　　(3) 供体灭活原生质体筛选遗传标记融合子。

　　亲本之一的原生质体经紫外线照射、加热或经某些化学药剂的处理,其丧失在再生培养基上再生的能力,而只能作为遗传物质的供体,从而可以只根据另一亲本的特性设计选择条件而选择融合子。

　　(4) 双亲原生质体灭活筛选遗传标记融合子。

　　将双亲原生质体用不同的理化手段进行处理,使其某一部位的生理结构被损坏而失去活性,但不将其原生质体彻底杀死。灭活后的原生质体不能再生,而由不同损伤的原生质体相结合形成融合子,因为损伤部位不同,所以可以互补而再生。双亲原生质体灭活融合减少了寻找稳定遗传标记的烦琐工作而且不会导致亲体优良性状的丢失,从而使融合子筛选变得直观简便,大大提高了筛选效率。

除了以上介绍的几种融合子筛选方法,还有利用两亲本不同的优良性状筛选和利用荧光染色法筛选。

下面以选育高效 Cr^{6+} 吸附工程菌为例,介绍原生质体融合育种的步骤(卢显妍,2005)(图 2-13)。

3. 原生质体融合育种技术的特点

原生质体融合育种技术具有以下特点。

(1) 大幅度地提高亲本之间的重组频率。细胞壁是微生物细胞之间物质、能量和信息交流的主要屏障,同时也阻碍了细胞遗传物质的交换和重组。原生质体剥离了细胞壁,去除了细胞间物质交换的主要屏障,也避免了修复系统的制约,再加上融合过程中促融剂的诱导作用,重组频率显著提高。

(2) 扩大重组的亲本范围。常规杂交的亲本间必须具有感受态,有些菌株由于其表面结构缘故而无法用常规方法进行杂交重组。原生质体由于完全或部分去除了细胞壁,因此实现了常规杂交无法做到的种间、属间、门间等远缘杂交。

(3) 去除了细胞壁的障碍,使亲株基因组直接融合交换实现基因重组,不需要有已知的遗传系统。

(4) 原生质体融合后,两亲株的基因组之间有机会发生多次交换,产生各种基因组合而得到各种重组子。

(5) 可以和其他育种方法相结合,把由其他方法得到的优良性状通过原生质体融合技术再组合到单一菌株中。

4. 原生质体融合育种技术的研究进展

早在 1954 年,Stahelin 就曾用连续照相的方法追踪炭疽杆菌(*Bacillus anthracis*)原生质体的融合过程。1958 年,日本的冈田善雄发现经紫外线灭活的仙台病毒可以诱发动物细胞融合(彭志英,1999)。目前普遍采用的化学融合方法是在 1974 年才建立起来的,当时高国楠发现 PEG 在 Ca^{2+} 存在下能促进植物原生质体融合,显著提高融合频率(Kao and Michayluk,1974)。接着,PEG 在微生物中的促融作用很快得到证实。1976 年,Fodor 等关于巨大芽孢杆菌(*Bacillus megaterium*)融合和 Schaeffer 等关于枯草芽孢杆菌融合的报道标志着细菌原生质体融合的真正实现。从此,微生物种内、种间及属间融合的研究陆续深入。在 1978 年第三届国际工业微生物遗传讨论会上,原生质体融合技术作为一种新的育

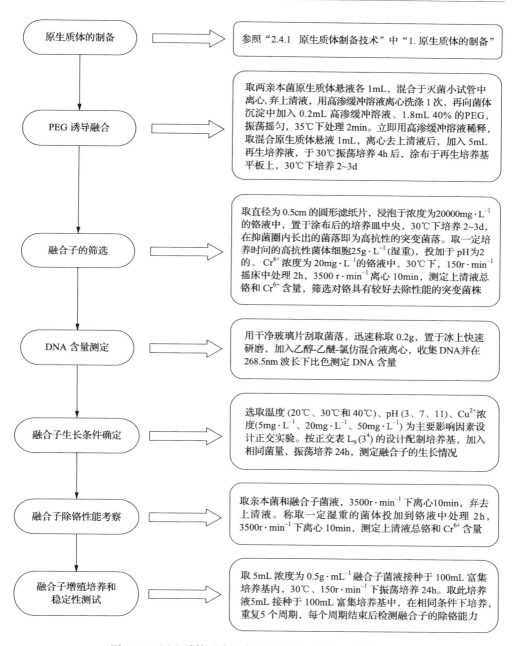

图 2-13　原生质体融合选育高效 Cr^{6+} 吸附工程菌流程图

种手段被提出来。在 1980 年第六次国际发酵讨论会和 1982 年第四届国际工业微生物遗传讨论会上,原生质体融合均是各学者最感兴趣的议题之一。我国从 20 世纪80年代至今,开展了许多关于工业微生物原生质体融合育种应用的基础研究,并在90年代将其广泛应用于氨基酸、抗生素、乙醇等的发酵工业生产,取得了显著的经济效益。

近年来,由SCI收录的关于原生质体融合育种技术的研究报道逐渐增多,这些研究成果表明原生质体融合育种技术除了广泛应用于食品、医药、农业等方面外,在污水处理等环境保护领域也获得重大突破。该项生物技术能克服遗传障碍,实现远缘杂交,具有简便、迅速创造新物种的优势。对于融合过程中的基因转移、基因互补、基因重组、基因表达、亚细胞结构分化与分布和生物膜机理与动态的研究,以及跨界原生质体融合产物细胞的遗传物质整合过程中DNA含量变化的研究都在逐渐深入进行,并充实了原生质体技术的基础理论。

自20世纪80年代以来,人们开始研究原生质体融合育种技术在废水处理工程菌中的应用。Chen等(1987)分离得到两株脱氢双香草醛(DDV)降解菌可变梭杆菌(*Fusobacterium varium*)和屎肠球菌(*Enterococcus faecium*),这两株菌单独作用时,用8d时间可降解3%~10%的DDV,相同条件下混合培养时,DDV降解率可达30%,再将两株菌进行原生质体融合,融合子中的FE7菌株对DDV的降解率高达80%。金志刚和朱彤怀(1997)用来自乙二醇降解菌(*Pseudomonas mendocina*)3RE-15KS和甲醇降解菌(*Bacillus lentus*)3RM-2的DNA转化能降解苯甲酸和苯的醋酸钙不动杆菌(*Acinetobacter calcoaceticus*)T3的原生质体,获得的重组子TEM-1可同时降解苯甲酸、苯和乙二醇,降解率分别为100%、84.2%、63.5%,该菌株应用于化纤污水处理时,COD_{Cr}(用$K_2Cr_2O_7$为氧化剂测出的化学需氧量)去除率可达67.36%,高于三株菌混合培养时的降解能力。

5. 原生质体融合育种技术的应用

微生物处理法是工业废水治理较常用的方法,但是这一技术的应用往往涉及多种微生物,而多种微生物的优化组合是一个很复杂的课题,原生质体融合育种技术可以将多个功能组合到一种微生物上,这为其在废水处理上的应用提供了良好的条件。

程树培、许燕滨等在原生质体融合育种技术的研究方面取得了一系列成功的例证,为构建高效处理特种工业废水的工程菌开辟了一条新的途径。目前,原生质体融合育种技术在提高脱氮性、絮凝性、降解有机氯化物和有机磷等方面取得了一定突破。Chen等(2013)利用原生质体融合育种技术将具有氯酚降解特性的菌株恶臭假单胞菌(*Pseudomonas putida*)和黄盖小脆柄菇(*Psathyrella candolliana*)的细胞进行融合,构建选育到一株高效降解氯酚的工程菌,将该菌应用于五氯苯酚合成废水的治理,对五氯苯酚的去除率比亲株高出21.71%,达78.98%。桑稳姣等(2008)研究了高效脱氮菌原生质体融合,在最佳的融合条件下获得的高效脱氮融合菌脱氮效率比亲本提高了 27.3%。刘其友等(2010)研究利用原生质体融合育种技术提高微生物的絮凝性,将微生物絮凝剂产生菌 B-6-1 与高效石油降解菌 SJ-1 进行融合,从所得的 67 株融合菌株中筛选出菌株 FB-1。实验结果表明,在确定的最优发酵条件下融合子对含油废水的 COD(化学需氧量)和石油类的去除率均高于亲本,其去除率分别为 39.5% 和 68.8%。

Xu 等(2012)利用真姬菇和大杯伞通过原生质体融合获得两株融合菌(IM1 和 IM5),利用其产生漆酶,用于降解雷马素艳蓝 R(RBBR)、铵盐和木质素。实验结果表明,获得的融合子产漆酶的能力均显著高于 H 菇产漆酶量,接近于 413 倍和 395 倍,它们的菌丝生长速率也显著高于 H 菇,分别达到 1.5 倍和 1.4 倍。另外,Baljit 等(2013)以 *Aspergillus nidulans* 和 *Aspergillus tubingensis* 作为亲本进行原生质体融合,研究融合前后菌株对纤维素酶的产量变化,结果表明,原生质体融合能够稳定增加纤维素酶的产量,其是基因操作应用中的一种有效方法。

2.5　基因组改组育种

基因组改组是 1998 年由 Stemmer 等提出的(Zhang et al.,2002),该方法是分子定向进化——DNA 改组技术在全基因水平的延伸。它将重组对象从单个基因扩展到整个基因组,因此可以在更为广泛的范围内对菌种的目的性状进行优化组合。

该技术方法的过程是:首先选择一个原始亲株,通过经典的诱变育种方法获得多个表型得到提高的菌株,构建突变候选株文库,以这些表型提高的菌株作为首轮多亲株融合的直接亲株;然后进行多亲株融合,使其全基因组进行随机重组,获得第一代融合株;再从中选择表型获得进一步提高的菌株作为下一轮融合的直接亲株,依此类推进行多轮的多亲株融合,最终从获得的突变体库中筛选出性状被提升的目的菌株。

2.5.1　基因组改组技术的具体方法

基因组改组技术的具体方法从其原理来看,首先要运用诱变育种的方法获得目的性状,得到改进的正突变菌株的基因组库,并将其作为首轮多亲株融合的直接亲株。诱变育种的具体操作要根据不同菌种的特性而异。然后进行多亲株的递推式融合(图 2-14)。

递推式融合的操作方法与原生质体融合技术基本相同,首先要进行原生质体制备,随后是原生质体融合、再生、鉴定和筛选等。

图 2-14　基因组改组方法流程图

2.5.2　基因组改组技术的特点

　　基因组改组技术的过程为在进行首轮改组之前通过诱变获得初始突变体库，然后将包含若干正突变菌株的突变体库作为第一轮原生质体融合的出发菌株，此后经过递推式的多轮融合使引起正突变的不同基因重组到同一个细胞中。同经典的诱变方法相比，基因组改组技术可以更为快速和高效地筛选出优良菌株，而且这些菌株往往剔除了负突变而集多种正突变于一体，因此在很大程度上弥补了经典诱变方法的缺陷。从理论上而言，基因组改组技术是整个基因组的循环重组，可以同时在整个基因组的不同位点重组，将亲株的多个优良表型通过多轮的随机重组集中于同一株菌株，与代谢控制育种相比，其突出优点是不必了解整个基因组的序列数据和代谢网的信息（Zhang et al.，2002）。

　　Zhang 等（2002）以四株营养缺陷型的泰乐菌素的生产菌——弗氏链霉菌（*Streptomyces fradiae*）为模型进行重组开展了一系列实验。四轮无选择性条件的原生质体融合再生的结果表明，后代中带有多重正向进化标记的重组子出现的概率是采用原始诱变育种方法的 40~105 倍。另外，他们还以同一菌株 SF1 为出发菌株，比较了基因组改组与诱变育种对弗氏链霉菌生产能力提升效率的影响。对照结果表明，利用基因组改组经过两轮原生质体融合，历经 1a 时间、24000 株的筛选量所获得的重组株 GS1、GS2 产泰乐菌素的能力高于传统诱变方法（历经 20a、共 10^6 株）筛选所获得的菌株 SF21 产泰乐菌素的能力。

　　由此可见，基因组改组技术可以大幅度缩短菌株选育周期，同时基因组改组技术采用的递推式融合技术在挑选种群中明显增大了菌株的进化概率，扩大了变异范围，增加了获得高产突变菌株的机会，可使目的菌株更快地投产应用。

2.5.3　基因组改组技术的应用

　　基因组改组技术自诞生以来，短短几年时间就在工业生产菌改进及开发方面获得多项成功的应用（表 2-1 列出了一些成功的实例），主要有以下几个方面：①用于改进微生物代谢产物的产量；②用于改进微生物多基因调控表型的进化和对环境的适应性；③用于提高微生物菌株的遗传多样性（Boubakri et al.，2006）；④与其他生物技术相结合大幅改进微生物性状。

表 2-1　基因组改组实例

微生物种类	菌种改造目的	改造结果	参考文献
刺糖多孢菌（*Saccharopolyspora spinosa*）	通过基因组改组技术提高刺糖多孢菌产生多杀菌素的产量	经四轮基因组改组后得到高产菌株 S. *spinosa* 4-7，该菌株能够产生 547mg·L^{-1} 的多杀菌素，其产量与亲株和原始菌株相比分别增加了 200.55% 和 436.27%；且研究发现以 S. *spinosa* 4-7 菌株做多杀菌素的发酵实验，经 168h 能够产生 428mg·L^{-1} 的多杀菌素	Jin et al., 2009
假单胞菌	利用基因组改组技术提高假单胞菌对多环芳烃（PAHs）的降解能力	经原生质体反复融合后，突变体 SF-IOC11-16A 在液体培养基中对 PAHs 的降解能力显著提高，融合子能够在 72h 内对二苯并噻吩（DBT）降解 98%，与野生菌株相比，降解能力提高了 74%，且对萘、菲、苯并芘的降解能力也有所提高。研究也表明，重组菌株能在含有高浓度的 PAHs 环境中生长并且对 PAHs 具有高效的降解能力	Manoj et al., 2012
嗜麦芽窄食单胞菌（*Stenotrophomonas maltophilia*，OK-5）	利用基因组改组技术提高嗜麦芽窄食单胞菌对 TNT 的快速高效降解能力	相对于只能降解 0.2mmol·L^{-1} TNT（6d）且完全不能耐受 0.5mmol·L^{-1} TNT 的野生菌株，改组后的突变菌经 8d 可以完全降解 0.5nmol·L^{-1} 的 TNT，而 24d 内完全降解 1.2mmol·L^{-1} 的 TNT	Lee et al., 2009
链霉菌（*Streptomyces tsukubaensis*）	通过基因组改组技术获得具有免疫抑制剂特性的次生代谢副产物 FK506	经过 5 轮的基因重组，获得一株 FK506 的高产菌 TJ-P325。该菌对 FK506 的产量达 365.6mg·L^{-1}，比野生菌提高了 11 倍	Du et al., 2014
植物乳杆菌（*Lactobacillus plantarum*，IMAU10014）、瑞士乳杆菌（*Lactobacillus helveticus*，IMAU40097）	利用基因组改组和原生质体融合技术构建强抗真菌活性的工程乳酸菌	经过 3 轮的基因重组，获得的两株高效工程菌的抑菌活性与野生型菌株相比分别提高了 192% 和 200%，且这两株菌具有广谱的抗真菌活性，可作为生物防腐剂	Wang et al., 2013

2.6　基　因　工　程

2.6.1　基因工程育种技术的特点和步骤

生存于污染环境中的某些微生物细胞内通常存在着抗某些污染物(如重金属)的基因。这些基因上的遗传密码能够使细胞分泌出相关的生物化学物质,增强细胞生物膜的通透性能,将摄取的目标元素(如重金属离子)沉积在细胞内或细胞外。但这类菌株多数生长繁殖并不迅速。利用基因工程育种可以集中目的基因,把这种抗某些污染物的基因转移到生长繁殖迅速的受体菌中,使调控这一特性的基因优先突变,促使微生物的吸附降解特性向有益的方向转变。利用基因工程育种技术可以跨越天然物种的屏障,克服固有生物种间的限制,扩大定向创造新生物的可能性。构成的新菌株具有繁殖率高、富集污染物速度快等特点,可更好地用于治理环境污染。

基因工程是指把某一生物体的遗传物质在体外经限制性内切酶与连接酶剪接,与一定载体相连接,构成重组 DNA 分子,然后通过一定的方法转入另一生物细胞中,使被导入的外源 DNA 片段在受体中表达,并稳定遗传,而表达产物是人们希望获得的物质。基因工程育种技术的步骤包括以下几个方面。

(1) 目的基因的获取。

从复杂的生物有机体基因组中,经过酶切消化或 PCR(聚合酶链反应)扩增等步骤分离出带目的基因的 DNA 片段。

(2) 选择载体。

目前常用的载体有细菌质粒、λ 噬菌体(原核细胞)、SV40 病毒(真核细胞)等。

(3) 目的基因与载体 DNA 的体外重组。

在体外将带有目的基因的外源 DNA 片段连接到能够自我复制并且具有选择性标记的载体分子上,形成重组 DNA 分子。

(4) 重组 DNA 分子进入受体细胞。

将重组 DNA 分子转移到适当的受体细胞(也称寄主细胞)中,并与之一起增殖,这一过程也称为转移。受体细胞可以是微生物,也可以是动、植物细胞,目前应用最多的是大肠杆菌。在理想情况下,上述重组载体进入受体细胞后能通过自主复制提供部分遗传性状。

(5) 筛选。

从大量细胞繁殖群体中筛选获得重组 DNA 分子的受体细胞克隆体,且从这些筛选出的受体细胞克隆体中提取出已经得到扩增的目的基因,供进一步分析研究使用。

（6）表达。

将目的基因克隆到表达载体上导入受体细胞,使之在新的遗传背景下实现功能表达,产生人类需要的蛋白质。

2.6.2　基因工程育种技术在环境中的应用

美国科学家于 20 世纪 80 年代末提出,要坚定不移地实现将基因工程引入污染治理领域的目标。应用基因工程菌净化污染物的主要优势有以下几点。

（1）创造新的目的基因,能够提供新的综合代谢污染物的杂种细胞和途径。

（2）针对新的污染物改变基因的表达方式和调节方式,提供新的代谢通路。

（3）实现人为控制降解途径的限制性步骤,提高分解、代谢、合成或其他生化反应过程的效率。

（4）防止有毒污染物的产生,防止非需要产品的出现,用确定的基因实现最初的目的。

至今,基因工程育种技术在污染的防治领域已取得了一些成绩,但还只是初期阶段,对于日益复杂的环境污染物,仍需开发不同性能的基因工程菌并投入使用,以期吸附/降解去除环境中日益增多的高毒害性、难降解和持久性污染物并应付突发事故的污染。

在环境领域工程菌主要应用在难降解物质的治理上,这些物质或是由于结构的原因难以处理,或是具有较高生物毒性使得微生物不能生存,因此较难处理,于是采用适应能力强、针对性强的工程菌成为必需的手段。当然,工程菌可以用来降解一般的有机化合物,但是对于生物化学性能较好的有机化合物,一来完全没有构建工程菌的必要,二来考虑到处理的成本,采用普通污染物传统处理工艺即可。目前,环境工程菌主要应用在制药污水、印染污水、化工废水、重金属污染、土壤修复等领域。

2.6.3　基因工程育种技术的发展

与前几种育种技术相比,基因工程育种技术是一种可预先设计和控制的育种新技术,它可实现超远缘杂交,因而是最新、最有前途的一种育种新技术。基因工程育种技术在近 20 年来发展较快,在许多方面都有突破性的进展,主要体现在以下几个方面。

（1）基因工程育种中目的基因的主要获得方法:化学合成法、物理化学法(包括密度梯度离心法、单链酶法、分子杂交法)、鸟枪无性繁殖法、酶促合成法(逆转录法)等。

（2）分子克隆方法:依赖基因表达产物及 DNA 的方法主要有 Norther 杂交分析法、cDNA 文库筛选法、杂交筛选法、编码序列富集法、产物导向法;不依赖基因表达产物的方法主要有岛屿获救 PCR 法、Notl 连接片段筛选法、外显子捕获法及外显子扩增法、动物园杂交法、剪接位点筛选法、作图克隆法；不依赖 DNA 克隆片段的方法主要有利用杂交细胞克隆法、消减杂交法、相同序列克隆法、差异显示逆转录 PCR 法、显微克隆与微克隆法、互补克隆法、FDNA 插入诱变法、转座子标签法；其他克隆法。

（3）基因与载体连接技术：活性末端连接法、平端连接法、人工接头连接法和同聚物加尾连接法。

（4）DNA 导入技术：主要有转化、转染、微注射技术、电转化法、微弹技术（即高速粒子轰击法或基因枪技术）、脂质体介导法。此外，其他一些高效新颖的导入方法如快速冷冻法、炭化纤维介导法等正在研究中，并达到了实用水平。

（5）重组体筛选技术：分为直接法和间接法两大类，前者有 DNA 鉴定筛选法、选择性载体筛选法和分子杂交选择法；后者有免疫学方法和 mRNA 翻译检测法。

这些新技术的发展和应用，选育出了许多优良的工业微生物菌种用于工业化生产。我国近几年应用基因工程育种技术获得的菌株，大量用于酶、维生素、氨基酸、激素、促红细胞生长素及其他一些次生代谢物质的生产。基因工程育种技术作为一种新兴技术，尽管近几年来发展较快，但还需要进一步的完善和发展。

第3章 微生物吸附剂的制备

3.1 微生物吸附剂制备的基本程序

微生物吸附剂作为一种性能优良的废水处理剂,其制备过程至关重要,制备过程中不同的处理会对吸附剂功效的发挥产生不同影响。一般情况下,微生物吸附剂制备的基本程序包括:微生物的筛选、发酵培养、菌株的预处理与修饰、固定化处理和性能测试。

3.1.1 微生物的筛选和发酵培养

微生物菌种是微生物吸附技术的重要基础和关键,只有选择具有良好吸附性能和稳定的菌种,才能通过制备生产工序得到理想的微生物吸附剂产品。

判断某一微生物是否适合作为微生物吸附剂,一般要先对其各项吸附性能进行考察,包括对目标污染物的选择吸附和耐受性、平衡吸附量、吸附速率和对处理环境条件的要求等。更重要的是还要综合考虑该吸附剂的环境安全性、来源获取及制备成本。工业生产过程中,为了降低生产成本,经常会充分利用来自工业发酵、农业废弃物或污水处理厂等的各种副产品作为微生物吸附剂制备的原料。另外,有时为了获得某一具有特殊吸附性能的微生物吸附剂,可以通过诱变或基因工程等微生物选育技术构建特效工程菌以满足不同的污染处理工艺要求。作为生产制备微生物吸附剂的菌种,一般还要求其培养条件简单,对营养需求低,生长繁殖速度快,存活率高。

1. 工业化菌种的要求

用作微生物吸附剂工业生产的菌种除了满足必要的良好吸附性能外,还要满足一般工业生产的要求。

(1)菌种培养条件要求低,能利用廉价的原料和简单的培养基大量地繁殖生长。例如,生产上经常利用发酵工业的副产品配制培养基,不仅可以满足微生物发酵培养的营养需求,而且原料易获得,又廉价,可以大大降低生产成本,获得更高的经济效益。

(2)菌种培养过程中有关合成产物的途径要尽可能简单,或者说菌种的改造可操作性强,这样更有利于发酵过程中对菌种的代谢调节,使微生物吸附剂产品优质、高产和低耗。

（3）菌种的遗传性能相对稳定。

（4）菌种易于保存，在生产和存放过程中不易感染其他微生物或噬菌体。防止菌种之外的杂菌大量繁殖，污染微生物吸附剂。

（5）菌种及其代谢产物在生产及使用过程中不会对人类、动物、植物和环境造成危害，而且应该对其潜在的、漫长的和长期的危害进行测试和评价。

2. 发酵种子的制备和扩大培养

为了获得大规模生产的微生物吸附剂，依靠保存菌种的数量是不够的，因此需要把目标菌种逐级扩大培养。菌种种类不同，其种子扩大培养的方法和条件也不一样。选择合适的种子扩大培养方法，获得代谢旺盛、数量充足的种子，可以为微生物吸附剂的大规模培养生产奠定基础。

种子扩大培养是指将保存在沙土管或冻干管中处于休眠状态的生产菌种接入试管活化后，再经过摇瓶及种子罐逐级扩大培养，最终获得一定数量和质量纯种的过程。这些纯种培养物被称为种子。

1）工业发酵种子制备流程

工业发酵种子的制备可分为实验室种子制备阶段和生产车间种子制备阶段。实验室种子制备阶段包括孢子或菌种制备、固体培养基扩大培养或摇瓶液体培养；生产车间种子制备阶段包括摇瓶液体种子制备和种子罐种子制备。工艺流程如图 3-1 所示。

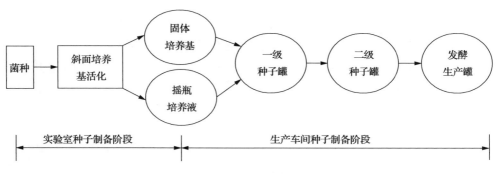

图 3-1　发酵种子制备流程图

（1）实验室种子制备阶段。

菌种不同，制备工艺也有差异，菌种一般可分为两类：一类是不产孢子和芽孢的菌种；一类是产孢子的菌种。

① 放线菌类孢子的制备：培养温度一般为 28℃（也有的用 30℃ 或 37℃），培养时间因菌种而异，大多数需要培养 4～7d，孢子成熟后于 5℃ 条件下保存备用。

放线菌类孢子扩大培养流程如图 3-2 所示。

图 3-2　放线菌类孢子扩大培养流程

② 霉菌类孢子的制备：培养温度为 25～28℃，培养时间因菌种而异，一般培养 4～14d，培养过程中要不断摇动以保证通气。霉菌类孢子扩大培养流程如图 3-3 所示。

图 3-3　霉菌类孢子扩大培养流程

③ 细菌类种子的制备：培养温度为 37℃（极少数为 28℃），培养时间一般为 1～2d，产芽孢的细菌则需要培养 5～10d。

（2）生产车间种子制备阶段。

① 摇瓶液体种子制备：有些孢子发芽和菌丝繁殖速度缓慢的菌种在进入种子罐发酵培养前需要将孢子经摇瓶液体扩大培养成菌丝体。该过程一般分为两级，即母瓶-子瓶两级培养：将实验室制备的斜面孢子接种到体积较小的摇瓶中培养成大量的菌丝（母瓶培养），之后再转接到体积较大的摇瓶中继续扩大培养（子瓶培养）。摇瓶培养要求培养基营养丰富，易于菌体利用。原则上，母瓶培养浓度比子瓶高，子瓶培养条件接近种子罐的培养基配方。

② 种子罐种子制备：种子罐的作用是将通过摇瓶培养获得的有限孢子或菌丝进一步培养繁殖，获得大量的菌丝体。一般可分为一级种子、二级种子和三级种子的制备，种子罐的级数是指制备种子过程中需要逐级扩大培养的次数。将孢子（或摇瓶菌丝）接种到体积较小的种子罐中经培养形成大量的菌丝，这样的种子称为一级种子；把一级种子转入发酵罐内发酵，称为二级发酵；如果把一级种子接种到体积较大的种子罐，经培养后得到的大量菌丝体称为二级种子，以此类推。种子级数应根据菌种生长特性、孢子发芽和繁殖速度及采用的发酵罐容积大小共同确定。

2）种子质量的控制

微生物吸附剂生产用种子的质量是由孢子的质量和种子罐种子的质量决定的，与菌种的特性和培养条件有关。

（1）孢子质量控制。

一般认为发酵单位高、生产性能稳定的纯种孢子是优质孢子。孢子的质量与培养基、温度、培养时间、保藏时间和接种量等因素有关，且这些因素之间相互结合、相互联系和相互制约，因此，生产中需要对各种因素全面考虑、综合控制。

（2）种子罐种子质量控制。

在生产中通常以外观颜色、效价、菌丝浓度或黏度及糖氮代谢、pH 变化等作为判断摇瓶种子质量的主要指标。种子罐种子质量主要受孢子质量、培养基、培养条件、种龄和接种量等因素的影响。另外，为保证种子质量，在种子制备过程中每移种一步均需要进行无杂菌检查。

3.1.2　菌株的预处理与修饰

实际生产中，对于天然吸附剂，在使用前需进行洗涤以除去杂质，而对于微生物吸附剂，进行必要的预处理和修饰可以有效地改善和提高其吸附性能。关于预处理能够提高微生物吸附剂性能的原因，有多角度的分析：①通过预处理，可以使吸附剂表面去质子化，从而活化吸附位点；②改善吸附剂的化学性能，提高其饱和吸附量；③提高微生物吸附剂的通透性，降低传质阻力等。表 3-1 列出了已报道的微生物吸附剂预处理方法（O'Connell et al.，2008；Wan Ngah et al.，2008；Gadd et al.，2009；Kuroda and Ueda，2010；Park et al.，2010）。

表 3-1　微生物吸附剂的预处理方法

类别		具体方法
物理预处理		高压灭菌，蒸汽处理，热干燥，冷冻干燥，切割，研磨等
化学预处理	预处理（冲洗）	酸（HCl、H_2SO_4、HNO_3、H_3PO_4、柠檬酸等），碱[NaOH、KOH、NH_4OH、$Ca(OH)_2$ 等]，有机溶剂（甲醇、乙醇、丙酮、甲苯、甲醛、环氧氯丙烷、水杨酸、NTA、EDTA、SDS、L-半胱氨酸、Triton X-100 等）和其他化学物质[NaCl、$CaCl_2$、$ZnCl_2$、Na_2CO_3、$NaHCO_3$、K_2CO_3、$(NH_4)_2SO_4$、H_2O_2、CH_3COONH_4 等]
	结合基团功能的增强	羟基羧化、磷酸化和胺化，氨基羧化，羧基胺化，酯基皂化、磺化、巯基化、卤化、氧化等
	抑制基团功能的减弱	脱羧，脱氨等
	接枝聚合	高能辐射接枝（使用 γ 辐射、微波辐射、电磁辐射），光化学接枝（不带有或带有敏化剂，敏化剂如安息香乙醚、丙烯酸酯偶氮染料和芳香族酮），化学试剂引发接枝（使用铈离子、锰离子、硝酸亚铁铵/过氧化氢、高锰酸钾/柠檬酸等）
细胞预处理（生长过程中）	培养条件优化	优化培养条件使细胞的生物吸附能力提高
	基因工程改造	增加细胞表面有吸附能力的蛋白或多肽，如谷胱甘肽、植物螯合肽、金属硫蛋白等

注：NTA 表示氨三乙酸；SDS 表示十二烷基磺酸钠；EDTA 表示乙二胺四乙酸；Triton X-100 表示聚乙二醇辛基苯基醚。

1. 物理预处理

常用的微生物吸附剂物理预处理方法主要有破碎处理和热处理等。

1）破碎处理

生物吸附剂在使用前一般都要经过碎裂处理，因为经碎裂处理后粒径减小而比表面积增大，能提供更多的吸附位点，增强吸附效果，吸附金属离子的速度更快，且吸附量更大，达到平衡的时间更短。常见的破碎方式有超声破碎和高压匀浆破碎等，其中超声破碎效果的主要影响因素是超声频率、功率和时间等，超声破碎方法在实验室研究中有着广泛的应用，但不适合大规模的吸附剂生产过程，主要因该过程能耗大且某些目标蛋白在超声处理中会失活；高压匀浆破碎法常用于酵母菌和细菌吸附剂的破碎，且在食品和制药行业有大规模的应用。研究表明，影响高压匀浆破碎效果的因素包括针形阀的压降和冲击环的压力，而对于高浓度的或难破碎的细胞常采用多次循环操作的方法以达到理想的破碎效果。

2）热处理

生物吸附剂的热处理可分为煮沸、水浴保温及高压锅蒸煮三种。有研究表明用这三种方法来对生物吸附剂进行预处理后，其吸附能力较未处理前有所升高。其原因是高压锅蒸煮及煮沸能去除部分生物吸附剂表面的矿物质元素，使部分吸附位点空出；水浴保温能让少量有机组织分解，从而暴露出更多可吸附位点。

2. 化学预处理

生产中除了简单的物理破碎处理外，还经常要对微生物吸附剂进行必要的化学处理，其过程主要是对吸附位点进行修饰和聚合反应，以提高吸附剂对吸附质的结合能力。常见的化学预处理包括酸、碱、乙醇和丙酮处理。羧基、氨基、磷酸基、磺酸基和羟基等基团已经成为公认的金属/染料等污染物的有效结合位点。因为在一般的生物质中，通常这些基团的密度较低，所以大多数微生物吸附能力不高。利用多种化学处理可以对微生物细胞上的官能团进行修饰和活化，而且可以在吸附剂表面引入具有较强吸附能力的官能团。例如，直接引入或者通过在生物质表面使用单体进行聚合反应获得聚合物长链，从而增加微生物吸附剂有效吸附位点的密度，进而提高吸附效果。

1）酸处理

酸处理是用一定浓度的 HCl、$HCOOH$、HNO_3 等酸性溶液浸泡吸附剂或与吸附剂反应，在常温或高温条件下作用一段时间后洗涤，然后再进行干燥、研磨等物理处理。用酸性溶液处理后的吸附剂吸附重金属的能力增加，是由于增加了生物体的多孔性及比表面积，同时使生物表面质子化，使重金属离子与更多的 H^+ 进行离子交换，从而使吸附剂的吸附能力增强。

2) 碱处理

碱处理是用一定浓度的 $NaHCO_3$、$NaOH$ 等碱性或弱碱性水溶液对微生物吸附剂进行预处理,从而将微生物吸附剂的 pH 调为碱性,然后经高温作用一定时间,再用去离子水洗涤至中性后备用。碱处理可去除微生物细胞上对吸附无太大贡献的脂类或蛋白质,并将隐藏的吸附位点暴露,经过碱性溶液处理后残留在吸附剂上的 OH^- 可与溶液中的 H^+ 结合,从而阻止 H^+ 与重金属离子竞争吸附位点。

3) 其他化学试剂处理

通常用钙盐和钠盐作为中性盐处理微生物吸附剂,可增加吸附剂对重金属离子的吸附能力。氧化剂作为预处理试剂作用于微生物细胞的目的在于将潜在的吸附位点氧化成具有更强吸附能力的羧基,并且使隐藏在细胞壁内的有效吸附位点暴露出来。聚乙烯、甲基溴化铵等阳离子表面活性剂可使霉菌细胞壁上的亚氨基与氨基增加,从而有利于其生物吸附。

3.1.3　微生物吸附剂的固定化处理

微生物吸附剂存在很多优点,如高吸附容量、能快速达到稳定状态、加工成本低等,但也存在不足。微生物吸附剂基本都是小颗粒,具有密度低、机械强度差、刚性低等特点。同时处理完后固-液难以分离,还可能存在菌丝体膨胀的问题,以及在某些状态下吸附剂难以回收再生和再利用等。而固定化技术的实施可以解决微生物吸附剂存在的这些缺陷。在实际水处理工程应用中,微生物吸附剂的固定化技术显示出优越的发展潜力,尤其是在填充柱和流化床反应器中,通过固定化处理可以控制吸附剂的颗粒大小,使吸附剂易于分离,而且在高生物量荷载及控制连续流条件下不易堵塞,也使微生物吸附剂便于再生和再利用。

目前,固定化微生物的制备方法多种多样,国内外没有统一的分类标准,根据对各种方法的分析,可将其分为物理固定法和化学固定法两大类。物理固定法主要有包埋法、吸附法(载体结合法)和包络法,化学固定法包括共价结合法和交联法(架桥法)等。

1. 包埋法

包埋法是将微生物细胞包埋于半透膜聚合物的超滤膜内或包埋在凝胶的微小空格内,小分子的底物和产物可以自由出入,而微生物却不会流出。根据采用方法和载体材料的不同,包埋法分为半透膜包埋法和凝胶包埋法两类。其中,利用各种高分子聚合物制成的半透性高分子膜将细胞包埋而使细胞固定的方法称为半透膜包埋法;而将细胞包埋在各种凝胶内部的微孔中而使细胞固定的方法称为凝胶包埋法。

目前,常用的包埋法使用的固定微生物的载体材料有天然高分子多糖类的海藻酸钙凝胶和卡拉胶、聚乙烯醇(PVA)、聚丙烯酰胺(PAM)等。其中,天然高分子凝胶对微生物无毒,传质阻力小,但结合强度也小;有机合成高分子凝胶的结合强度高,但会影响微生物的生物活性,同时传质阻力大。

包埋法是微生物吸附剂固定化最常用的方法,其操作简单、对细胞活性影响较小。用此方法制作的固定化微生物吸附剂化学性能稳定、机械强度高、与微生物细胞的结合力强。但由于生物化学反应的产物和底物进出颗粒而存在传质阻力,影响溶解氧的扩散,大分子底物也不能进入包埋材料颗粒的内部,该方法还是具有一定局限性,不适合处理大分子污染物。

2. 吸附法

吸附法是利用微生物具有可附着在固体物质表面或其他细胞表面的能力,用固体载体将微生物吸附在其表面的方法,主要有离子吸附与物理吸附两类。离子吸附是运用静电力作用使微生物在解离状态下固定于带有相反电荷的离子交换剂上的过程,常见的离子交换剂有二乙氨乙基(DEAE)-纤维素、羧甲基(CM)-纤维素等;物理吸附是使用吸附能力较高的物质,如硅胶、活性炭、多孔玻璃、碎石、卵石、铅炭、硅藻土、多孔砖等将微生物吸附在表面使其固定化的过程。

吸附法是固定化技术中最简单的方法,具有制备简单、载体易于再生等优点。但是,载体和微生物的结合力弱,当环境中的离子强度、pH、底物浓度、温度等外界条件变化时,微生物或酶常会部分或全部脱落。

3. 包络法

20 世纪 90 年代初期,为克服包埋法和吸附法固定微生物的缺点,研究者们又提出了用包络法固定微生物的新技术。包络法是以人工合成生物相容性好的聚丙烯酸酯共聚物基体型多孔颗粒为载体,使微生物在该多孔载体外表面生成机械强度高的生物膜。另外,在载体内孔中还可以聚集生长大量的微生物,从而增大吸附剂的微生物聚集密度,进而提高生物粒子承受水力负荷的能力。

4. 共价结合法

共价结合法是将菌体活化后,利用微生物细胞表面官能团(如羟基、氨基、嘧啶基、酚基和巯基等)与固相载体表面基团之间形成化学共价键而连接,从而成为固定化细胞。该方法具有细胞与载体结合紧密、不易脱落等优点,但其制备较难,且细胞活性损失较大,同时反应剧烈,操作与控制条件复杂、苛刻。

5. 交联法

交联法是利用双功能或多功能试剂以共价键为结合力与细胞表面的反应基团

（如咪唑基、巯基、氨基酸羟基）直接发生反应，使微生物细胞彼此交联形成网状结构的细胞固定化方法。常用的有聚集-交联固定法，即使用凝聚剂使菌体细胞形成细胞聚集体，再利用双功能或多功能交联剂与细胞表面的活性基团发生反应，使菌体细胞彼此交联形成稳定的立体网状结构。最常见的交联剂是戊二醛。

交联法固定化的微生物吸附剂对环境变化的耐受能力强、稳定性好，但缺点是反应条件剧烈，在共价键形成过程中影响微生物细胞活性。双功能试剂与酶蛋白的交联作用容易改变蛋白质的高级结构，使酶失活。

各种固定化方法的比较见表 3-2。

表 3-2　各种固定化方法的比较（马放等，2004）

性能	吸附法	包埋法	交联法	共价结合法
制备的难易	易	适中	适中	难
结合力	弱	适中	强	强
活性保留	高	适中	低	低
固定化成本	低	低	适中	高
存活力	有	有	无	无
适应性	适中	大	小	小
稳定性	低	高	高	高
载体的再生	能	不能	不能	不能
空间位阻	小	大	较大	较大

实际应用固定化的过程中，不恰当的操作往往会产生不良的效果，因此，必须注意避免该类问题出现，尤其是质量传递的限制。吸附剂固定化后，微生物细胞通常存在于固定化基质的内部，因此，传质阻力对吸附率的高低起至关重要的作用，传质阻力的存在通常会减慢吸附平衡。实践证明，一种成功的固定化基质应该允许吸附剂上所有的活性结合位点都可以与溶液中的溶质接触，即使溶液的流速较慢。另外，应用中还要考虑附加成本，微生物吸附剂的固定化处理通常会增加生产费用，因此，研发廉价有效的固定化技术也是今后微生物吸附剂工业化生产应用中需解决的关键问题。

3.1.4　微生物吸附剂固定化载体

微生物吸附剂固定化处理中固定化基质的选择是微生物吸附剂在生产应用中稳定发挥良好性能的关键因素，其决定了微生物吸附剂的机械强度和化学耐受性等。用作微生物固定化的载体应具有抗微生物分解、对微生物无毒、传质性能好、机械强度高、价格便宜、能够重复利用、制备工艺简单、固定化效率高等一系列特点。

　　固定化载体主要分为天然有机载体(如壳聚糖、海藻酸钠、卡拉胶、琼脂、淀粉、明胶),无机载体(如多孔玻璃、活性炭、硅藻土),人工合成有机载体(如聚丙烯酰胺、聚乙烯醇)三大类。常用的固定化载体主要有以下几类。

1. 海藻酸钠

　　海藻酸钠适用于固定活细胞和敏感细胞,作为固定化包埋载体的材料,其具有温和无毒、制备容易、传质性能良好、价格低廉等优点,应用范围也比较广泛。海藻酸钠与铝盐、钙盐等可形成具有耐热性凝胶特性而不溶于水的载体,其将微生物细胞包埋固定,对活细胞损伤小,但在含高浓度电解质以及多价阴离子的溶液中钙离子易脱落,导致凝胶的机械强度下降。

2. 聚乙烯醇

　　聚乙烯醇(PVA)是由聚乙酸乙烯酯水解而得的强亲水分子材料,是人工合成的有机高分子聚合物。聚乙烯醇分子链上含有大量羟基,易在分子链间形成氢键,具有很强的韧性和机械强度。聚乙烯醇具有对生物活性物质无毒、价廉易得、性能介于塑料和橡胶之间的特点,因此,其广泛应用于固定化酶领域。但聚乙烯醇也存在自动交联凝聚倾向,制备的固定化小球成球困难,极易粘连在一起。

3. 聚丙烯酰胺

　　聚丙烯酰胺(PAM)是一种人工合成的有机高分子聚合物,作为微生物细胞包埋固定化载体,虽然其在化学稳定性、机械强度、价格及抗微生物分解性能等方面都优于其他合成高分子载体,但因单体丙烯酰胺存在环境毒性、细胞毒性、聚合温度高、反应时间长等问题,严重制约了其在制药、食品、环境保护、化学合成及新能源开发等领域固定酶或固定微生物细胞的使用。

4. 琼脂

　　琼脂的主要成分是多聚半乳糖的硫酸脂,熔点和凝固点之间的温度相差很大,在水中需加热至95℃时才开始熔化,对于熔化后的溶液,其温度需降到40℃时才开始凝固,因此,是一种很好的固定化凝固剂。琼脂作为固定化载体主要用于重金属离子的去除,具有包埋微生物容易、活性高等优点。但琼脂的使用也有一定的局限性,如琼脂凝胶的机械强度低,代谢产物及底物的扩散受到限制,成球受温度影响较大。

3.2　微生物吸附剂的廉价制备

微生物吸附剂对各种复杂的废水、污水均具有较好的适应性,对多种污染物,包括重金属、染料分子、持久性有机化合物等都具有较高的吸附效果。但为了使微生物吸附剂在实际生产应用中能稳定地发挥功效,往往要对吸附剂进行改性及固定化处理等,这将明显提高微生物吸附剂的制备成本,从而制约其在实际废水治理工程中的推广和普及。工业生产中,企业更注重的是经济效益,在实现对工业废水达标处理的同时,人们更关注的是废水的治理成本。尤其在我国,中小型企业较多,生产技术水平相对不高,面对环境保护的压力,更希望的是能开发成本低廉又具有高效稳定处理效果的污染治理工艺。

微生物吸附剂的制备中最主要的一步是寻找合适的微生物菌种,这是吸附剂发挥功效的关键。虽然自然界中微生物种类繁多、来源广,但是为保证选育的微生物菌种具有优良的吸附性能,就需要开展烦琐的筛选工作。要对选定的菌种进行驯化、性能测试、培养条件优化等,甚至还要对菌种进行基因改组或诱变,而这些前期的菌种选育工作不仅耗时而且会产生较高的制备成本,因此,如果能在生产中寻找一种廉价的、来源广、易获得的副产品或废弃物作为微生物吸附剂制备的原材料,从而降低其生产成本,这将有利于微生物吸附剂的推广和在环境污染治理工程中的广泛应用。

寻找高效、廉价、稳定的微生物吸附剂原材料是生产制备微生物吸附剂的首要问题。经过十几年的研究,目前已经筛选、驯化、构建得到了许多对不同重金属及有机污染物等具有高效吸附性能和应用潜力的微生物菌株。然而,这些高效菌株规模化生产的高价成本限制了其工业应用。因此,如何突破微生物吸附剂低成本制备的瓶颈具有重大的现实意义。目前已有研究证实,工业发酵及污水处理厂产生的副产品可以作为微生物吸附剂的廉价原料。经过简单的预处理,生产中废弃的酵母菌及剩余污泥中大量的微生物能发挥优良的吸附性能。

3.2.1　剩余污泥制备微生物吸附剂

1. 剩余污泥的吸附特性

剩余污泥是污水处理厂主要的副产品,面对逐年增加的剩余污泥,其安全处理处置成为污水处理过程中的一个世界性难题。在城市化进程中,剩余污泥成为“鸡肋”型的城市固体废弃物。

剩余污泥是一种有孔结构和含有大量胞外聚合物、有机化合物及微生物的絮体,具有较大的比表面积和大量官能团,这为其吸附水体中的污染物提供了众多吸附位点,使其具有良好的吸附能力。因此,在不破坏有效官能团的条件下,将剩余污泥经过简单的处理制备成微生物吸附剂是可行的。此项应用最早是由 Ruch-hoft(1949)提出,他利用污泥制备吸附剂用于除去废水中的^{239}Pu。近年来已有越来越多的研究表明经过处理的剩余污泥是一种优良的微生物吸附剂。可以将活性污泥进行干化研磨处理制备成灭活的污泥粉末(Wang et al.,2006),或者提取污泥的有效成分(王琳等,2011),或直接利用活性的污泥(Al-Qodah,2006),它们对废水中一些难降解的有机化合物或重金属均有良好的吸附去除效果,而且具有低能耗、去除率高等特点。

2. 污泥吸附剂的制备方法

目前,利用剩余活性污泥制备吸附剂主要有两种方法,即直接利用活性污泥制备吸附剂和利用灭活后的污泥制备吸附剂。

1) 直接利用活性污泥制备吸附剂

该制备方法是直接利用污泥自身的有效成分及结构发挥其吸附功能。直接使用活性污泥做吸附剂时要注意废水处理的环境条件对污泥中微生物生长代谢的影响。

叶锦韶等(2005)利用一株酵母菌(R32)和复合菌群(Fh01)两种微生物吸附剂与活性污泥进行复合使用,将 10g R32 混合 5g 污泥与 10g Fh01 混合 5g 污泥串联处理电镀废水。研究结果表明,该处理工艺对废水中的 Cr^{6+}(78.3mg·L^{-1})、Cu^{2+}(2.29mg·L^{-1})和 COD_{Cr}[①](45.0mg·L^{-1})的去除率分别高达 94.0%、99.2%和 74.5%。另外,Savci(2013)的研究发现活性污泥吸附水溶液中的雷尼替丁具有很好的效果,在 10min 内就达到吸附平衡;同时实验结果表明,该吸附过程符合 Langmuir、Freundlich 和 Tempkin 吸附等温线模型,且遵循准二级动力学方程。

2) 利用灭活后的污泥制备吸附剂

为了使污泥吸附剂的性能更加稳定,通常会将活性污泥进行干化粉碎制成灭活污泥吸附剂,但是灭活的污泥活性较小,因此在使用之前往往要进行预处理以提高其吸附性能,包括高温处理、加酸加碱、混合其他吸附剂等物理化学方法,其中较常用的是质子化处理。

崔龙哲等(2007a)以城市污水处理厂的剩余污泥为原料,经过质子化处理制备成生物吸附剂处理水溶液中的活性红 4(RR4)和亚甲蓝(MB),研究结果表明,溶液的 pH 是影响吸附效果的一个重要因素,阴离子型的 RR4 在酸性条件下吸附量大,而阳离子型的 MB 则在中性和碱性条件更有利于被吸附;当 pH=2 时,污泥吸

---

① COD 表示化学需氧量。

附剂对 RR4 的最大吸附量为$(25.8\pm0.4)\text{mg} \cdot \text{g}^{-1}$;在 pH=7 时,对 MB 的最大吸附量为$(161.2\pm10.0)\text{mg} \cdot \text{g}^{-1}$。

质子化剩余污泥制备吸附剂的方法如下:

取污水处理厂剩余污泥,在 60℃ 条件下烘干,利用硝酸对此干燥污泥进行质子化处理,经酸处理后剩余污泥上的阳离子基本被 H^+ 置换,之后进行干化研磨,制备成颗粒状的质子化生物吸附剂(Won et al.,2004),制备流程如图 3-4 所示。

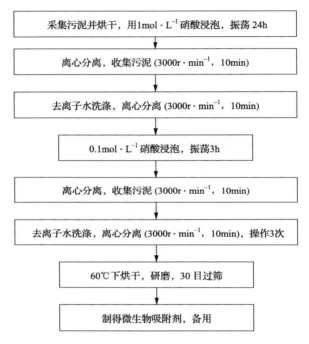

图 3-4　质子化污泥吸附剂实验室制备流程(崔龙哲等,2007b)

3.2.2　发酵工业副产物制备微生物吸附剂

工业发酵是指依靠微生物的生命代谢活动或动植物细胞和酶以及人工构建的工程菌进行反应,实现工业生产的过程。在发酵过程中产生的各种含有丰富微生物资源的发酵废液和残渣以及发酵后废弃的失活菌体均可以作为微生物吸附剂的重要来源。

1. 酿酒酵母

啤酒生产过程中产生的主要副产物为啤酒酵母(也称酿酒酵母),其最后是以泥状沉淀的形式排出,其中除了一些酒花沉淀物和少量苦味剂外,大部分为酿酒酵母,其经简单处理后可获得纯度较高的酵母产品,产量一般为 2%~3%。对于一家年产量 10 万 t 的啤酒厂,沉淀酵母泥的量达到2000～3000t・a^{-1}。

　　与其他微生物相比,酵母菌对多种重金属及低 pH 等外界条件的耐受性强,这使其更加适合做微生物吸附剂。相关研究表明,酵母菌可以有效吸附的金属离子包括铜、钴、铯、锶、铀、镉、铅、锌、铬、镍等的离子,其中尤其对镉、铅、锌、铬、镍等金属的离子具有较强的吸附能力。酵母菌广泛应用于发酵工业中,其廉价易得,特别是酿酒酵母,成为微生物吸附剂制备的首选材料。酿酒发酵工业中废弃的酿酒酵母经简单预处理和固定化处理后可用于重金属废水的治理,其具有制备微生物吸附剂的巨大潜力。研究发现,死体酵母菌细胞和活体一样具有吸附重金属离子的能力,这使得利用发酵工业上的废酵母制备微生物吸附剂更加简便。图 3-5 显示了酿酒酵母吸附剂在显微镜下的微观形貌。

　　1）制备工序

　　（1）废酵母预处理。

　　将回收的啤酒废酵母泥用 2～3 倍的无菌（用砂滤棒过滤）冷水（0.5～2℃）洗涤,再用80～100 目的不锈钢孔板筛过滤除去酒花树脂和其他较大的杂质。离心分离后再用 0.5～2℃无菌水漂洗一两次,直到所得上层清液为无色无味,酿酒酵母呈纯白色为止。收集菌体,烘干、冷却后研磨成细粉,干燥后保存备用。

　　（2）吸附前预处理。

　　在吸附之前一般要对酿酒酵母进行预处理,以增强酿酒酵母对重金属的吸附量。主要的预处理方法包括酸碱处理、热反应、破碎、无机盐活化等,其中碱处理效果明显。

　　（3）固定化处理。

　　由于微生物细胞小、机械强度低、与水较难分离,易造成二次污染,因此利用酵母菌制备吸附剂要采用细胞包埋技术进行固定。一方面可控制生物颗粒的大小,增强处理效果和稳定性;另一方面使固液易于分离,而且固定化酵母菌还能重复使用。目前主要的固定化方法有:海藻酸钠-明胶包埋法、海藻酸钠包埋法、聚乙烯醇(PVA)-海藻酸钠包埋法、海藻酸钠-明胶-PVA 包埋法。

　　（4）解吸再生。

　　吸附剂处理重金属废水后需要进行脱附再生处理才能再次投入使用,这也是回收贵金属的途径。一般选用的脱附剂有去离子水、碱溶液、盐溶液、盐酸等。其中盐酸是酿酒酵母的主要脱附剂,其利用 H^+ 与吸附的重金属竞争吸附位点,从而把吸附的重金属离子洗脱下来,此外,Cl^- 可与重金属离子形成络合物,从而使重金属离子离开吸附剂上的官能团而与之结合。

　　2）酿酒酵母制备重金属吸附剂的研究情况

　　研究证实,酿酒酵母可以富集大多数的重金属及贵金属。表 3-3 列出了酿酒酵母对不同金属离子的生物吸附性能。

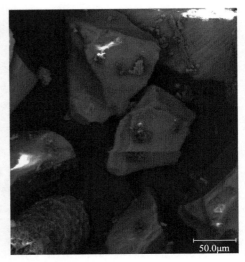

图 3-5　酿酒酵母吸附剂显微形貌(Aytas et al., 2011)

表 3-3　酿酒酵母对金属离子的吸附性能

金属离子种类	吸附条件	吸附效果	参考文献
Cu^{2+}	Cu^{2+} 的吸附平衡时间为 3h,最佳条件为初始 pH=4~5,温度为 20~30℃,初始质量浓度为 5.0~63.5mg·L^{-1};Langmuir 方程比 Freundlich 方程更好地描述酿酒酵母对 Cu^{2+} 的平衡吸附行为	22%~56%	陈灿等,2008b
Cd^{2+}	Cd^{2+} 起始浓度为 80mg·L^{-1},菌体浓度为 0.12g·L^{-1},pH=6,25℃下,吸附 70min	16.16mg·g^{-1}	赵忠良等,2009
Zn^{2+}	Zn^{2+} 初始浓度为 30mg·L^{-1},菌体浓度约为 4g·L^{-1},pH=6,30℃下,达到吸附饱和时	60%	Amirnia et al., 2012
As^{3+}	As^{3+} 初始浓度为 1mg·L^{-1},菌体浓度约为 5g·L^{-1},pH 为 5.0,35℃下,接触反应 6h,0.5mol 的 NaOH 能对吸附剂进行有效再生;吸附过程可以用 Langmuir 模型描述	62.9μg·g^{-1}	Wu et al., 2012
Pb^{2+}	Pb^{2+} 初始质量浓度为 500mg·L^{-1},pH=6 时达到最大吸附量;吸附过程遵循 Langmuir 方程;酸处理可以增大酿酒酵母吸附量	107mg·g^{-1}	刘恒等,2002
Hg^{2+}	采用胱氨酸修饰,Hg^{2+} 浓度为 60mg·L^{-1},20℃下,pH 为 0.83~3.29,吸附 50min	29.6mg·g^{-1}	黄冰等,2010

续表

金属离子种类	吸附条件	吸附效果	参考文献
Pd^{2+}	Pd^{2+} 起始浓度为 100mg·L^{-1}，菌体浓度为 1.8g·L^{-1}，pH 为 3.5，30℃下，振荡吸附 1.5h	40.6mg·g^{-1}	谢丹丹等，2003
Cr^{6+}	Cr^{6+} 起始浓度为 60mg·L^{-1}，固定化酵母小球浓度为 3g·L^{-1}，25℃下，pH=2，吸附 2h	94.71%	张超等，2013
Ni^{2+}	Ni^{2+} 起始浓度为 16mg·L^{-1}，菌体浓度为 4.07g·L^{-1}，pH 为 7.1，达到吸附饱和时	65.5%	Fereidouni et al.，2009

2. 其他发酵工业副产物

发酵工业中除了酿酒、食品加工等生产过程会产生大量的废酵母菌外，制药工业的发酵过程也会产生大量的废菌体副产品，其同样是制备微生物吸附剂的优良原材料。

李会东等(2010)以海藻酸钠和聚乙烯醇为基质，利用制药工业发酵副产品红色链霉菌废菌体，联合磁性纳米颗粒，通过包埋制备微生物磁性吸附剂处理含 Cr^{6+} 废水。研究表明，在溶液 pH 为 0~12，搅拌转速为 0~200r·min^{-1}，温度变化范围为 0~50℃的条件下，经过 5 个循环后吸附剂的形状和机械强度等性能均保持完好；而且吸附剂吸附饱和后，在外加磁场作用下能够迅速与液相分离。

截短侧耳素也是制药发酵中产生的一种副产品，有研究证实，其也可以被制备成优良的生物吸附剂并对废水中染料分子具有良好的吸附性能，可以作为一种低成本微生物吸附剂代替价格昂贵的活性炭吸附剂。图 3-6 为截短侧耳素制成的吸附剂在显微镜下的形貌。实验结果表明，影响截短侧耳素生物吸附剂吸附染料蓝 41 的主要因素有溶液 pH、吸附颗粒大小、生物量、染料浓度；当 pH 为 8~9 时，截短侧耳素生物吸附剂对染料蓝 41 吸附效果最好，在吸附 60min 后可达吸附平衡；单层的截短侧耳素生物吸附剂对染料蓝 41 的最大吸附量为 111mg·g^{-1}，主要通过络合、物理吸附、化学沉淀、内部截留、表面离子交换以及氢键等机制共同起作用(Yeddou-Mezenner，2010)。

科恩酒曲菌(*Rhizopus cohnii*)是一种酿酒发酵过程产生的副产品，是一类丝状真菌，常用于制备成去除水体中镉的高效微生物吸附剂。研究表明，影响 *R. cohnii* 吸附镉性能的主要因素有 pH 和镉初始浓度等。科恩酒曲菌吸附剂在弱酸条件下对镉的吸附率要高于强酸条件下对镉的吸附率，随着溶液 pH 的增加，*R. cohnii* 吸附剂对镉的吸附量增加，而最佳的吸附 pH 为 4.5；科恩酒曲菌吸附剂对镉的吸附量随镉初始浓度的增加而增大，在 2h 后达到吸附平衡。Langmuir 模

图 3-6　截短侧耳素生物吸附剂显微形貌(Yeddou-Mezenner，2010)

拟生物吸附的过程显示,科恩酒曲菌吸附剂对镉的最佳吸附量为 $40.5mg \cdot g^{-1}$ ($0.36mmol \cdot g^{-1}$),这比其他微生物吸附剂及活性炭吸附剂对镉的吸附量还要高。此外,在经过五次以上的吸附-解吸过程后,科恩酒曲菌吸附剂对镉的吸附率仍保持在 80% 以上(Luo et al.，2010)。

3.2.3　发酵废液的资源化利用

发酵工业是以粮食和农副产品为主要原料的加工工业。它主要包括乙醇、味精、淀粉、白酒、柠檬酸、淀粉糖等行业。就我国国情而言,农作物和经济作物的深加工与产业化是促进农业经济可持续发展,提高农民收入,改善城乡差距,实现国家经济均衡发展的核心手段。但由于发酵行业耗水量大,排放废水的污染严重等问题制约着发酵行业的可持续发展。因此,开发高效、节能并适合我国发酵行业实际的废水处理与资源化工艺技术是解决上述问题的关键环节之一。

工业发酵生产中排放的废水主要指分离与提取产品后的废母液与废糟液,这部分废水占废水排放量的 90%,虽然几乎不含有毒物质,但是 COD 高,属高浓度有机废液;另一方面,发酵废液又含有丰富的蛋白质、氨基酸、维生素、糖类及多种微量元素等。这些废水若不经有效处理直接排放,不但污染环境,而且容易造成资源浪费。因此,如何治理和资源化利用工业发酵废液一直是国际上环境保护研究的热点课题之一。该类废水具有高浓度、高悬浮物含量、高黏度、疏水性差、难降解的特性,其处理难度很大。目前,工业上发酵废液的处理方法主要是以厌氧-好氧联合生物处理工艺为主,也有很多研究将发酵废液直接浓缩或添加辅料制备肥料或其他副产品,如乙醇、酵母菌饲料等。

1. 糖蜜发酵废液浓缩提取副产品

生产糖蜜的发酵浓缩废液中一般含有较高浓度蛋白质(约 88mg·mL^{-1}),同时还含有丰富的钙、镁、钾、氮、磷和其他无机元素等,其可作为饲料或有机复合肥料生产制备的原材料。Veana 等(2014)利用糖蜜废液和甘蔗渣作为培养基,通过一株转化酶高产菌(*Aspergillus niger*,GH1)进行固体发酵生产转化酶。研究表明,糖蜜废液和甘蔗渣发酵培养转化酶的产量比普通的营养固体发酵法高很多,达5231U·L^{-1},而且在发酵 24h 后,利用低浓度底物时检测到产生的酶活性最高,这在实际应用中可以大大减少生产成本。另外,河南莲花味精企业集团经过几年的研究(魏凤举和王飞,2002),采用浓缩-喷浆造粒工艺处理谷氨酸母液,不但使这部分废水达到零排放,而且生产出优质的有机、无机复混肥,解决了发酵行业废水处理的难题。龙道英等(2010)利用红液及乙醇和酵母菌废液生产饲料酵母菌,研究发现,通过添加一定量的营养液,在合适条件下进行二次发酵培养生产的饲料酵母菌可作为一种高蛋白饲料。而且红液经发酵后的废液再经过浓缩、干燥能够得到木质素磺酸盐产品;同时乙醇废液与酵母菌废液经二次发酵后的 COD 值大幅度减小,从而降低了污染负荷。

糖蜜发酵废液中有机化合物的主要成分焦糖色是一类难降解物质,即使经过微生物处理,排出的废水依然呈深棕褐色,且 COD 较高,不能满足排放标准。龚美珍和殷小平(2006)研究从发酵废液中提取焦糖色,结果表明,所得的色素产品各理化指标符合《食品添加剂、焦糖色》(GB8817-1988)标准;提取焦糖色后废水的pH 由 4.5～5.0 升至 7 左右,COD 和色素含量均下降了 80%。

2. 味精废液生产酵母饲料

味精生产绝大多数以粮食为原料,生产过程中除部分变为谷氨酸和逸出的二氧化碳气体外,大部分以菌体蛋白、糖类、氨基酸、铵盐、有机酸及酸根的形式随母液排放。味精废液是指提取了谷氨酸后产生的废液,是一种高浓度的有机废水,具有低 pH、高 COD 和 BOD(生化需氧量)、高 SO$_4^{2-}$ 浓度、高菌体含量和排放量大等特点。

迄今已提出诸多味精废水的处理方法,如厌氧处理去除 COD 和 BOD 并生产副产品甲烷;浓缩干燥制取有机复合肥;饲料单细胞蛋白生产;核糖核酸回收等。由于味精废水含有丰富的营养物质,包括还原糖、有机酸、氨基酸、腺嘌呤及无机盐等,可用作生物发酵的营养基质生产副产品,因此,利用微生物处理可以实现以废治废、变废为宝的目的。

1) 生产酵母菌饲料

酵母菌是人类文明史上应用最早的微生物,在自然界中分布广泛,在有氧或无氧的环境中均能大量繁殖,能有效利用发酵废液中各种有机化合物并降低废液的COD。同时,酵母菌又是一类安全又富含多种营养成分的生物材料,能食用、药用或作为饲料,具有较高的经济价值,因此,被广泛用于各种工业发酵废液的处理。目前,利用味精废水生产饲料酵母菌的工艺成熟、设备已定型,已实现工业化生产,从初期的间歇发酵变成连续发酵,大大提高了生产效率且节约能源。Jia 等(2007)将酵母菌接种到味精废液中,处理一段时间后,废液的 COD 和糖的最高去除率分别达到 76.6% 和 80.2%;联合云芝和酵母菌综合处理,不仅有效去除 COD 和糖类物质,而且废水的色素去除率可以达到 90.9%。

2) 生产生物农药

苏云金杆菌(*Bacillus thuringiensis*)是目前产量最大、使用最广的生物杀虫剂,在其生长过程中能产生有效杀死鳞翅目昆虫幼虫的芽孢和伴孢晶体,已被证实是一种无毒、无公害、不易产生抗药性的高效生物农药。在味精废液中苏云金杆菌能够利用各种有机化合物促进自身生长繁殖,因此可以利用味精废液作为苏云金杆菌的培养基生产制备高效生物农药。这样既可以治理味精废液,缓解其对环境的压力,又可以实现经济实惠的生物农药的生产,具有经济、环保的双重效益。

3. 发酵废水培养小球藻

小球藻(*Chlorella*)是绿藻门的单细胞藻类,富含多种维生素、蛋白质、胡萝卜素等及人类和动物所必需的氨基酸和脂肪酸,可用于制备保健品和药物;小球藻还可以通过光合作用固定二氧化碳从而改善大气环境。小球藻生长的营养需求简单,易于培养,目前生产上普遍使用无机盐培养基,但成本较高,培养密度较低,从而限制了小球藻的规模化生产。

工业发酵废液中含有丰富的营养物质,可以用来作为小球藻的培养基,同时又可以实现发酵废液的治理。Espinosa-Gonzalez 等(2014)研究了利用工业生产副产品去蛋白乳清作为原料培养小球藻及生产油脂,结果表明去蛋白乳清中的葡萄糖和半乳糖可以作为碳源促进小球藻生长。Yang 等(2008)利用木薯制备乙醇的发酵废水培养小球藻,COD 去除率达 76.32%,且处理过的废水可以再用于乙醇发酵。武玉强等(2013)研究利用芽孢菌发酵废水培养生产小球藻,结果表明,在25℃、每天光照 12h 的培养条件下,芽孢菌发酵废水对小球藻的生长有促进作用,且随着废水浓度增大促进效果更明显。当发酵废液的浓度为 10% 时,其对小球藻的促进繁殖作用与对照组相比,纯发酵废水培养的小球藻最高密度为对照组的 7.4 倍。同时他们研究发现,小球藻对发酵废液也有较强的降解能力,通过 10d 的培养,废水 COD 下降 95.5%,氨态氮含量下降 81.3%,亚硝酸盐氮含量下降 88.3%。

3.3　微生物吸附剂产品

现有的研究已表明多种微生物对重金属、染料、放射性核素等具有良好的吸附性能,利用微生物吸附技术对多种工业废水,尤其是重金属废水的治理显示其具有广阔的应用前景。然而,目前国内大部分的微生物吸附剂研究仍处于实验室规模或中试阶段,真正实现工业化生产的还较少。总体来说,将微生物吸附技术从实验室研究成果转化为工业应用的产品是一个相对缓慢的过程但又是亟须解决的问题(Aytas et al., 2011)。在国外,最早的微生物吸附剂生产车间出现在美国和加拿大。20 世纪 90 年代,已有一些商业化的微生物吸附剂应用于矿山废水及工业废水中重金属离子的去除,并取得明显的治理效果(Treen-Sears et al., 1998),其中较有代表性的微生物吸附剂产品有 BV-SORBEX™,AlgaSORB™ 和 AMT-Bioclaim™(Anjana et al., 2007)。

3.3.1　BV-SORBEX™

BV-SORBEX™系列产品由 B. V. SORBEX,Inc.（Montreal,加拿大）公司研发,是一类对金属离子具有强力并且持久吸附效能的微生物吸附剂,由一系列能选择性吸附和固定溶解性有毒重金属的吸附材料组成。这些独特的微生物吸附材料是特定类型的生物质通过一些简单的工序组合而成。这些颗粒状的微生物吸附剂在吸附-解吸过程中能有效地再生及重复利用。相比其他的吸附处理工艺,该技术更加经济和有效,能对废水中的贵金属回收利用(Baran et al., 2005)。

1. BV-SORBEX™吸附剂的特性

BV-SORBEX™系列生物吸附剂一般是粉末状或粒径为 0.1～3mm 的小颗粒,密度稍大于水,能从废水中有效富集回收重金属。利用 BV-SORBEX™系列生物吸附剂处理重金属废水一般不需要预处理,且在整个处理过程中不会产生污泥,这相对于离子交换工艺或其他生物处理技术,省去了烦琐的预处理过程且节省了污泥处置的费用,更加经济和便利。这种新型的微生物吸附技术为重金属废水的治理提供了一种更加经济可行的解决方案。

1）金属离子选择性广

源自不同天然材料的 BV-SORBEX™系列产品由于各自对不同金属的选择性,在废水处理过程中,BV-SORBEX™系列吸附剂不仅仅单一吸附某一金属离子,而是同时对废水中存在的多种金属离子具有吸附效果,这使得 BV-SORBEX™系列吸附剂与价格昂贵的离子交换树脂相比更有优越性,在不同废水处理中具有广泛的适应性。另外,也有部分 BV-SORBEX™ 系列吸附剂被设计为针对性的定制产品,即有目的地只吸附对人体有毒害作用的金属离子,而对废水中无毒的碱性金属离子,如 Ca^{2+}、Na^+、K^+、Mg^{2+} 等能有效通过。目前,BV-SORBEX™ 系列吸附剂在去除水体中高毒害性金属离子包括 Cd^{2+}、Cr^{6+}、Cu^{2+}、Zn^{2+}、Pb^{2+}、U 和 Hg^{2+} 等,以及废水中黄金的高效回收方面已经有很好的应用实例(Balasubramanian et al.,1998)。

2)金属离子浓度适应范围广

BV-SORBEX™系列产品在吸附金属离子时对金属离子浓度没有依赖性,即使存在较高浓度金属离子(如 $100mg \cdot L^{-1}$),或金属离子浓度较低(如低于 $10mg \cdot L^{-1}$)的情况,其均能发挥很好的吸附效果。这种广泛的吸附特性使该系列吸附剂在处理复杂工业废水时具有特殊的价值。

3)高效性

试验证明,BV-SORBEX™系列生物吸附剂能够吸附超过吸附剂本身干重10%的单一或复合重金属,其对废水中重金属的去除率高于 99.7%,使重金属的残余浓度低于 $10\sim50\mu g \cdot L^{-1}$,比其他金属去除剂更有效。

4)吸附剂适用范围广

BV-SORBEX™系列生物吸附剂对废水处理环境条件的适应范围较广。大部分吸附剂可以在 pH 为 $4\sim10$,温度为 $5\sim75$℃的环境条件下仍然保持高效的吸附性能。一般情况下,大部分吸附剂为了达到最好的吸附效果需要配备特定的工艺条件及特定的反应设备,但 BV-SORBEX™系列生物吸附剂为了满足可以在户外工业中操作或应急环境污染处理中使用,相应的部分产品被设计成简单的吸附柱装置,从而实现户外应急操作,且更易维护和调试。

5)对有机污染物的耐受力强

BV-SORBEX™系列生物吸附剂对一定浓度的有机污染物有较好的耐受性,一般当有机污染物的浓度不超过 $5000mg \cdot L^{-1}$ 时,吸附剂不会受到影响。虽然该系列吸附剂对有机污染物没有明显的吸附降解能力,但它们可以结合其他技术共同作用来吸附降解去除废水中的有机污染物(Benyounis et al.,2005)。

2. 吸附剂的再生

当 BV-SORBEX™系列生物吸附剂饱和负载金属后,其可以再生重新利用。吸附剂的再生通常由两个步骤组成:首先,通常用酸、碱性的洗脱剂或用一些特殊的化学反应使被吸附的金属从生物吸附剂颗粒上脱落下来;然后,对脱附完的吸附剂进行清洗,使其重新被激活。大部分的 BV-SORBEX™系列生物吸附剂可以再生重复利用 50 次。从吸附剂上剥离的金属离子可以在再生液中浓缩,然后被生产商回收再利用,也可以由专业的金属回收公司通过电解沉积工艺生产新的阴极金属(Mona et al.,2011)。

3. 工艺设备

BV-SORBEX™系列生物吸附剂是利用生物质并结合专有的 BV-SORBEX™配方和颗粒物生产而成,在应用工艺和工程上具有极大的灵活性,目前该系列产品的工艺设备有三种基本类型(http://www.bvsorbex.net)。

1) 吸附柱

吸附柱单元又称固定床系统。在吸附柱单元中填充 BV-SORBEX™系列生物吸附剂。吸附过程与解吸过程互为逆向过程。吸附过程中,含有金属离子的废水从吸附柱顶端进入,完成吸附反应后,不含金属离子的废水经吸附柱底端排出。在解吸过程中,脱附剂从柱子上端进入,高浓度的含金属离子的再生液从吸附柱底端排出。吸附柱装置如图 3-7 所示。

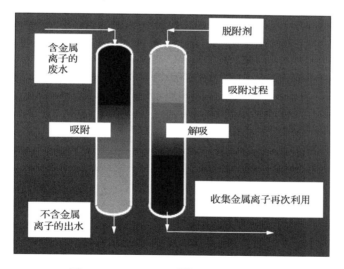

图 3-7　BV-SORBEX™系列吸附柱装置

2) 流化床单元

反应器中的吸附剂呈流动状态,吸附和解吸也是在同一系统中完成。吸附过程中,含金属离子的废水从流化床底端进入,处理后的液体从流化床顶端排出。解吸过程中为了使 BV-SORBEX™系列生物吸附剂更好地解吸已吸附的金属离子,脱附剂要分别从流化床反应器的底端和顶端进入,以对反应器内的 BV-SOR-BEX™系列吸附颗粒充分洗脱。流化床吸附装置如图 3-8 所示。

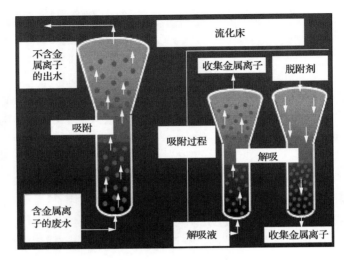

图 3-8　BV-SORBEX™系列流化床

3）完全混合式反应塔

完全混合式反应塔由两个反应罐组成，第一个罐中装载含重金属的废水，同时适当添加从第二阶段固液分离出的回流 BV-SORBEX™系列生物吸附剂，经过第一反应罐处理后的废水进入第二反应罐再处理，同时加入新的 BV-SORBEX™系列生物吸附剂。

3.3.2　AlgaSORB™

AlgaSORB™吸附剂是一种将小球藻固定在硅胶聚合物上的新型藻类吸附剂，是由美国的 Bio-Recovery System, Inc.（Las Cruces，美国）自行研制的，被应用于处理重金属离子浓度范围为 $1\sim100$mg·L^{-1} 的工业废水。AlgaSORB™吸附剂利用硅胶聚合物进行固定主要有两个目的：①对小球藻起保护作用，防止其他微生物分解小球藻细胞；②使小球藻在加压反应塔内仍保持良好的流动性（http://www.ncbi.nlm.nih.gov/pmc/articles/PMC3696181/）。

AlgaSORB™吸附剂作为一种生物离子交换树脂，能够同时吸附金属阳离子以及复杂的含氧金属阴离子（例如 SeO_4^{2-}），但是对 Cl^-、SO_4^{2-} 等阴离子的吸附能力不强。与其他的离子交换技术相比，AlgaSORB™的小球藻细胞与有毒重金属结合的能力受废水中 Ca^{2+}、Mg^{2+}、Na^+、K^+ 等阳离子的干扰很小（http://www.clu-in.org/products/site/complete/resource.htm）。

常规的便携式废水处理设备是由两个填充了 AlgaSORB™生物吸附剂的反应柱串联（或并联）组成的。每个操作单元都填充了 7 L AlgaSORB™生物吸附剂，这种便携式废水处理设备的处理量约为 3.7L·min^{-1}。目前，已经设计并开发了

处理量可达 $370L \cdot min^{-1}$ 的大型废水处理设备。

3.3.3　Bio-Fix

Bio-Fix 是由美国矿务局研发的一种新型微生物吸附剂,其主要适用于工业废水、酸性采矿废水及地下水中重金属离子的去除。这种吸附剂包含蓝藻、酵母菌及一些浮萍属和水藓属的藻类,它们被固定在多孔聚合物上,这些聚合物主要由聚乙烯、聚丙烯或聚砜组成(Tarley and Arruda,2004)。

Bio-Fix 吸附剂主要装载在流化床内,流化床实验结果显示这种吸附剂在处理含重金属离子废水方面具有很好的效果。经 Bio-Fix 吸附剂的处理,废水中重金属离子浓度控制在微克每升范围内(废水中重金属离子初始浓度为 $50mg \cdot L^{-1}$)(Liu et al.,2007)。Bio-Fix 吸附剂的再生一般采用无机酸作为洗脱剂,实验证明该类吸附剂具有非常稳定的吸附性能,经过 200 次吸附-解吸循环后仍可以保持69%的吸附率。

3.3.4　AMT-Bioclaim™

Advanced Mineral Technologies,Inc.(AMT)公司最先利用枯草芽孢杆菌发酵工艺过程中的副产品废芽孢杆菌制备成微生物吸附剂——AMT-Bioclaim™吸附剂,这种吸附剂能有效去除废水中的重金属离子,特别是对 Ag^+、Cd^{2+}、Cu^{2+}、Pb^{2+} 和 Zn^{2+} 的去除效果很好,吸附率可达 99%(Aksu,2005;Comte et al.,2008)。AMT-Bioclaim™吸附剂是粒径为 0.1mm 的颗粒状吸附剂,其在废水处理过程中还能回收贵金属。实验结果表明,在含金的氰化物废水中,AMT-Bioclaim™对金的回收率可达$394mg \cdot g^{-1}$。经济效益分析表明,AMT-Bioclaim™吸附工艺比传统化学沉淀工艺节约 50%的成本,而比离子交换工艺节约 72%的成本(Crini and Badot,2008)。

第4章 重金属的微生物吸附机理

近20年来,不少学者对微生物吸附机理进行了研究,提出了各种各样的理论模型。根据新陈代谢过程可以把微生物吸附机理分为依赖新陈代谢型和不依赖新陈代谢型(图4-1);而根据从溶液中去除金属的吸附方式,可以把微生物吸附分为(图4-2):①胞外聚集或沉淀;②细胞表面吸附或沉淀;③胞内积累。根据吸附动力学分为主动吸附和被动吸附。微生物吸附的机理取决于微生物吸附剂的种类特性,不同种类微生物细胞主要组成成分的差异导致了它们吸附机理的不同,溶液中重金属离子的性质和存在状态在一定程度上影响着微生物吸附机理。随着微生物吸附研究的深入,越来越多的研究表明微生物吸附是多种吸附机理共同作用的结果(图4-3),不同吸附途径间相互关联。

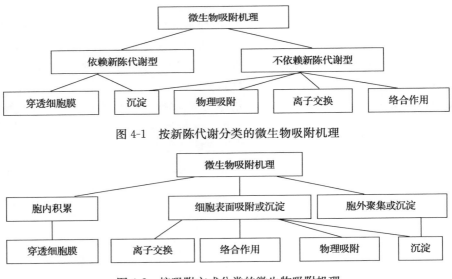

图 4-1 按新陈代谢分类的微生物吸附机理

图 4-2 按吸附方式分类的微生物吸附机理

依赖新陈代谢进行吸附的只是微生物的活细胞,指重金属借助细胞新陈代谢穿透细胞膜进入细胞内富集。这种吸附活动具有两面性,有利的一方面在于其代谢产生的部分大分子化合物是良好的吸附剂,能够增加吸附量;另一方面,因代谢作用,原来吸附于细胞内的重金属可能将重新释放回环境中,减少生物材料的吸附量。Jemelov定义了微生物中四种主要的重金属代谢类型,这些类型包括:①重金属与有机配位体成键生成螯合物;②重金属价态的改变;③一种重金属被另一种重

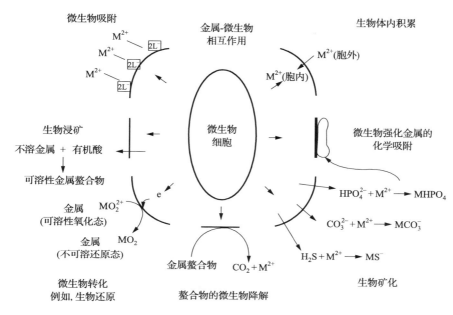

图 4-3　微生物与金属作用的不同过程(Brock,2009)

金属取代;④在微生物的作用下进行生物甲基化,形成的甲基化重金属被螯合成基质分子并在细胞上积累。

死体细胞吸附重金属是不依赖新陈代谢的,这类细胞主要是通过离子交换、络合、协同、物理吸附、沉淀等方式去除溶液中的重金属。在实际吸附过程中活细胞的吸附量并不因为有能量代谢系统的参与而比死细胞高,甚至死细胞具有和活细胞相同或更佳的吸附性能,这归因于细胞干死后,细胞壁往往破碎较多,有更多的官能团裸露在表面,可通过络合作用或离子交换作用吸附重金属离子。

从吸附动力学的角度看,微生物吸附是重金属离子在固相(生物吸附剂)与液相(溶剂,通常情况下是水)之间所发生的传质过程,一般包括被动吸附和主动吸附两种模式。被动吸附模式是一个物理吸附过程,其特征表现为:在吸附过程中不需要消耗能量,主要通过细胞壁官能团与重金属离子之间的范德华力、静电作用力和毛细力等进行生物吸着,或由细胞表面结构引起的空间捕获或附着;而主动吸附模式则是一个生物代谢过程,需要消耗能量,主要通过重金属离子和细胞有机化合物分子之间的键合或细胞内的酶促作用进行生物转运、生物沉淀和生物积累。大部分的研究表明,这两种吸附模式共同作用于微生物吸附的不同阶段。首先是重金属在细胞表面的被动吸附,即重金属离子优先与胞外聚合物及细胞壁上的官能团相结合,这一阶段的特点是快速、可逆、不依赖于能量代谢。第二个阶段是重金属被转运到细胞内进行生物累积的过程。目前已提出的重金属运送机制有脂类过度氧化、复合物渗透、载体协助及离子泵等,此过程的特点是速度慢、不可逆、与细胞的代谢有关。

4.1 微生物吸附剂对重金属的作用机理

4.1.1 胞外沉淀

微生物在代谢过程中会产生大量的胞外分泌物,这些代谢产物可通过吸附、卷扫、化学结合等方式捕获水体中的重金属离子,形成重金属沉淀物。

1. 胞外聚合物

许多微生物在外部环境的影响下(如光的作用)能够在细胞表面分泌黏性的胞外聚合物(extracellular polymeric substances,EPS),其主要成分是多糖、多肽、蛋白质、核酸、脂类等,富含带负电荷的官能团(如羧基、羟基、氨基等),具有络合或沉淀重金属离子的作用。Kurek 和 Majewska(2004)发现一些细菌在生长过程中释放出的蛋白质能使溶液中可溶性 Cd^{2+}、Hg^{2+}、Cu^{2+}、Zn^{2+} 形成不溶性的沉淀而被除去。藻类通常也会向周围水体中分泌糖类、果胶质等有机化合物,这些大分子物质也能络合重金属离子。Suh 等(1999)研究发现,当出芽短梗霉菌(*Aureobasidium pullulans*)分泌 EPS 时,Pb^{2+} 积累于整个细胞的表面,且随着细胞的存活时间增长,EPS 的分泌量增多,积累于细胞表面的 Pb^{2+} 水平也越高,从最初的 $56.9mg \cdot g^{-1}$(干重)上升到 $214.6mg \cdot g^{-1}$(干重);当把细胞分泌的 EPS 提取出来后,Pb^{2+} 便会渗透到细胞内,但 Pb^{2+} 的积累量显著减少(最高量仅为 $35.8mg \cdot g^{-1}$,干重)。Loaec 等(1997)也通过实验表明,异养菌(*Alteromonas macleodii* subsp. *Fijiensis*)的 EPS 对 Pb^{2+}、Cd^{2+}、Zn^{2+} 均有良好的吸附能力,吸附量分别高达 $316mg \cdot g^{-1}$、$125mg \cdot g^{-1}$ 和 $75mg \cdot g^{-1}$。

EPS 作为含水凝聚基质可以将体系中的微生物黏结在一起,是生物膜的主要组分。在用污泥或生物膜法处理重金属废水的过程中,EPS 起着极其重要的作用,主要基于以下几方面:①沉淀的重金属离子首先被生物膜絮凝物捕获;②EPS 可以与可溶性重金属离子成键;③促进细胞对可溶性重金属离子的积累。

2. 硫酸盐还原菌

硫酸盐还原菌(sulfate reducing bacteria,SRB)是一类形态和营养型多样,在缺氧条件下以有机化合物(如乳酸等)作为电子供给体,硫酸盐作为末端电子接受体,营异养生活、繁殖,即通过异化作用进行硫酸盐还原反应的厌氧细菌的总称,广泛存在于土壤、海水、河水、地下管道及油气井等缺氧环境中。废水中的硫酸盐被

SRB 还原为硫化物后进一步与废水中的金属离子发生沉淀反应［式（4-1）～式（4-3）］，形成不溶性的金属硫化物，从而实现废水的净化。

$$2CH_3CH(OH)COO^- + SO_4^{2-} \xrightarrow{\text{以乳酸钠为基质}} 2CH_3COO^- + S^{2-} + 2CO_2 + 2H_2O$$

$$(4-1)$$

$$Fe^{2+} + S^{2-} \longrightarrow FeS\downarrow \qquad (4-2)$$

$$Mn^{2+} + S^{2-} \longrightarrow MnS\downarrow \qquad (4-3)$$

SRB 的代谢过程具体可分为三个阶段，即分解代谢、电子传递和还原，如图 4-4（a）所示。在分解代谢的第一阶段，有机碳源降解，产生少量腺苷三磷酸（adenosine triphosphate，ATP）；第二阶段，由第一阶段所产生的高能电子通过 SRB 中的电子传递链（如黄素蛋白、细胞色素 c 等）逐级传递，产生大量的 ATP；第三阶段，电子被传递给氧化态的硫，并将其还原成 S^{2-}，此时需要消耗 ATP 提供的能量。在整个过程中，硫酸盐首先在微生物细胞外积累，然后进入细胞。第一步反应是 SO_4^{2-} 的活化，即 SO_4^{2-} 与 ATP 反应转化成腺苷硫酸（APS）和焦磷酸（PPi），PPi 很快分解为无机磷酸（Pi）。APS 继续分解成偏亚硫酸盐（$S_2O_5^{2-}$）、连亚硫酸盐（$S_2O_4^{2-}$）、$S_3O_6^{2-}$、硫代硫酸盐（$S_2O_3^{2-}$）、亚硫酸盐（SO_3^{2-}），SO_3^{2-} 又经自身的氧化还原作用，生成最终的代谢产物 S^{2-}，最后 S^{2-} 被排出体外进入周围环境。总的还原代谢途径如图 4-4（b）所示。

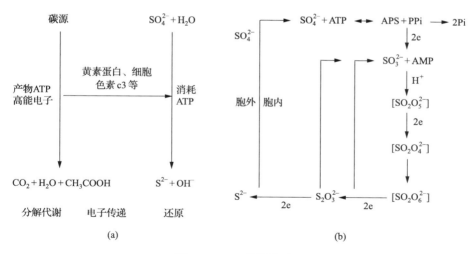

图 4-4　SRB 的代谢过程

（a）SRB 的分解代谢过程；（b）SRB 的还原代谢途径

研究者用大肠杆菌表达沙门氏菌的硫代硫酸盐还原酶基因（*phsABC*），使大肠杆菌能利用无机硫代硫酸盐产生硫化物并与重金属形成硫化物沉淀，达到去除重金属的目的。工程菌能在 24h 内去除体系中大量的重金属,其中浓度为 500μmol · L^{-1} Zn^{2+} 的去除率为 99%,200 μmol · L^{-1} Pb^{2+} 的去除率为 99%,100μmol · L^{-1} Cd^{2+} 的去除率为 99%,而 200μmol · L^{-1} Cd^{2+} 的去除率为 91%。在 Cd^{2+}、Pb^{2+} 和 Zn^{2+} 共同存在且浓度均为 100μmol · L^{-1} 的体系中,菌株在 10h 内可以去除总金属量的 99%。这对含有多种重金属的工业废水的治理非常有意义。

3. 磷酸盐

磷酸盐是合成核酸、ATP 等重要生物分子所必需的,通常生命体并不释放过量的磷酸盐。然而微生物可通过两条途径释放无机磷酸盐:一是部分柠檬酸杆菌能分泌酸性磷酸酶,催化 2-磷酸甘油水解,释放无机磷酸盐,从而在细胞表面积累大量的磷酸盐,其与废水中的金属发生沉淀反应,形成金属磷酸盐沉淀。二是在厌氧条件下,多磷酸盐降解产生 ATP,同时产生金属磷酸盐沉淀。两条途径最后均可实现水溶液中金属离子的去除。Finlay 等(1999)研究发现,将柠檬酸菌 (*Citrobacter* sp.)固定于生物膜反应器内,其通过化学偶合可以去除 90% 以上的金属铀(以 HUO$_2$PO$_4$ 形式沉淀析出)。有一些细菌释放无机磷酸盐并不依赖有机磷酸盐供体,而是加速细菌体内的磷酸盐循环,如约氏不动杆菌(*Acinetobacter johnsonii*)。在好氧条件下,细菌不断合成多磷酸盐,并作为其生长代谢的能源物质。此外,一些金属离子(如 Cd^{2+}、UO$_2^{2+}$)能促进多磷酸盐的降解,使其产生更多的无机磷。例如,通过控制大肠杆菌体内编码多磷酸盐激酶(polyphosphate kinase,PPK)和多聚磷酸盐酶(polyphosphatase,PPX)的基因的共同表达,能降低细胞内多磷酸盐的水平和促进磷酸盐的分泌,从而增加大肠杆菌对金属的耐受性。

4.1.2　表面吸附与络合

络合作用是金属离子与配基以配位键结合形成复杂离子或分子的过程。螯合作用是一个配基上同时有两个或两个以上的配位原子与金属结合而形成具有环状结构络合物的过程。螯合作用和络合作用是金属离子与微生物吸附剂之间作用的重要方式。当微生物体暴露在金属溶液中时,首先与金属离子接触的是细胞壁,细胞壁的化学组成和结构决定着金属离子与它的相互作用特性。大量研究表明,某些微生物的细胞壁表面富含可以键合金属离子的活性基团,如羧基、磺酰基、磷酰基、酚羟基、羟基、氨基、羰基、酰胺基、硫醚等,其中氮、氧、磷、硫可作为配位原子与金属离子配位络合。康铸慧等(2006)分析了恶臭假单胞菌 5-x(*Pseudomonas putida*)细胞壁膜系统对 Cu^{2+} 的吸附性能,结果表明,细胞壁上高密度的羰基、羧基和磷酰基为 Cu^{2+} 配位络合提供了许多负电荷基团,细胞壁在吸附过程中对系统的贡献率为 45%～50%,起到了最主要的作用。另外也有研究发现,从枯草芽孢杆菌分离下来的细胞壁可以从稀水溶液中络合大量的 Mg^{2+}、Fe^{3+}、Cu^{2+}、Na^+ 和 K^+，中量的 Zn^{2+}、Ca^{2+}、Au^{3+} 和 N^{3+} 以及少量的 Hg^{2+}、Sr^{2+}、Pb^{2+} 和 Ag^+。Manasi 等(2014)利用一株筛选分离获得的盐单胞菌处理电子工业含 Cd^{2+} 废水，研究表明，细胞表面的羟基、羧基和氨基是菌体吸附重金属的主要官能团，且通过多种生化和分子技术分析发现，金属离子结合到菌体表面并改变细胞的微观形貌。另外，有文献报道指状青霉(*Penicillum digitatum*)对 U 的吸附不受 pH 的影响，显然 U 是以专性吸附的方式吸附于菌丝体表面的。通过扫描电子显微镜及 X 射线衍射观察发现，U 主要吸附在根霉(*Rhizopus*)的细胞壁上，而大量的 U 晶状化合物存在于青霉(*Penicillum*)的细胞壁与细胞膜的孔隙中。

1. 细菌类

细菌细胞壁的组分主要是肽聚糖、脂多糖、磷壁酸和胞外多糖(图 4-5 和图 4-6)。

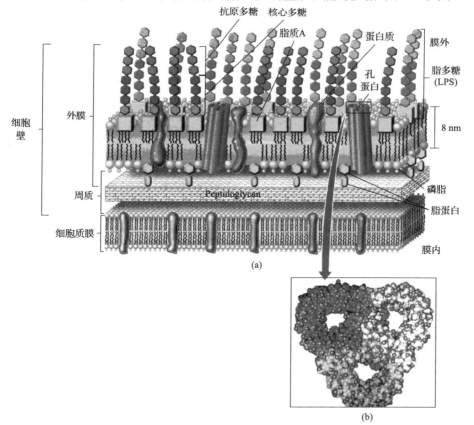

图 4-5　革兰氏阴性菌细胞壁(Brock,2009)

(a) 外膜中脂多糖、类脂 A、磷脂、孔蛋白和脂蛋白的排列方式；(b) 孔蛋白的分子模型革兰氏阴性菌富集重金属离子的位点主要是脂多糖分子中的核心低聚糖、氮乙酰葡萄糖残基上的磷酸基及 2-酮-3-脱氧辛酸残基上的羧基。此外,细胞壁上的肽聚糖也能固定重金属离子,但由于革兰氏阴性菌肽聚糖含量较少,仅占细胞壁干重的 5%～10%,因此其对重金属离子的固定作用的贡献较小。铜绿假单胞菌(*Pseudomonas aeruginosa*)属于革兰氏阴性菌,其细胞壁中脂多糖分子有 A、B 两种类型,A 型分子有 20 个三糖单元,不带负电荷残基;B 型分子有 30～50 个三糖单元,含有负电荷残基。B 型脂多糖分子可以促进细菌对重金属的吸附,但这种促进是通过提高细胞的电负性而实现的。

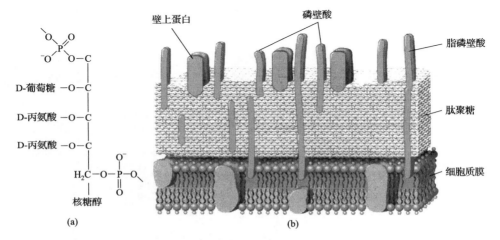

图 4-6　磷壁酸和革兰氏阳性菌细胞壁的一般结构(Brock,2009)
(a) 枯草芽孢杆菌核糖醇磷壁酸结构(磷壁酸是核糖醇重复单位的多聚体);
(b) 革兰氏阳性菌细胞壁的概括图

　　革兰氏阳性菌的吸附位点是细胞壁肽聚糖、磷壁酸上的羧基和糖醛酸上的磷酸基。不同细菌细胞壁的肽聚糖、磷壁酸富集重金属离子的能力不同。例如,在有足够的 Mg^{2+} 和磷酸盐培养基中生长的枯草芽孢杆菌细胞,其细胞壁由 54% 的磷壁酸和 45% 的肽聚糖组成,除去磷壁酸后,大部分重金属离子仍固定在细胞壁上,说明重金属离子主要富集在肽聚糖上。然而,细胞由 26% 糖醛酸、52% 磷壁酸和 22% 肽聚糖组成的地衣形芽孢杆菌(*Bacillus lichniformis*),除去两种酸后,就失去了与细胞壁结合的大部分重金属离子,这表明,重金属离子主要富集在磷壁酸上。

　　2. 真菌类

　　几丁质是许多真菌细胞壁的结构物质,其存在于微纤丝束内,类似于纤维素。其他的葡聚糖如甘露聚糖、半乳聚糖和氨基葡萄糖可替代几丁质存在于某些真菌细胞壁中,真菌的细胞壁通常含 80%～90% 的多糖。在重金属的吸附过程中,真菌细胞壁上起主要作用的是几丁质和葡聚糖。除此之外,脱乙酰基几丁质、纤维素、葡萄糖醛酸、多聚糖、蛋白质、油脂、黑色素等真菌细胞壁组分也可以吸附重金属。

3. 藻类

藻类细胞壁是由纤维素、果胶质、藻多糖和聚半乳糖硫酸酯等多层微纤丝组成的多孔结构,具有较大的表面积。细胞壁上的多糖、蛋白质和磷脂等多聚复合体给藻类提供了大量官能团,如氨基、巯基、羧基、羰基、咪唑基、磷酸基、硫酸基、酚基、羟基、醛基和酰氨基等,这些基团可以与金属离子进行离子交换、络合、静电吸附等作用。此外,藻类的细胞膜是具有高度选择性的半透膜。这些结构特点决定了藻类对金属离子吸附的可能性和吸附的选择性。有研究发现,普通小球藻对重金属铜的吸附是金属与细胞壁多糖中的氨基和羧基的吸附络合。Davis 等(2000)通过对马尾藻(*Sargassum sp.*)藻酸盐多聚糖的提取、纯化发现,影响重金属吸附的主要因素是藻酸盐的含量和组成,其中糖醛酸残基起主要作用。而 Raize 等(2004)则通过对非活性马尾藻细胞壁上结合重金属的主要成分——褐藻酸和硫酸多聚糖等的研究发现,该藻对金属阳离子的吸附是一个表面过程,起主要作用的化学基团有羧基、氨基、巯基和磺酸酯等,它们分别通过螯合、离子交换和还原反应等起作用。

4.1.3　静电吸附

研究认为,羟基、磷酸根、氨基、羧基和巯基可以提供电子而使细胞壁表面呈电负性,从而吸附金属阳离子。Chen 等(2010)研究了偕胺肟细菌纤维素吸附重金属的机制,结果表明其吸附不同金属离子的作用机理不同,对 Pb^{2+} 的吸附主要是通过静电作用在表面沉淀。静电吸附作用已被证明是细菌(如生枝动胶菌,*Zoogloea ramigera*)和藻类(如普通小球藻,*Chlorella vulgaris*)吸附铜,真菌如透明灵芝(*Ganoderma lucidum*)和黑曲霉吸附铬,少根根霉(*Rhizopus arrhizus*)吸附铜、镍、锌、钙及铅的主要原因。

真菌的细胞壁主要含有氨基己糖和蛋白质,有研究发现,铬酸根阴离子在其细胞壁上的吸附导致了氨基红外吸收峰强度的显著降低,这是由于在溶液 pH=2 时,氨基大量电离,形成带正电荷的表面,而铬酸根阴离子通过静电作用吸附在细胞壁表面。而对于少根根霉的死菌体,其对金属阴离子的吸附强烈地依赖 pH,这主要是因为该吸附过程是由于静电作用使金属阴离子吸附到带正电荷的官能团上。孙道华等(2006)则对气单胞菌 SH10 吸附 Ag^+ 机制进行了研究,SH10 吸附 Ag^+ 的最佳 pH 范围为 4～6,而吸附 $[Ag(S_2O_3)_2]^{3-}$ 的最佳 pH 为 2,且二者的吸附量随溶液 pH 变化的规律截然相反,因此,可以推测 SH10 吸附 Ag^+ 依赖于静电作用。

4.1.4　离子交换

重金属离子除了与细胞表面的活性基团形成共价键或以静电作用相结合外，还可以以离子交换的方式被吸附。离子交换是指微生物体内的阳离子与溶液中的重金属离子发生交换，促使重金属离子被吸收或结合于细胞上的过程，最后达到去除或提取溶液中某种重金属的目的。菌体细胞与重金属离子的交换机理可通过细胞吸附重金属离子过程中的离子交换规律而得到证实。离子交换规律随不同的菌种和生长条件而变化，生长条件可影响细胞上磷酸基和羧基的比例，从而影响微生物对不同金属的吸收，一般过渡金属被优先吸收，而碱金属，如镁离子、钙离子，以及铵离子则不被吸收。

Lo 等(1999)以扫描电子显微镜分析(SEM)和 X 射线能量散射分析(XEDA)配合使用的方法比较了 Pb^{2+} 暴露前后鲁氏毛霉是否存在离子交换。结果显示(图 4-7)，当鲁氏毛霉被 Pb^{2+} 暴露后，XEDA 图谱上出现了 Pb^{2+} 的光谱峰，但暴露

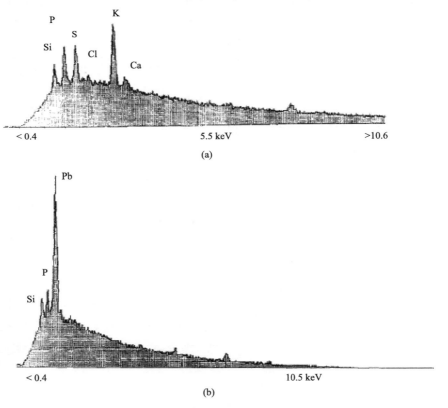

图 4-7　吸附 Pb^{2+} 前后鲁氏毛霉细胞的 XEDA 图谱(Lo et al., 1999)

(a)吸附前；(b)吸附后

前原有的 K^+ 和 Ca^{2+} 的光谱峰却消失了,由此可以说明鲁氏毛霉对 Pb^{2+} 的吸附过程伴随着与 K^+、Ca^{2+} 的离子交换。

多糖是褐藻和红藻的主要结构成分,大多数天然存在的海藻多糖以 Na^+、K^+、Ca^{2+}、Mg^{2+} 的盐形式存在。二价金属离子能够与这些多糖的阳离子发生离子交换。根霉(Rhizopus sp.)对 Co^{2+} 的生物吸附就是 Co^{2+}、Ca^{2+} 和 H^+ 发生了离子交换的结果。Watkins 等利用 X 射线吸收近边缘构像技术和超 X 射线吸收微细构象技术研究普通小球藻与 Au^+、Au^{3+} 的结合,发现 Au^+ 硫脲与细胞表面的配体发生交换反应。Suh 等(2000)发现,在 Hg^{2+} 和 Pb^{2+} 单独存在的单一体系中,酿酒酵母对二者的吸附量几乎相等,只是达到平衡的时间不同;而在 Hg^{2+} 和 Pb^{2+} 共存的体系中,Pb^{2+} 的吸附受 Hg^{2+} 影响很大,且定量计算结果表明,在共存体系中,Pb^{2+} 的减少量与 Hg^{2+} 增加量大体相等。由此可以推断,在此反应中有离子交换机理存在,且起到主要作用。有研究报道了少根根霉死体细胞对 Sr^{2+}、Zn^{2+}、Cd^{2+}、Cu^{2+} 和 Pb^{2+} 的吸附,发现细胞上的 Ca^{2+}、Mg^{2+}、H^+ 被交换下来进入溶液,且金属离子的吸附量越大,释出的 Ca^{2+}、Mg^{2+}、H^+ 的总量就越多。然而交换下来的离子总量只占金属离子总吸附量的一小部分,说明这个过程不是只存在离子交换这一种吸附机制。许多研究者试图找出释放的这些离子与吸附的金属离子间的定量交换关系,但结果不理想。

4.1.5　氧化还原

氧化还原反应也是经常存在的微生物吸附机理之一,这种作用机理常与某些菌株所分泌的酶有关,这些酶可催化一些变价金属元素发生氧化还原反应,使金属离子的溶解度或毒性降低。从恶臭假单胞菌 MK1 中提取并纯化的可溶性 Cr^{6+} 还原酶 ChrR 在还原 Cr^{6+} 的过程中,先催化一个电子转运,形成中间产物 Cr^{5+} 和(或)Cr^{4+},并进一步转运两个电子形成 Cr^{3+};而从大肠杆菌中提取的还原酶 YieF,其转运四个电子直接将 Cr^{6+} 还原为 Cr^{3+}。也有研究者已从巨大芽孢杆菌 TKW3 中分离出膜结合的 Cr^{6+} 还原酶。在厌氧条件下,可溶性酶和膜结合还原酶均可催化 Cr^{6+} 还原为 Cr^{3+},这个过程中 Cr^{6+} 作为电子转运链中的电子受体,而且菌体的细胞色素(如细胞色素 a 和细胞色素 b)也参与此氧化还原过程(图 4-8)。

叶锦韶等(2005)研究了掷孢酵母、解脂假丝酵母和产朊假丝酵母对六价铬的微生物吸附机理,结果表明,六价铬在细胞表面被还原为三价[式(4-4)~式(4-6)],之后进一步吸附于质膜、细胞器膜、蛋白质、脂类等基质上。这种还原作用需要消耗电子和以 H^+ 为代表的还原力,一般每还原 1 个六价铬需要消耗 3 个或 6 个电子及数量不等的 H^+。对于电解法对铬的还原,电子是由直流电提供;而对于微生物吸附法对铬的还原,电子由微生物的有氧呼吸、无氧呼吸与发酵过程提供

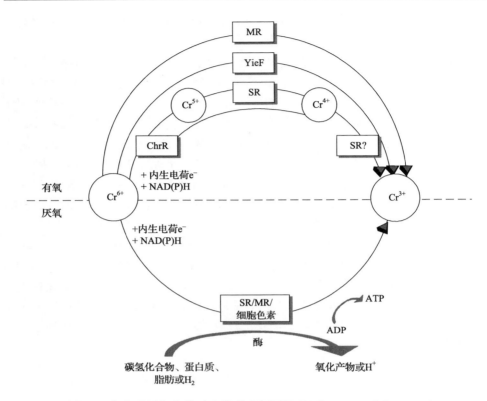

图 4-8　好氧和厌氧条件下 Cr^{6+} 的酶还原机理（Cheunga and Gu，2007）

（图 4-9）。其中有氧呼吸是底物按常规的方式脱氢后，经完整的电子传递链传递电子的过程，在受氢的过程中伴有能量的释放。由于掷孢酵母（*Sporodolomyzetaceae sp.*）、产朊假丝酵母和解脂假丝酵母都是好氧菌，因此，电子由菌体内的糖类、脂肪和蛋白质等生物大分子的有氧呼吸提供。糖类通过常规的分解途径分解为单糖，单糖通过糖酵解途径进一步分解，同时产生电子、中间产物和还原力。这些电子和还原力均可用于六价铬的还原，而且还可以利用水溶液中的部分 H^+ 使处理后水样的 pH 上升。此吸附过程中，细胞内的脂肪可以分解为甘油和脂肪酸，脂肪酸通过 β 氧化生成乙酰辅酶 A，而蛋白质则分解为丙酮酸与乙酰辅酶 A。

$$Cr_2O_7^{2-} + 6e + 14H^+ \longrightarrow 2Cr^{3+} + 7H_2O \qquad (4\text{-}4)$$

$$CrO_4^{2-} + 3e + 8H^+ \longrightarrow Cr^{3+} + 4H_2O \qquad (4\text{-}5)$$

六价铬与生物大分子某些基团的反应以半胱氨酸为例，见式（4-6）。

$$CrO_4^{2-} + 3e + 2C_3H_7O_2NS + 4H^+ \longrightarrow \left[\begin{array}{c} O \\ \parallel \\ \end{array} \begin{array}{c} O \\ \parallel \\ \end{array} \right]^{-} + 4H_2O$$

(4-6)

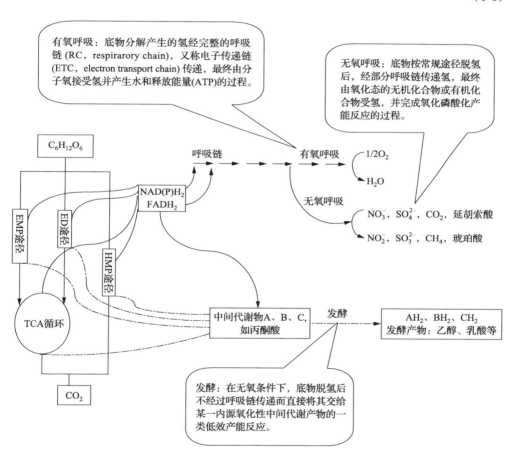

图 4-9　微生物的呼吸和发酵过程

Lin 等(2005)研究了乳酸杆菌(*Lactobacillus* sp.)A09 对 Ag^+ 的吸附机理,结果表明细胞壁上多糖组分的水解产物可将 Ag^+ 还原为 Ag,同时释放出大量质子,使反应体系 pH 下降[式(4-7)~式(4-8)]。

$$HOCH_2(CHOH)_4CHO + 2Ag^+ + H_2O \longrightarrow$$
$$HOCH_2(CHOH)_4COOH + 2Ag\downarrow + 2H^+$$

(4-7)

$$RCHO + 2Ag^+ + H_2O \longrightarrow RCOOH + 2Ag \downarrow + 2H^+ \qquad (4\text{-}8)$$

Furukawa 和 Tonomura(1973)发现某些抗汞的假单胞菌可产生金属汞的离释酶,此酶在 NADPH 存在的条件下可将 Hg^{2+} 还原为 Hg。图 4-10 是铜绿假单胞菌中 Hg^{2+} 还原为 Hg 的机制示意图。也有研究报道用地衣芽孢杆菌吸附金属钯(Pd^{2+}),发现吸附在菌体的 Pd^{2+} 被还原成 Pd。一般来说,氧化还原反应需要有代谢活性的细胞参与,但也有微生物死体细胞能吸附金属离子并将其还原为元素态的报道。例如,Lloyd 等(2003)发现脱硫弧菌属($Desulfovibrio$)的死体菌细胞在没有其他辅助因子存在的条件下能以丙酮酸、甲酸或 H_2 作为电子供体,使 Pd^{2+} 还原为 Pd。

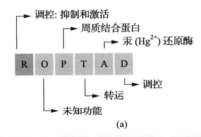

(a)

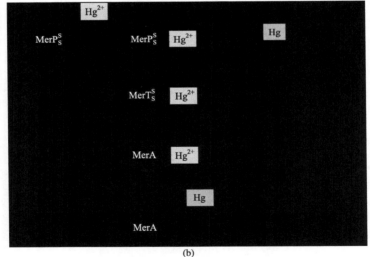

(b)

图 4-10　铜绿假单胞菌中 Hg^{2+} 还原为 Hg 单质的机制(Brock,2009)

(a)Mer 操作子。MerR 具有阻遏功能(无 Hg^{2+} 时)或转录激活功能(存在 Hg^{2+} 时);

(b)Hg^{2+} 的转移和还原。Hg^{2+} 结合在 MerP 和 MerT 蛋白半胱氨酸的残基上

微生物对重金属离子还具有氧化作用。例如,假单胞菌($Pseudomonas$)能使 As^{3+}、Fe^{2+}、Mn^{2+} 等发生氧化。有文献报道,大肠杆菌能将汞蒸气氧化成二价汞

离子,这主要与大肠杆菌能分泌过氧化氢酶等有关。另外,芽孢杆菌和链霉菌
($Streptomyces$)对汞也有氧化作用。如图 4-11 所示,氧化亚铁嗜酸硫杆菌的周质
蛋白——铜蓝蛋白可将 Fe^{2+} 氧化成 Fe^{3+}。这是一个单电子的转换反应,铁硫菌蓝
蛋白将细胞色素 c 还原,细胞色素 c 随后将细胞色素 a 还原,细胞色素 a 则直接与
O_2 作用形成 H_2O,然后通过膜内的质子转移 ATP 酶合成 ATP,由于电子供体的
电位较高,通常 ATP 的产量较低。另外,表 4-1 列出了其他一些微生物吸附剂对
不同金属离子的氧化还原作用。

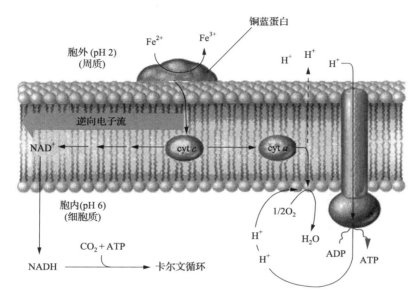

图 4-11　氧化亚铁嗜酸硫杆菌在 Fe^{2+} 氧化过程中的电子流(Brock,2009)

表 4-1　部分细菌对重金属离子的氧化还原作用

菌株	氧化还原作用
腐败交替单胞菌($Alteromonas\ putrefaciens$)	$U^{6+} \rightarrow U^{4+}$
大肠杆菌、腐败希瓦氏菌($Shewanella\ putrefaciens$)	$Np^{5+} \rightarrow Np^{4+}$
硫还原菌($Desulfovibrio\ desulfuricans$)	$Pd^{2+} \rightarrow Pd$
冰岛热棒菌($Pyrobaculum\ islandicum$)	$U^{6+} \rightarrow U^{4+}$
	$Te^{7+} \rightarrow Te^{6+} \rightarrow Te^{5+}$
奇球菌($Deinococcus\ radiodurans$)	还原 Te^{7+}、Cr^{6+}、U^{6+} 等
罗尔斯通氏贪铜菌($Ralstonia\ metallidurans$)	$Se^{6+} \rightarrow Se$
假单胞菌	$Cr^{6+} \rightarrow Cr^{3+}$
金霉素链霉菌($Streptomyces\ aureofaciens$)	$Au^{3+} \rightarrow Au$

4.1.6　微沉积

微沉淀是金属离子在细胞壁或细胞内形成沉淀物的过程。有研究发现,产黄青霉废弃菌体吸附铅时,其中大部分被吸附的铅沉积在细胞表面。Strandberg 等(1981)在研究酿酒酵母细胞对铀的吸附时发现,铀沉积在细胞表面,外形呈针状,大约长 $0.2\mu m$。这种沉积的程度和速度受环境因素的影响,如 pH、温度、其他离子干扰等。这种针状纤维沉积层可用化学方法洗脱,从而可以使酿酒酵母吸附剂重复利用。而对于铜绿假单胞菌来说,铀则沉积在细胞内部,这个过程十分迅速(少于 10s),且不受环境条件的影响,也不需要体内代谢提供能量,细胞对铀的累积可达细胞干重的 $10\%\sim15\%$。

金属还能以磷酸盐、硫酸盐、碳酸盐或氢氧化物等形式通过晶核作用在细胞壁或细胞内部沉积下来。Volesky 等(1995)用活性酿酒酵母吸附 Cd^{2+},通过能谱仪的分析得知 Cd^{2+} 是以磷酸盐的形式在细胞内沉淀下来,在酵母菌细胞的细胞壁上没有检测到镉的磷酸盐沉淀物,而在细胞内的液泡中有大量的镉沉淀物。Scott 和 Palmer(1990)发现用一些节杆菌(*Arthrobacter*)和假单胞菌脱除镉时,在细胞表面形成了镉的沉淀。

另外,一些不溶性的胞外分泌物也会与金属结合,在细胞表面形成晶体沉淀。尹华等(2005a)利用原子力显微镜(AFM)研究了酵母菌吸附高浓度 Cr^{6+} 前后细胞表面和内部微观形貌的变化(图 4-12 和图 4-13)。吸附 Cr^{6+} 前酵母菌细胞的表面出现许多 Y 形小颗粒,经高浓度 Cr^{6+} 液处理后,这些平坦的颗粒物凸起成尖锐的山峰状,推测这是胞外分泌物与 Cr^{6+} 结合形成晶体沉积在细胞表面。同时在 Cr^{6+}

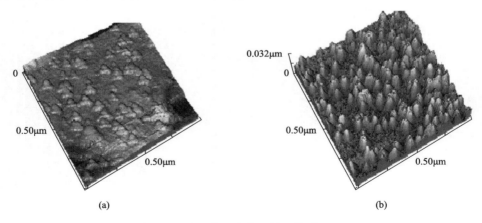

(a)　　　　　　　　　　　　　　　　(b)

图 4-12　酵母菌细胞表面的三维图($2\mu m$)

(a)吸附 Cr^{6+} 前;(b)吸附 Cr^{6+} 后

的诱导下,细胞壁和细胞膜的成分改变及空间构型发生变化,也捕获了部分 Cr^{6+}。从图 4-13 可以看到,无 Cr^{6+} 的菌体细胞内有一些直径为 $0.05\sim0.2\mu m$ 的颗粒,这些颗粒可能是菌体内部的一些大分子物质,如蛋白质、酶等;经过高浓度 Cr^{6+} 液处理后,菌体内部直径为 $0.1\sim0.2\mu m$ 的颗粒数量大大增加,这可能是因为 Cr^{6+} 进入细胞后与细胞内的大分子物质发生螯合作用,为这些物质提供螯合中心,使这些物质聚集在一起形成许多较大的颗粒。

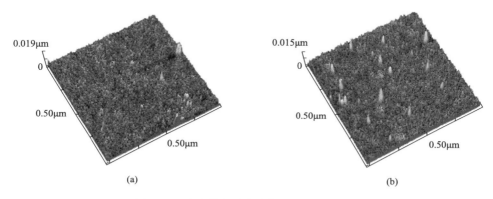

图 4-13　酵母菌细胞内含物的三维图($2\mu m$)

(a)吸附 Cr^{6+} 前;(b)吸附 Cr^{6+} 后

4.1.7　金属离子跨膜运输

细胞膜负责调节分子、离子进入或流出细胞。细胞膜的基础是磷脂双层(图 4-14),以两亲性分子为特征,它们都具有一个小的极性头部和一个较长的非极性尾部,亲水性的极性头部向水性溶剂暴露,而亲脂性的尾部排列形成内部。细胞膜内部由磷脂分子的非极性脂肪酸侧链构成,碳氢侧链存在微弱的相互作用力。在水溶液中,碳氢侧链将破坏水分子间的作用力,重新构建链周围的水分子。磷脂在溶液中形成双层膜以减少上述作用引起的不稳定状态。离子要穿过双层膜有两种可能性,它们或结合水分子以增加水与碳氢侧链的接触,或脱去水分子直接与碳氢侧链接触,但任何一种情况都要越过一个很高的能量障碍,因为离子有很强的极性,在水溶液中存在要比在碳氢化合物中容易得多。

根据运输中的能量消耗,物质跨膜运输可分为三类:被动运输、主动运输和胞饮(吞)-胞吐作用。

被动运输按离子的电化学势方向进行,即沿着浓度梯度的方向由浓度较大的一侧向较小的一侧运送。被动运输的驱动力是电化学势、电位差及具有电特性的力如摩擦力等。膜电位可以认为是由膜两边离子浓度的差别所决定的每个离子的电位总和,膜平衡电位可以看成产生转移某个特定离子的净驱动力的数值。根据

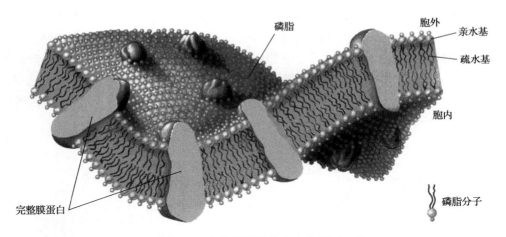

图 4-14 细胞膜的结构（Brock 等，2009）

Nernst 方程，浓度差决定电位：$V = (RT/ZF)\ln(c^{胞外}/c^{胞内})$，这里 R 为摩尔气体常量，T 为绝对温度，Z 为离子电荷，F 表示 Faraday 常量，$c^{胞外}$ 表示细胞外的离子浓度，$c^{胞内}$ 表示细胞内的离子浓度。被动运输可以是简单的扩散，也可以是促进运输。扩散运输无专一性，离子仅靠浓度梯度和电位梯度的推动通过膜，遵循运送速率与浓度梯度成正比的扩散定律。实际上，亲水的金属离子很难深入疏水内层，也就是说，它们的简单扩散作用很弱，须借助适当的运送体才能跨过细胞膜，这样的运输也称为促进运输。

也有许多离子的跨膜运输是逆电化学势梯度方向进行的，这就需要消耗能量，这种过程称为主动运输。维持主动运输的机制称为离子泵，它们维持着膜内外离子成分和浓度的稳定。某些细胞还能通过胞饮、胞吐作用运送物质通过细胞膜。胞饮作用的过程为：首先待运送物质与细胞膜上的某些蛋白质分子特异性结合并附在膜上，然后这部分细胞膜发生内陷并包裹待运送物质，最后形成囊泡并与膜断开而进入细胞内部；胞吐作用有点像胞饮作用的逆过程，待运送物质在细胞内部被包裹形成小泡囊，小泡囊移到细胞膜内表面与细胞膜结合，产生向外张开的通道释放出泡内物质。胞饮、胞吐作用也需要消耗能量，属主动运输过程。

从运输的机理来看，物质的跨膜运输有三种：①离子由离子载体携带着跨过膜；②离子利用结合膜上的多肽或蛋白质分子形成的离子通道过膜；③结合于膜上的酶利用 ATP 水解产生的能量将离子泵送过膜。

载体指在帮助某一离子顺电化学梯度运输的同时还携带另一离子做反方向的跨膜运输的系统，这种离子运输系统又称为离子交换体，如 Na^+/Ca^{2+} 交换体、Cl^-/HCO_3^- 交换体等。

细胞膜上还存在一类蛋白质，它们可以通过消耗能量的形式进行逆电化学浓度差的离子运输,被称为离子泵,如 Na^+/K^+ 泵、Ca^{2+} 泵等。实际上这些离子泵的本质是 ATP 酶,其进行的离子运输为主动运输。

离子通道是一类跨膜糖蛋白,它们在细胞膜上形成的亲水性孔道使带电荷的离子得以进行跨膜运输。离子流的方向依赖于膜两侧离子的相对浓度和电位差,而速率则依赖于初始态和终态之间最高能量屏障的高度,如在化学反应中的活化能。通道具有离子选择性是由通道的结构特性所决定的。选择性主要取决于两个因素:①通道最小直径和离子直径的相对大小。只有通道的最小直径大于某离子直径时,该离子才能通过;②通道中亲水性孔道的带电基团和电荷的性质。组成亲水性孔道的氨基酸若带较多的正电荷,则阳离子不易通过,反之阴离子不易通过。

1. 金属转运蛋白

在原核生物中至少有三种运输物质的系统(图 4-15):简单转运、基团转位和 ATP 结合盒式转运蛋白(ABC 转运蛋白)。简单转运只需要穿膜蛋白,基团转位在转运过程中涉及一系列蛋白质,ABC 转运蛋白系统涉及底物结合蛋白、膜转运蛋白和 ATP 水解蛋白。所有这些转运系统都需要能量,能量来自质子动力、ATP 或其他一些富含能量的复合物。目前至少已获知三种类型的转运蛋白,如图 4-16 所示。单向转运蛋白以单向方式运输分子穿过膜;同向转运蛋白运输一种物质时需与另一种物质一起运输,典型的例子是质子(H^+)的运输;反向转运蛋白,从字面上看,就是以一个方向运输一种物质穿过膜,而向相反方向运输第二种物质。

能够通过生物膜运输带电金属离子的蛋白质大都出现在生命早期,这些运输系统有的利用 ATP 水解产生能量,如 ABC 运输子、P 型 ATP 酶和 A 型 ATP 酶。也有的利用质子梯度作为驱动金属离子运输的动力,如 RND-运输子。还有些金属离子运输的驱动力不是很清楚,如 HoxN 家族和 CDF 家族。ABC 运输子又称为 ATP 结合框,其几乎存在于所有的生命体中,用于吸收重金属和输出重金属复合物,然而这两种作用通常不会同时发生。通常情况下 ABC 运输子的核心由四个亚基组成,其中有两个是整合膜蛋白,另外两个深入细胞质,结合并且水解 ATP,因此,ABC 运输子最多可以被四个基因所编码,也可以被带有四个结构域的一条多肽链所编码,或是介于这两种情况之间的状态。在 P 型 ATP 酶中,运输子的跨膜通道及 ATP 结合和水解位点均是由一条多肽链构成。尽管 ABC 运输子、P 型 ATP 酶可以在两个方向上运输重金属,但是单就一个系统而言,它只能起输出或者吸收的作用。P 型 ATP 酶只能运输包括质子在内的一价和二价无机阳离子。A 型 ATP 酶最早发现于大肠杆菌中,其由质粒上的砷酸盐抗性基因编码,通常情况下,一个二聚体的 A 型 ATP 酶(arsA)和通道亚基(arsB)交织起来水解 ATP,驱动金属离子的输出。

RND 运输子主要存在于各种革兰氏阴性菌中,是由质子驱动的输出系统。

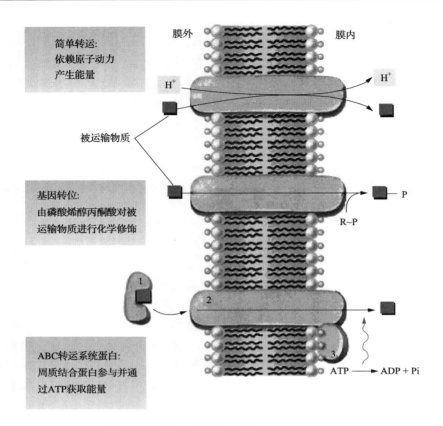

图 4-15　膜转运系统的三种类型(Brock，2009)

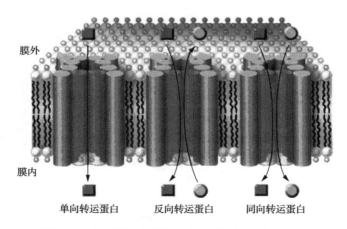

图 4-16　转运蛋白的结构和转运类型(Brock，2009)

RND 蛋白质是由一个基因复制而来的两部分组成,每一部分均包括疏水的膜和疏水的结构域。其中一半蛋白质起质子通道的作用,另一半是真正的底物通道,两者合作形成质子-底物反向运输子。RND 泵在大多数情况下与膜融合蛋白、外膜因子相互作用形成转运蛋白,然后将重金属由细胞质运至胞外。

HoxN 不是 ATP 酶,因此由化学渗透梯度差来驱动重金属离子的运输,而这种化学渗透梯度差则主要是对二价阳离子进行吸收,到目前为止,HoxN 类型的运输子仅仅能够运输 Ni^{2+} 和 Co^{2+}。CDF 家族的成员有运输 Zn^{2+}、Cd^{2+}、Co^{2+} 的功能,其中最早发现的两个成员是 CzcD 和 ZRC1p,前者以周质中的阳离子作为感应信号来对 RND 类型的 Czc 系统进行调节;后者与锌、镉的稳态和谷胱甘肽的合成有关。CorA 是原核生物如鼠伤寒门氏菌和大肠杆菌调控 Mg^{2+} 吸收转运的一种组成型表达的转运蛋白体系。据推测,CorA 蛋白可能以一个寡聚体的形式发挥作用。另外发现 CorA 蛋白也可以对其他二价金属离子进行快速、非特异性的吸收。

2. 编码膜蛋白的基因

金属转运系统主要由一些膜蛋白组成,这些膜蛋白包含特异性金属结合蛋白和金属转运蛋白,结合蛋白负责在细胞膜处特异性地结合某种金属离子,然后传递给转运蛋白将其通过细胞膜转入或排出细胞。由于转运系统中的金属结合蛋白和转运蛋白对所结合的金属离子具有很高的特异性,可以通过在细胞膜处表达特定的金属转运系统实现对特定金属离子的富集。

目前已发现一些重金属离子的特异性转运系统,这些转运系统的编码基因大多数以基因簇的形式位于相应的操纵子中。例如,包含汞转运系统编码基因的 mer 操纵子由 $merR$、$merO$、$merT$、$merP$、$merA$、$merB$、$merC$、$merF$ 及 $merG$ 等基因片段组成,该操纵子编码一组由 MerR 蛋白调控的与汞抗性有关的蛋白。MerP 蛋白是汞结合蛋白,MerT、MerC、MerF 等为汞转运蛋白,MerR 蛋白是负调节因子,当其结合在 $merO$(操纵基因)上时会阻止 $merT$ 和 $merP$ 等后续结构基因的转录;而在 Hg^{2+} 存在下,它会与 Hg^{2+} 相结合而改变自身构象脱离 $merO$,从而使 RNA 聚合酶与转录起始位点结合,使转录开始;MerG 蛋白可以降低细胞对有机汞的通透性;MerB 蛋白可以破坏有机汞 C—Hg 键,把有机汞转化成无机 Hg^{2+};汞还原酶 MerA 蛋白可以利用 NAD(P)H 作为还原剂将 Hg^{2+} 还原成 Hg 从而使其从体内挥发出去。Chen 和 Wilson(1997)通过基因工程技术,在大肠杆菌中同时表达 Hg^{2+} 转运系统(MerT-MerP)及谷胱甘肽 S-转移酶(GST)与金属硫蛋白(MT)的融合蛋白(GST-MT),使该基因工程菌的抗汞能力显著提高,汞最大富集能力达到每克干菌 88μmol/Hg^{2+},汞去除率达到 80%以上,而野生型菌体对 Hg^{2+} 几乎没有富集能力。此外,该基因工程菌对 Hg^{2+} 表现出很高的选择性,水体离子强度及 pH 的变化、共存离子的存在都基本上不影响重组菌对 Hg^{2+} 的有效富集。

铅操纵子 pbr 包括的结构基因有：*pbrT* 编码 Pb^{2+} 转运蛋白；*pbrA* 编码 P 型铅泵 ATP 酶，这种酶可以促进 Pb^{2+} 泵出胞外；*pbrB* 编码一种功能未知的内膜蛋白，PbrB 蛋白可能会促进 Pb^{2+} 从周质空间向外膜转运，该基因的缺失会使菌体对 Pb^{2+} 敏感；*pbrC* 编码一种单肽酶，这种酶可能与 PbrC 蛋白的合成有关；pbrD 编码 Pb^{2+} 结合蛋白，细胞缺失 PbrD 蛋白会使 Pb^{2+} 的富集量降低；*pbrR* 与 *merR* 功能相似，是 pbr 操纵子的调节基因。

与 Cd^{2+} 抗性有关的 cad 操纵子除编码 Cd^{2+} 转运系统外，还含有多种调节基因和结构基因：*cadA* 编码镉转运 ATP 酶，可以促进 Cd^{2+} 泵出胞外；*cadB* 可能编码一种膜结合蛋白，负责结合 Cd^{2+}，*cadD* 与 *cadB* 相似；*cadC* 是 *cadA* 基因表达的调节因子；*cadX* 与 *cadC* 相似，但 *cadX* 是正调节因子；*cadR* 与 *merR* 相似，由 Cd^{2+} 诱导，是一种镉抗性调节基因。张迎明等（2007）在大肠杆菌（*E. coli* BL21）中表达了镍钴转运酶 *NiCoT* 基因，与原始菌相比，工程菌的镍富集量增长了两倍。

图 4-17 是汞和砷的抗性基因图谱，汞抗性基因序列包括两个独立的区域。第一个区域包含一个操纵子/启动子区域，其后连接功能基因 *merC* 和一个 *merA* 基因。*merC* 协助 Hg^{2+} 从胞外转运至胞内。第二个区域包括两个 *merC* 转运基因、两个 *merR* 调节基因和非功能性 *merA*、*tnsA* 基因。砷抗性基因包括两个分离的操纵子，其中 *arsR* 和 *arsC* 基因在一个方向决定砷还原酶，而膜转运基因 *arsB* 和未知功能的 *arsH* 则是朝反方向的。

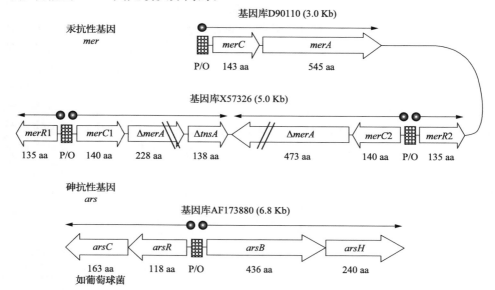

图 4-17　汞和砷的抗性基因图谱（Barreto et al.，2003）

4.1.8　胞内积累

胞内固定金属的过程首先是通过物理、化学作用把金属吸附到细胞表面,然后由依赖能量的转运系统运送到胞内。有研究者研究芽孢杆菌对离子态及胶体态金的吸附,发现金的积累与细胞的代谢活性有直接关系,在有代谢抑制剂如二硝基苯、五氟苯酚、叠氮化钠等存在时,细胞对低浓度的金失去了吸附能力。另外有一种螺旋藻($Spirulina$)的活细胞在 pH 为 3～8 时积累金的量随 pH 的升高而增加,但其死细胞吸附金的最大量却出现在 pH=3 左右。该藻类的活细胞吸附金的过程也同样会被代谢抑制剂叠氮化钠抑制,说明藻体吸附金的过程包括金属与细胞的被动结合过程和依赖能量的转移过程。通常情况下,由活体生物吸附剂起作用经转运穿过细胞壁、细胞膜进入细胞内部的重金属离子和微量难降解有机化合物分子,可能被继续转运至一些亚细胞器(如线粒体、液泡等)进行沉淀,也可能被转化为其他物质而形成生物积累。Vijver 等(2004)认为重金属污染物细胞内吸附机理主要有两大类型,一是合成独特的机体内含物,它们分别是:①磷酸钙不定型沉积颗粒物,可以吸附 Zn 等重金属;②磷酸酶颗粒,可以积累 Cd、Cu、Hg、Ag 等重金属;③血红素铁颗粒。二是合成金属硫蛋白(MT)。

4.1.9　高容量金属络合物吸附

金属络合物主要以金属硫蛋白和金属结合肽的形式存在。这类蛋白质或多肽分子中富含半胱氨酸(Cys)、组氨酸(His)、谷氨酸(Glu)及脯氨酸(Pro)等氨基酸残基,这使其对金属阳离子具有较高的结合容量。

金属硫蛋白是一类在动物、高等植物、真核微生物和少数原核微生物体内发现的金属结合蛋白,是一类低分子质量(6～7kDa)、富含 Cys、不含芳香基酸或 His 的蛋白质,其空间结构如图 4-18 所示。Cys-Cys、Cys-X-Cys 和 Cys-X-X-Cys(X 代表

图 4-18　金属硫蛋白的空间结构

其他任何氨基酸)是其特征肽段,它们通过 Cys 残基上的巯基与重金属结合形成无毒或低毒的络合物,从而清除重金属的毒害作用。MT 的生物合成过程可被激素、细胞毒性介质、金属(包括 Cd、Zn、Hg、Cu、Au、Ag、Co、Ni、Bi)诱导,非必需金属如 Cd、Hg、Au、Ag、Bi、Pb 和 Pt 可被其络合。

MT 具有四个主要特点:①结构中的巯基既可以与重金属离子螯合形成无毒或低毒的络合物,也可以与重金属胁迫下诱发产生的羟基自由基($\cdot OH$)进行氧化还原反应来降低氧化损伤;②对生物体细胞吸收必需的金属元素和解毒过量的重金属两个金属动态平衡过程具有重要的调节作用;③当受到重金属胁迫时,可在转录水平上由生物体诱导合成;④含量与重金属离子浓度存在一定正相关,能较为真实地反映重金属废水的污染程度。

植物螯合肽(PCs)是另一类研究得较多的金属结合蛋白,最先在植物中被发现,结构通式为$(\gamma\text{-Glu-Cys})_n X$,X 代表 Gly-(甘氨酸)、$\gamma$-Ala(丙氨酸)、Ser(丝氨酸)或 Glu,$n=1\sim20$,多数为 2~4 个肽。PCs 一般由谷胱甘肽经酶促反应合成,其生物合成受许多金属如 Cd、Hg、Cu、Au、Pb、Ag、Co、Ni 和 Zn 的诱导,其中 Cd 为最强的诱导剂。另外,人们还在自然界中发现了多种小分子的金属结合肽,其分子中 Cys、His、Glu 残基的含量很高,如 Gly-His-His-Pro-His-Gly(HP)、Gly-Cys-Gly-Cys-Pro-Cys-Gly-Cys-Gly(CP)、(Cys-Gly-Cys-Gly)$_3$ 等。

金属硫蛋白或类似多肽的主要生理功能是储备、调节和解毒胞内的金属离子,在生物治理重金属污染中具有广阔的应用前景。通过在微生物细胞表面表达高容量金属结合蛋白或金属结合肽,可以提高菌体对重金属离子的富集容量。自 1975 年 Prinz 和 Weser 等报道从酿酒酵母中分离出 CuMT 以来,现已陆续从酵母属(Saccharomyces)、假丝酵母属(Candida)、裂殖酵母属(Schizosaccharomyces)3 个属近 10 种酵母菌中发现 MTs。酿酒酵母的耐铜表现型由 CUP1 基因决定,位于酿酒酵母第 8 号染色体的 CUP1 基因座中,该基因的开放阅读框(ORF)由 183 个碱基组成,编码一条含 61 个氨基酸残基的肽链铜金属硫蛋白(copper metallothionein,CuMT),CuMT 属于第 II 型金属硫蛋白(图 4-19),具有与动物金属硫蛋白相似的功能和性质,对铜有特别的亲和力。

有研究利用基因工程技术在大肠杆菌细胞壁上直接表达人工合成植物螯合肽(Glu-Cys)$_{20}$Gly(EC20)与麦芽糖结合蛋白(MBP)的融合蛋白 MBP-EC20,结果表明基因工程菌对汞的富集能力达到每克干菌体 46mg Hg^{2+},比原始宿主菌提高数十倍;有研究在酿酒酵母细胞表面表达含 His 的寡肽(Todd et al.,1991),该菌株对 Cu^{2+} 的抗性得到提高,并且其 Cu^{2+} 吸附能力与原始宿主菌相比提高了 8 倍多。Samuelson 等(2000)在木糖葡萄球菌(Staphylococcus xylosus)和肉葡萄球菌(Staphylococcus carnosus)菌株表面表达含 His$_3$-Glu-His$_3$ 和 His$_6$ 的嵌合蛋白,大幅提高了对 Ni^{2+} 和 Cd^{2+} 的结合能力。Carolina 等构建表达 LamB-MT 的基因工

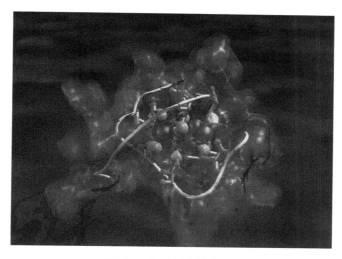

图 4-19　肽链铜金属硫蛋白

程菌大肠杆菌,使其表达外膜蛋白 LamB、酵母金属硫蛋白(CUP-1)及哺乳动物金属硫蛋白(HMT-1A)的融合蛋白,对 Cd^{2+} 的结合能力提高了 15～20 倍。

4.2　重金属的生物解毒和生物转化

4.2.1　生物解毒

虽然微量金属离子对于细胞发挥正常功能必不可少,但它们的浓度过高则有害,因为此时它们会对与蛋白质、离子通道、生物膜等组成细胞代谢过程的生物配体上正常的金属结合位置发生竞争。在正常情况下,细胞会通过输运机制调节必需金属的胞内浓度,但缺乏正常生物学功能的金属离子可能不受细胞调节机理的控制而对微生物产生毒性压力。

微生物主要通过以下几种方式进行解毒:①通过微生物氧化还原、去甲基化等作用实现重金属离子价态之间的转变及无机态和有机态之间的转化,实现有毒有害的金属元素转化为无毒或低毒赋存形态的重金属离子或沉淀物(如胞外沉淀和氧化还原等机理);②被吸附后的重金属对细胞表面的金属结合位点与壁膜金属通道进行屏蔽,从而抑制环境中其他重金属向细胞内的进行直接运输;③有毒重金属通过运输、结合与转化等方式使细胞内重金属减少、毒性减弱并对重金属毒性产生抗性的生理代谢过程。不同类型的微生物具有不同的解毒机制。例如,真核微生物主要通过利用金属硫蛋白螯合体内重金属,以减少破坏性较大的活性游离态重金属的存在;而原核微生物则通过减少重金属的摄取,增加细胞内重金属的排放来控制胞内重金属离子浓度。

　　如图 4-20 所示,细菌利用自身代谢提高细胞对有害离子(如 Cd^{2+}、Pb^{2+}、Ag^+、汞及砷化合物)的抵御能力,包括用跨膜离子泵将这些离子运出细胞,将它们氧化或还原成较大挥发性或较小毒性的物质,或者利用简单配体、蛋白质及细胞膜将这些离子结合或螯合除去。

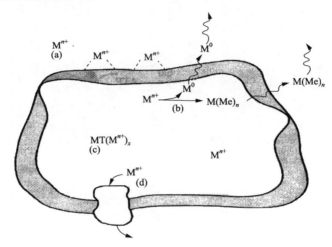

图 4-20　　细菌清除重金属的几种机制(席振峰等,2000)

(a)与外膜的结合作用;(b)通过氧化还原和(或)甲基化作用形成易挥发物质;(c)被配体或
蛋白质(如金属硫蛋白)结合;(d)用离子通道运出细胞外

　　图 4-21 显示了砷(As)在原核和真核生物中的解毒机制。生物体通过磷酸转运 As(Ⅴ),而 As(Ⅲ)是利用水甘油通道蛋白进行跨膜运输,其中大肠杆菌是 GlpF,酵母菌是 Fps1p,而哺乳动物细胞是 Aqp7 和 Aqp9。As(Ⅴ)被还原为 As(Ⅲ),之后被排到细胞外或者以自由砷、谷胱甘肽(GSH)或其他硫醇的结合物形式贮存在细胞内,但是砷的甲基化会增强其毒性。

1. 胞外结合

　　如果有毒性的物质进入细胞,则必须有解除毒性的某种机制启动。在较高浓度重金属的环境中,某些微生物还可以通过摄入一定量的重金属,刺激抗性机制的运行来促进细胞对体内重金属的适应,同时通过壁膜成分的改变促进重金属晶体的形成与富集。细菌可以在其细胞壁上积累相当大浓度的金属离子,途径是通过金属离子与脂膜上的阴离子位点,特别是与组成外细胞膜的肽聚糖(peptidogly-can)层上的羧基结合。

　　Klaus 等(1999)在含 $AgNO_3$ 50mmol·L^{-1} 的培养基中,在 30℃暗室对施氏假单胞菌(*Pseudomonas stutzeri*)AG259 培养 48h,通过 X 射线与扫描电子显微

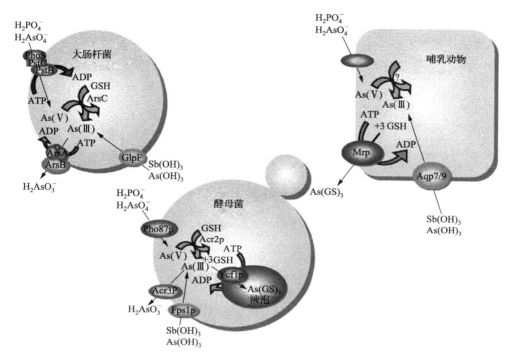

图 4-21　砷在原核和真核生物中的解毒机制(Rosen, 2002)

镜观察等实验发现银离子主要以三种晶体形式存在于细胞周质空间中。如图 4-22 所示,吸附于施氏假单胞菌内的银主要以单质银存在,少部分为 Ag_2S。形成的晶体颗粒粒径一般小于 200nm,其中图 4-22 右上图中的颗粒呈三角形,位于细胞两端,而右下两图的颗粒则存在于菌株的不同部位。其中有研究认为,银在施氏假单胞菌的细胞膜外形成 Ag_2S 晶体是由于细胞内的银离子被细胞向体外运输至质膜时,与在菌体活动过程中产生的硫化氢发生酶触反应形成的。这样就可以降低银离子对细胞的毒性,从而达到在较高银离子浓度的环境中生存的目的。

2. 细胞膜通透性变化

重金属对细胞膜的破坏并非简单的机械损伤,而是对细胞酶系的改变与物质合成位点的抑制,从而使菌体原生质膜发生成分与通透性的改变。例如,木糖氧化产碱杆菌(*Alcaligenes xylosoxidans*)在镍的诱导下会产生 NrsD 透性酶,序列分析表明,NrsD 的前 400 个氨基酸形成 12 个跨膜螺旋,组成透性通道参与镍的向外运输,其中第二跨膜螺旋含有 Ni^{2+} 结合域,碳端含有大量可以与重金属结合的组氨酸残基;有研究分别通过铜、镉诱导酿酒酵母的生物抗性,发现这两种重金属均

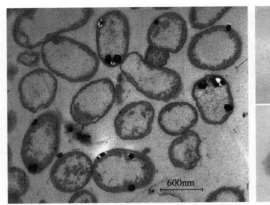 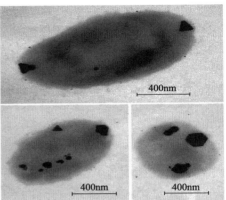

图 4-22　吸附银后施氏假单胞菌细胞扫描电子显微镜图(Klaus-Joerger et al.，2001)

会导致细胞膜多不饱和脂肪酸成分的增加与通透性的增大,但菌体对这些重金属的抗性却因此增加数倍(Preveral et al.,2006)。这表明细胞膜成分的改变可增强微生物对重金属的抗性。进一步的研究表明,多不饱和脂肪酸的增加与通透性的改变并不是对金属运输的适应,而是菌体对重金属造成的胞内脂质过氧化的适应与抗性。例如,膜通透性变化后,Sr^{2+} 在酿酒酵母细胞内的运输动力学参数反应速度常数 K_s 和运输速度 V_{max} 并没有明显的变化。但并非所有微生物细胞膜成分与通透性的改变均是有利的,当酿酒酵母细胞膜的亚油酸酯含量增加时,Sr^{2+} 的富集增加,流出量减少。

3. 胞内贮存

金属进入细胞后通过"区域化作用"分布在代谢不活跃的区域(如液泡),或与热稳定蛋白结合,转变成低毒的形式。Vijver 等(2004)认为细胞的区域化作用主要有两种类型:形成明显的包含体和重金属与热稳定蛋白结合,后者主要指金属硫蛋白。例如,活酵母菌吸收的 Sr^{2+}、Co^{2+} 积累于液泡中,而 Cd^{2+} 和 Cu^{2+} 位于酵母菌的可溶性部分;同时液泡缺陷型酵母菌对 Zn^{2+}、Mn^{2+}、Co^{2+}、Ni^{2+} 的敏感性增加,吸附量降低;但其对 Cu^{2+} 和 Cd^{2+} 的吸附与野生型则没有明显的区别。酵母菌、真菌、高等植物及动物体内都含有用来结合重金属的金属硫蛋白,它们是富含半胱氨酸的小分子蛋白质。金属硫蛋白是参与 Cu^{2+}、Zn^{2+} 体内平衡的重要蛋白质,对于其他非必需重金属来说,金属硫蛋白的作用是解毒。金属硫蛋白对金属的吸收顺序为:$Zn^{2+} < Pb^{2+} < Cd^{2+} < Cu^{2+}$、$Ag^{+}$、$Hg^{2+}$、$Bi^{3+}$。此外,谷胱甘肽、植物络合素和不稳定硫化物也具有储备、调节和解毒胞内金属离子的作用。GSH 是典型的低分子量硫醇,富含半胱氨酸残基和组氨酸残基,是对金属离子有高度亲和力的肽链,因此具备金属解毒功能。

4. 膜输运

重金属离子可利用细胞正常代谢中其他必需阳离子的运输通道转运入细胞内。例如,Cd^{2+} 会利用 Mn^{2+} 输运系统,而 Tl^+ 和 AsO_4^{3-} 或 AsO_2^- 可以分别通过与 K^+ 和 PO_4^{3-} 输运系统的底物相结合来进行转运。细胞在抵御这些离子的过程中需要利用某些特定的系统将有毒物质运出。金黄色葡萄球菌($Staphylococcus$ $aureus$)中具有抗镉质粒编码的依赖能量型排镉系统,能以 $Cd^{2+}/2H^+$ 的对输作用将胞内的 Cd^{2+} 排到胞外。恶臭假单胞菌耐镉机制是减少对 Cd^{2+} 的吸收,而产碱细菌则通过合成新的膜蛋白阻止 Cd^{2+} 渗透到胞内,其他微生物如真菌和藻类对汞和砷的抗性也与上述耐镉机制相似。白假丝酵母($Candida$ $albicans$)主要利用由 $Crd1$ 基因编码的 P1 型 ATP 酶向体外运输铜,当去除菌体内所有 $Crd1$ 时,白假丝酵母便丧失铜抗性。

5. 化学转换

大量的研究表明,微生物对重金属的抗性在很多情况下是由细胞中染色体外的遗传物质——质粒或转座子上的抗性基因决定的。重金属抗性基因主要用于激活和编码金属硫蛋白、操作子、金属运输酶和透性酶等。通过利用这些物质与重金属结合形成失活晶体或促进重金属排出体外等机制对重金属进行解毒,由抗性基因编码的金属解毒酶催化高毒性金属转化成低毒形态。重金属离子的甲基化作用会使它们在水溶液中的溶解度急剧下降,挥发性明显上升,这是某些微生物所采用的常见解毒机理。

$$M^{2+} \rightarrow CH_3M^+ \rightarrow (CH_3)_2M(g) \qquad M = Hg^{2+}, Sn^{2+}, Pb^{2+}, Tl^{2+}$$

$$[XO_n]^{m-} \rightarrow [XO_{n-1}(OMe)]^{m-1} \rightarrow \cdots\cdots \rightarrow [XO_{n-m}(OMe)_n](g) \quad X = As$$

4.2.2　微生物对重金属的转化

1. 微生物与大分子的结合

富集于细胞体内的重金属主要以结晶态、结合态和游离态三种状态存在。在细胞的各种质膜上,部分重金属离子与生物大分子结合形成结合态的金属离子,这对活体细胞来说是一种破坏也是一种被动的保护机制。当体内重金属离子浓度过高或微生物对该类金属离子毒性的抗性不强时,过量的大分子被破坏后会导致细胞的解体。某些微生物在体内重金属离子的刺激下会调动体内的抗性基因,用于激活、编码某些生物大分子如金属硫蛋白、操纵子、金属运输酶和透性酶等。通过利用这些物质与重金属结合形成稳定的重金属-生物大分子的结合态,降低重金属对体内其他生物物质的破坏；游离态的金属离子可以被生物体用于物质的合成与转化。图 4-23 是铬在细胞内转化的一个研究结果，Cr^{3+} 复合物进入细胞后，通过两条途径形成 Cr^{3+}，之后游离的 Cr^{3+} 与细胞核染色体或其他生物大分子相结合。

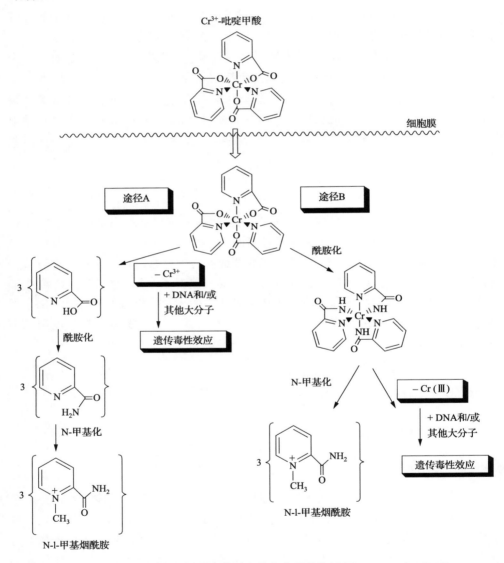

图 4-23　铬在细胞内的转化及其对生物大分子的作用（Kareus et al.，2001）

2. 金属离子与生物分子相互作用的配位化学特征

金属离子与细胞生物分子间的配位相适能力和作用机理可以利用 Pearson 提出的软硬酸碱理论(hard-soft-acid-base, HSAB)解释。根据金属离子与 F^- 和 I^- 结合的强弱确定金属"硬度"并且对金属进行分类。能与 F^- 形成很强化学键的金属离子被称为"硬金属",如 Na^+、Mg^{2+}、Ca^{2+}、K^+、Sr^{2+}、Rb^+、Ba^{2+}、Sc^{3+} 等,它们一般在有机体内含量很高;相反,与 F^- 形成弱化学键的金属离子被称为"软金属",如 Hg^{2+}、Cd^{2+}、Pb^{2+}、Au^+ 等,一般都是有毒的重金属。具有中间硬度的金属离子一般毒性较小,可以在一些生物体存在并且可以调节一些生物化学反应,如 Fe^{3+}、Mg^{2+}、Cr^{6+}、Cu^{2+}、Zn^{2+}、Co^{2+}、Ni^{2+} 等。从热力学角度考虑金属离子对水溶液中官能团的亲和性可得出金属对生物体中常见官能团的选择性,见表 4-2。在生物体内,硬金属离子一般与 OH^-、HPO_4^{2-}、CO_3^{2-}、$R—COO—$ 和 $=C=O$ 等含氧官能团形成稳定化学键,而软金属离子与 CN^-、$R—S^-$、$—SH$、$—NH_2$ 和咪唑等含氮和硫原子基团成键。硬金属一般形成离子键,而软金属一般形成共价键。碱金属、碱土金属及主族元素倾向于采取使之形成惰性气体电子构型的氧化态,而过渡金属则表现出丰富的氧化还原性质,存在多种稳定的氧化态。表 4-3 列出了部分金属的生物配位数据。

表 4-2　生物体系中常见的官能团对金属离子的选择性

亲硬金属离子的离子和官能团	其他的重要离子和官能团	亲软金属离子的离子和官能团
F^-,O^{2-},OH^-,H_2O, CO_3^{2-},SO_3^{2-},$ROSO_3^-$, NO_3^-,HPO_4^{2-},PO_3^{2-}, ROH,$RCOO—$,$(C=O)^-$,ROR	Cl^-,Br^-,N_3^-,NO_2^-, SO_4^{2-},NH_3,N_2,RNH_2, R_2NH,R_3N,$=N—$,$—CO—$,$N—R$, O_2,O_2^-,O_2^{2-}	H^-,I^-,R^-,CN^-, CO,S^{2-},RS^-,R_2S, R_3As

表 4-3　某些金属离子的配位数(C. N.)及优先采取的配位几何

金属离子	C. N.	几何结构	生物配体(配位原子和基团)
Mn^{2+} (d^5)	6	八面体	O,羧基、磷酸基;N, 咪唑 N
Mn^{3+} (d^4)	6	八面体	O,羧基、磷酸基、羟基化物
Fe^{2+} (d^6)	4	四面体	S,硫代酸根
	6	八面体	O,羧基、醇盐、酚盐
Fe^{3+} (d^5)	4	四面体	S,硫代酸根
	6	八面体	O,羧基、醇盐、酚盐;N, 咪唑 N,卟啉环
Co^{2+} (d^7)	4	四面体	S,硫代酸根;N,咪唑 N
	6	八面体	O,羧基;N,咪唑 N

续表

金属离子	C. N.	几何结构	生物配体(配位原子和基团)
$Ni^{2+}(d^8)$	4	平面四方形	S,硫代酸根;N,咪唑 N、聚吡咯
	6	八面体	不常见
$Cu^+(d^{10})$	4	四面体	S,硫代酸根、硫醚;N,咪唑 N
$Cu^{2+}(d^9)$	4	平面四方形	O,羧基;N,咪唑 N
	6	八面体	O,羧基;N,咪唑 N
$Zn^{2+}(d^{10})$	4	四面体	O,羧基、羰基;S,硫代酸根;N,咪唑 N
	5	四方锥体	O,羧基、羰基;N, 咪唑 N

4.3 仪器分析在微生物吸附机理研究中的应用

为了更加精确、深入、全面地研究微生物吸附机制,越来越多的现代分析手段被用于探讨微生物吸附机理(表 4-4)。Tsezo(1986)采用电子显微镜、X 射线光电子能谱和红外光谱等分析手段研究根霉吸附铀的机理,实验结果证实,在铀的根霉生物吸附过程中先后存在着三个阶段:首先铀与氮原子发生络合反应吸附在细胞壁的几丁质上,然后铀被吸附于细胞壁的网状多孔结构中,最后铀-几丁质络合物水解形成微沉淀促进铀进一步吸附。有学者通过化学修饰和光谱分析手段证明了经丙酮冲洗的酵母菌生物吸附铅的主要官能团为强负电性的羧酸基和几丁质上的氨基,其吸附机理为静电吸附和络合反应(Gardea-Torresdey et al.,2004)。随着现代分析技术的不断发展,今后的研究重点应该是多种仪器并用(如透射电子显微镜-X 射线能量散射光谱、核磁共振、X 射线光电子能谱、X 射线吸收及衍射分析、同步辐射分析技术等),综合研究金属在细胞表面及内部的结合部位和形态、金属与细胞特定官能团结合能的变化、官能团的结构和特征,以及金属离子在细胞界面的迁移转运途径等。

表 4-4 研究吸附机理的现代分析手段

方法与手段	研究目标	参考文献
原子力显微镜(AFM)	吸附前后细胞状态变化	Yin 等(2008a),诱变产朊假丝酵母吸附 Cr(Ⅵ)及融合酵母吸附 Ni(Ⅱ)
扫描及透射电子显微镜(SEM 及 TEM)	细胞形态及微观结构分析	Chen 等(2014)和 Ye 等(2013),复合污染体系中嗜麦芽窄食单胞菌吸附 Cu(Ⅱ)
能谱技术(如 EDAX,EDS,EDX)	定性分析元素的存在(与 SEM 或 TEM 配合使用)	薛茹等(2006),乳酸杆菌(*Lactobacillus* sp)A09 吸附 Ag 的作用特点

续表

方法与手段	研究目标	参考文献
X 射线光电子能谱法 （XPS）	微生物体细胞表面的 化学分析	白洁琼等（2013），嗜麦芽窄食单胞菌吸附 Cu（Ⅱ）和 Cd（Ⅱ）
核磁共振法（NMR）	自旋核的化学环境检 测	Heidari 等（2013），Cd（Ⅱ）、Pb（Ⅱ）、Ni（Ⅱ）的吸附
电子顺磁共振（EPR）	物质的三维构象	Tsezos（1986），几丁质-U-Cu 吸附体系
红外光谱（IR，FTIR）	鉴定吸附功能基及微 藻体-金属离子之间 的作用力性质	Peng 等（2012），氧化节杆菌（*Arthrobacter oxydans*，B4） 在 BaP-Cd 复合污染体系中对 BaP（苯并［a］芘）和 Cd 的 降解/吸附
激光衍射法	吸附剂表面积测定	Gaoa 等（2012），生物吸附剂对 Cd（Ⅱ）的吸附性能
扩展 X 射线吸收精细 结构（EXAFS）	重金属在微生物吸附 剂表面的作用机理及 代谢途径	Gunther 等（2014）利用同步辐射技术 EXAFS 研究 *Schi- zophyllum commune* 吸附放射性金属铀 U（Ⅵ）的表面作 用机理
流式细胞术（FCM）	重金属与持久性有机 化合物复合污染对菌 体细胞特性的影响	Chen 等（2014）利用流式细胞术探讨 BaP-Cu 复合污染修 复体系中重金属 Cu 对嗜麦芽窄食单胞菌单个细胞特性 的影响

4.3.1　原子力显微镜

原子力显微镜（atomic force microscope，AFM）作为一种新型的仪器分析技术，自 1986 年首次发明并投入商业应用以来，因其独特的高分辨成像能力、观察样品不受样品导电性限制、可在各种环境条件下进行成像观察等优点，在生物医学、高分子材料、纳米材料及表面科学等领域得到了广泛的应用。AFM 不仅可给出样品表面微观形貌的直观的三维结构信息，而且还可探测样品表面或界面在纳米尺度上表现出来的物理、化学性质。AFM 在探测微生物细胞表面超结构及研究其结构-功能关系方面展示了独特的优越性。它能够对微生物表面进行生理条件下的实时成像观察，可实现对有关细胞表面超结构的三维分子级成像观察，还可通过作用力的测量探测微生物表面的物理性能，如分子间相互作用、表面亲/疏水性、表面电荷及微生物表面的力学性能（黏附性能）等。

如图 4-24 所示，AFM 主要是由执行光栅扫描和 Z 轴定位的压电扫描器、反馈电子线路、光学反射系统、探针及计算机控制系统构成，其中对微弱作用力极为敏感的探针是 AFM 的核心部件。探针通常由一端固定的微悬臂及微悬臂另一端的针尖构成。形貌表征和相互作用力的测定是 AFM 最常用也是最重要的两种功能。形貌表征原理：在压电扫描器控制下，探针上的针尖在 Z 轴方向上与样品表面接近,并在 X 轴和 Y 轴方向对样品表面进行光栅式扫描。由于针尖尖端的原子与样品表面的原子之间存在极微弱的相互作用力($10^{-12}\sim10^{-6}$ N),微悬臂因此发生相应的弹性形变。通过将激光束照射到微悬臂上,再反射到超灵敏光电检测器,收集检测器不同象限激光强度差值可以对该弹性形变进行定量并将其反馈到回路。针尖与样品之间的作用力与距离有强烈的依赖关系,所以在扫描过程中利用反馈回路保持针尖与样品之间的作用力恒定,即保持微悬臂的形变量不变,针尖就会随样品表面的起伏上下移动,记录针尖上下运动的轨迹即可得到样品表面形貌的信息。这种工作模式被称为"恒力"模式,是使用最广泛的扫描方式。在 X、Y 扫描过程中,不使用反馈回路,保持针尖与样品之间的距离恒定,通过测量微悬臂 Z 方向的形变量来成像,这种工作模式为"恒高"模式,适用于分子级别成像。

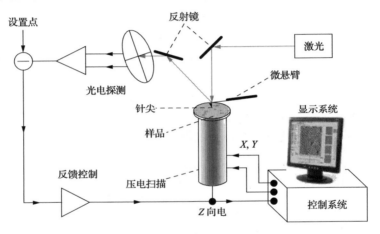

图 4-24　原子力显微镜的工作原理图

针尖与样品的接触有四种模式:接触模式、非接触模式、轻敲模式、侧向力模式。根据样品表面不同的结构特征、材料的特性及不同的研究需要选择合适的操作模式。接触模式成像速度快,能得到高分辨率的样品表面形貌,适宜于细胞或组织等生物样品的大范围扫描,稳定性好,但可能存在细微样品偏移的现象,且针尖易损。非接触模式适宜于软的生物样品成像,但其分辨率低,不适于样品的液下成像。常用的模式是轻敲模式。在轻敲模式中,微悬臂在其共振频率附近做受迫振动,振荡的针尖轻轻地敲击样品表面,间断地和样品接触,所以又称为间歇接触模式。轻敲模式的针尖在接触样品表面时,可以通过提供针尖足够的振幅来克服针尖和样品间的黏附力。同时由于作用力是垂直的,表面材料受横向摩擦力、压缩力和剪切力的影响较小。轻敲模式同非接触模式相比较的另一优点是大且线性的工作范围,这使得垂直反馈系统高度稳定,可重复进行样品测量。因此该模式兼具接触模式的高分辨率及非接触模式对针尖与样品无损无污染的优点,特别适合生物大分子和细胞样品的成像。

　　Kazy等(2009)利用AFM观察了金属离子与细胞结合前后细胞表面的微观形貌变化。扫描成像采用轻敲模式,扫描过程中微悬臂进行高频振荡,针尖在振荡期间间歇地与样品表面接触。由于针尖与样品接触时间非常短暂,由剪切力引起的对样品的破坏几乎完全消失。由图4-25和表4-5知,吸附金属铀和钍后细胞的尺寸(长、宽、高)都增大,增大的幅度在钍的吸附过程中最为明显(长度为1.6倍,高度为1.74倍),相比之下铀仅为1.21和1.30倍,而铀在宽度增加上更为明显(2.02倍)。算术平均粗糙度R_a和均方根(RMS)粗糙度R_q进一步揭示了表面粗糙度的增加,吸附铀和钍后,细胞表面粗糙度分别增大了2.78倍和1.67倍。总的来说,吸附铀和钍后细胞表面变得粗糙和不规则。这可能和以下两方面有关:①细胞表面的蛋白和脂多糖等决定细胞结构的大分子物质与金属离子结合导致了细胞微观构型变化;②金属离子在细胞表面富集。

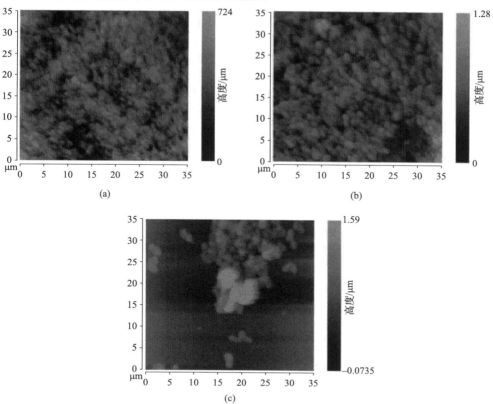

图4-25　细胞原子力显微镜图(Kazy et al., 2009)
(a)富集前;(b)富集铀后;(c)富集钍后

表 4-5　铀和钍的生物吸附过程对细胞尺寸和表面粗糙度的影响

	细胞长/nm	宽/nm	高/nm	粗糙度/nm	
				R_a	R_q(RMS)
对照	1724±80	689±20	458±23	32.28±1.5	37.1±0.87
铀	2093±83	1395±56	635±28	92.96±3.6	103.06±3.1
钍	2762±133	1242±55	797±32	56.59±2.5	62.04±2.5

4.3.2　电子显微镜与能谱分析仪联用

电子显微镜(electron microscope,EM),简称电镜,是利用电子与物质作用所产生的讯号鉴定微区域晶体结构、微细组织、化学成分、化学键和电子分布情况的电子光学装置。常用的有透射电子显微镜和扫描电子显微镜。与光学显微镜相比,电子显微镜用电子束代替了可见光,用电磁透镜代替了光学透镜,并使用荧光屏将肉眼不可见电子束成像。通用式电子显微镜的原理如图 4-26 所示。

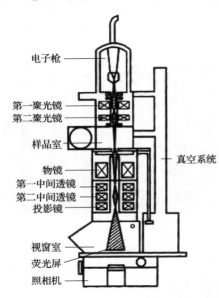

图 4-26　通用式电子显微镜原理示意图

（图中标注：电子枪、第一聚光镜、第二聚光镜、样品室、物镜、第一中间透镜、第二中间透镜、投影镜、视窗室、荧光屏、照相机、真空系统）

1. 扫描电子显微镜

扫描电子显微镜(scanning electron microscope,SEM)由电子光学系统、扫描系统、信号收集处理显示系统、真空系统、供电控制系统和冷却系统六部分组成。SEM的工作原理:从电子枪阴极发出的直径为 20～30nm 的电子束受到阴阳极之间加速电压的作用,射向镜筒,经过聚光镜及物镜的会聚作用,缩小成直径约几纳米的电子探针。在物镜上部的扫描线圈的作用下,电子探针在样品表面作光栅状扫描并且激发出多种电子信号。这些电子信号被相应的检测器检测,经过放大、转换,变成电压信号,最后被送到显像管的栅极上并且调制显像管的亮度。显像管中的电子束在荧光屏上也作光栅状扫描,并且这种扫描运动与样品表面的电子束的扫描运动严格同步,这样即获得相应的扫描电子图像,这种图像反映了样品表面的形貌特征。

SEM 样品制备的要求是:尽可能使样品的表面结构保存好,没有变形和污染,样品干燥并且有良好导电性能。在 SEM 检术中,待检样品需要预先镀上一层金属薄膜(一般是镀金膜),从 SEM 中发出的电子束直接照射在样品上,并围绕其来回扫描,被金属散射的电子集中起来激发观察屏,使之产生影像。利用 SEM,即使是颗粒较大的样品也可以观察,其景深很好。SEM 的放大范围很广,从 15× 到大约 100000×,但只能看清楚物体的表面。

2. 透射电子显微镜

透射电子显微镜(transmission electron microscope,TEM)主要用于观察细胞的内部结构。TEM 是以波长极短的电子束作为照明源,利用磁透镜聚焦成像的一种高分辨率、高放大倍数的电子光学仪器。照明部分提供一束具有一定照明孔径和一定强度的电子束照射到样品上。由于样品各微区厚度、原子序数和晶体结构不同,电子束透过样品时发生部分散射,其散射结果是使通过物镜光栏孔的电子束强度产生差别,则在物镜像平面上形成第一幅反映微区特征的电子像。再经中间镜、投影镜两级放大,透射到荧光屏或电子感光板上,即可获得一副具有一定衬度的高放大倍数的图像。一般可以利用 TEM 通过检测沉积在细胞内部金属的电荷密度揭示金属在细胞内部的积累情况。

TEM 的分辨率为 0.1~0.2nm,放大倍数为几万~几十万倍。由于电子易散射或被物体吸收,穿透力低,必须制备更薄的超薄切片(通常为 50~100nm)。在使用 TEM 观察生物样品前样品必须先预处理,但针对不同的样品材料,预处理的方法也不同,一般的预处理步骤包括以下几个。

(1)固定:为了尽量保存样本的原始状态,选用戊二醛来固定样本,对于微生物样品一般用 2.5% 磷酸缓冲戊二醛固定液固定 72h,然后用 0.1mol·L^{-1} 磷酸缓冲溶液冲洗 3 次,每次 10min;之后用 1% 锇酸固定 2h 后用磷酸缓冲溶液冲洗。

另外还有一种冷固定方法,其是将样本放在液态的乙烷中速冻,这样水不会结晶,而形成非晶体的冰。这样保存的样品损坏比较小,但图像的对比度非常低。

(2)脱干:使用乙醇和丙酮对细胞样品进行梯度脱水。对微生物样品一般是50% 乙醇脱水 15min、70% 乙醇脱水 15min、90% 乙醇脱水 15min、90% 丙酮与90% 乙醇(1:1)脱水 15min、90% 丙酮脱水 15min、100% 丙酮脱水 3 次,每次 10min。

(3)包埋:利用包埋机处理样本以便下一步切割。微生物样品的处理一般为:100% 丙酮与包埋剂(1:1)包埋 2h;纯包埋剂包埋 2h;包埋后样品于 40℃烘 12h,于 60℃聚合 48h。

(4)切割:使用金刚石刀将样品切成薄片。

3. X 射线能量散射光谱

X 射线能量散射光谱(energy dispersive X-ray spectroscopy,EDX)是借助于分析样品发出的元素特征 X 射线的波长和强度实现的,即根据波长测定试样所含的元素,再根据强度测定元素的相对含量。因此,可以利用检测目标金属的特征 X 射线波长和强度来判断其在微生物细胞上的结合或沉淀。

Lu 等(2006)将 SEM 和 EDS 联用研究了肠杆菌属(*Enterobacter* sp.)J1 吸附金属离子(铅、铜、镉)前后细胞表面形貌和元素组成的变化。如图 4-27 所示,吸附重金属后,细胞表面变得粗糙、细胞变形,这可能是胞外聚合物与重金属相互作用的结果。EDS 在肠杆菌属 J1 细胞表面检测到铅、铜、镉元素,证实了这些重金属元素在细胞表面富集并改变了细胞的微观形貌(图 4-28)。

图 4-27　肠杆菌属 J1 SEM 图(Lu et al.,2006)

(a)吸附前;(b)吸附铜后;(c)吸附镉后;(d)吸附铅后

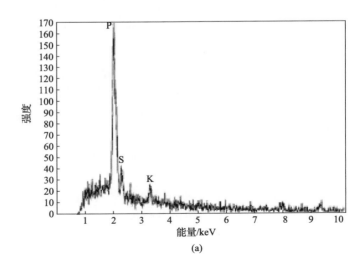

(a)

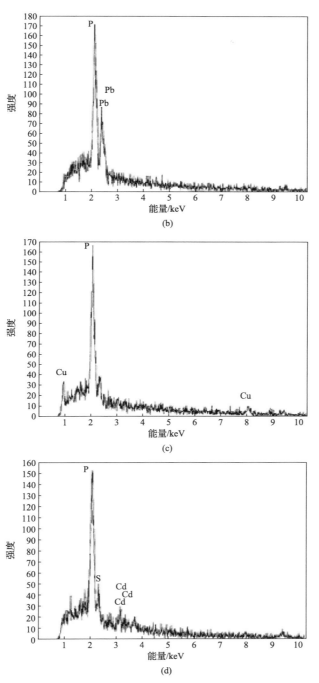

图 4-28　肠杆菌属 J1 X 射线能量散射光谱图(Lu et al., 2006)

(a)吸附前；(b)吸附铜后；(c)吸附镉后；(d)吸附铅后

4.3.3　红外光谱

　　红外光谱(infra-red spectrum,IR)可以检测分子的振动情况。当用一定频率的红外光照射某物质分子时,若该物质的分子中某基团的振动频率和它相同,则此物质就能吸收这种红外光,使分子由振动基态跃迁到激发态。因此,若用不同频率的红外光依次通过测定分子时,就会出现不同强弱的吸收现象。将分子吸收红外光的情况用仪器记录下来就得到红外光谱图,它通过吸收峰的位置、相对强度及峰的形状提供化合物的结构信息,其中以吸收峰的位置最为重要。分子的振动类型有三种:伸缩振动、弯曲振动和整个结构基团的振动。

　　傅里叶变换红外光谱仪(Fourier transform infrared spectrometer,FTIR)是较常用的红外光谱分析仪,由光源、动镜、定镜、分束器、检测器和计算机数据处理系统组成。如图 4-29 所示,光源射出的红外线光束由分束器分成两束:一束透射到定镜后反射入样品池,然后到达检测器;另一束通过分束器到达动镜后反射,穿过分束器后与定镜射来的光形成干涉光进入样品池和检测器。由于动镜在不断地做周期性运动,这两束光的光程差随动镜移动距离的变化呈现周期变化。由于样品对某些谱带的红外光进行吸收,在检测器得到样品的干涉图谱,数字化的信号被送到计算机作进一步数字处理,干涉图谱转变成单通道光谱图。

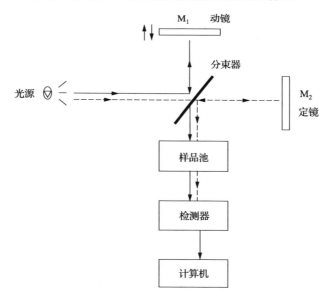

图 4-29　傅里叶变换红外光谱仪原理图

　　本课题组对吸附重金属铬前后的酵母菌细胞进行了红外光谱分析(4000~450cm^{-1}),结果如图 4-30 所示,由于酵母菌所含组分复杂,在整个吸收波数范围内均有明显的吸收。3407cm^{-1} 处的钝峰是醇缔合羟基的特征峰;2925cm^{-1} 为 —CH$_2$— 基团的不对称伸缩振动;1650cm^{-1} 处为酰胺 I(O═N—H)带,是 C═O 键的伸缩振动;1550cm^{-1} 为酰胺 II 带,是 N—H 键弯曲振动和 C—N 键伸缩振动; 1404cm^{-1} 为酰胺 III 带,是 C—N 键伸缩振动;1259cm^{-1} 是磷酸二酯基团 PO$_2^-$ 的不对称伸缩振动;1079cm^{-1} 是磷酸二酯基团 PO$_2^-$ 的对称伸缩振动;1153cm^{-1} 处为蛋白的 C—O 键伸缩振动;1039cm^{-1} 是吡啶类的面内弯曲振动;888cm^{-1} 是硝基化合物中 C—N 键的伸缩振动。由表 4-6 可见,吸附后缔合羟基振动峰、酰胺 II 带伸缩振动峰、磷酸二酯基的对称及反对称伸缩振动峰、蛋白 C—O 键伸缩振动峰均向低波数方向偏移,说明吸附过程中铬会与菌体的羟基、氨基、磷酸基、蛋白类物质等络合,使这些基团的活性降低。此外,吡啶类的面内弯曲振动峰向高波数方向偏移,基本和磷酸二酯基的反对称伸缩振动峰重合形成一个钝峰,说明重金属的吸附对吸附菌的核酸也具有一定影响。

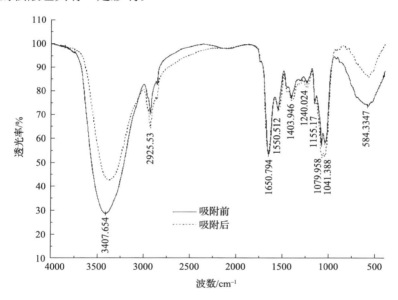

图 4-30　吸附前后细胞 FTIR 图

表 4-6　吸附铬前后细胞主要基团波数变化　　　　　　（单位：cm^{-1}）

基团	缔合 —OH	CH$_2$ ν_{as}(O—H)	酰胺 I ν(C═O)	酰胺 II B(N—H) +ν(C—N)	酰胺 III ν(C—N)	PO$_2^-$ ν_{as}(PO$_2^-$)	蛋白 C—O ν(C—O)	PO$_2^-$ ν_s(PO$_2^-$)	吡啶类 δ(C—H)
吸附前	3407.0	2925.6	1650.2	1550.7	1404.5	1259.9	1153.2	1079.2	1042.2
吸附后	3377.9	2925.6	1652.6	1545.8	1405.4	1257.6		1077.1	

注：ν 表示伸缩振动;ν_s 表示对称伸缩振动;ν_{as} 表示不对称伸缩振动;δ 表示面内弯曲振动。

4.3.4　X射线吸收精细结构谱

　　基于同步辐射光源的扩展 X 射线吸收精细结构谱(extended X-ray adsorption fine structure,EXAFS)技术可以研究各类环境样品中元素的局域结构状态。例如,确定与吸附态金属相结合的周围原子的种类、个数及原子间距等,近年来已迅速成为国际上研究固液界面吸附的热点之一。Sarret 等(1999)结合 EXAFS 技术和化学吸附等温线对产黄青霉菌的细胞壁吸附重金属离子的研究表明,Zn^{2+} 和 Pb^{2+} 主要与产黄青霉菌细胞壁上的磷酰基配位,少量与羧基配位。Zn^{2+} 与磷酰基的配位亲和力大于其与羧基的配位亲和力。因此,在表面覆盖度较低时,Zn^{2+} 主要与 4 个细胞上的磷酰基配位形成四面体结构,表面覆盖度较高时,少量的 Zn^{2+} 才与细胞壁上含量较少的羧基配位。而 Pb^{2+} 刚好与之相反。另外,Zn^{2+} 的化学吸附等温线上有两个吸附平台,而 Pb^{2+} 只有一个。这是因为吸附初期生成的大量 $(\equiv PO_4)_n$-Pb 络合物掩盖了吸附后期少量的 $(\equiv PO_4)_n$-Pb 产物的吸附平台,从而在分子水平上解释了 Zn^{2+} 和 Pb^{2+} 的吸附等温线的差别。

　　Kelly 等(2002)的研究表明,较低 pH(1.67)下,UO_2^+ 主要与枯草芽孢杆菌细胞壁表面的磷酰基结合,U—P 键长为 3.6Å[①],UO_2^+ 与磷酰基共用一个 O 原子;在较高 pH(3.22、4.88)时,UO_2^+ 主要与细胞壁表面的羧基结合,U—C 键长为 2.9Å,UO_2^+ 与羧基共用两个 O 原子。这两种条件下 UO_2^+ 都是在枯草芽孢杆菌表面形成内层吸附产物(图 4-31)。

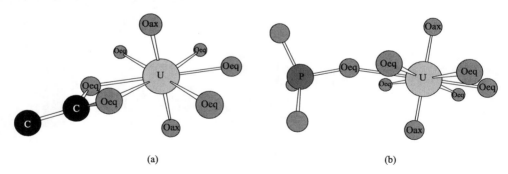

(a)　　　　　　　　　　　　　　　　(b)

图 4-31　UO_2^{2+} 与羧基及磷酰基的配位(Kelly et al.,2002)

(a) UO_2^{2+} 与羧基的二配位结合;(b)UO_2^{2+} 与磷酰基的单配位结合

其中 Oax(axial oxygen)为轴向氧原子;Oeq(equatorial oxygen)为赤道面氧原子

①　$1Å = 10^{-10}m$。

4.3.5　核磁共振

核磁共振(nuclear magnetic resonance,NMR)是指有磁矩的原子核在静磁场中受电磁波的影响而产生的共振跃迁现象。NMR 谱仪系统主要由磁体、探头、波谱仪三部分组成。其中,磁体是 NMR 谱仪的心脏,其要求提供强而稳定、均匀的磁场,这决定了核磁信号的强度和谱线的分辨率。探头装在磁极间隙内,用于检测该磁共振信号,磁场和频率源通过探头作用于试样。波谱仪用于接收和处理信号。图 4-32 显示了实验常用 NMR 能谱仪。

将自旋核放入磁场后,用适宜频率的电磁波照射,它们会吸收能量并发生原子核能级的跃迁,同时产生核磁共振信号,得到核磁共振谱。核磁共振谱能提供的参数主要有化学位移、质子的裂分峰数、偶合常数及各组峰的积分高度等,这些参数与有机化合物的结构有着密切的关系。因此,核磁共振谱是鉴定有机、金属有机及生物分子结构和构象等的重要工具之一。此外,核磁共振谱还可应用于定量分析、相对分子质量的测定及化学动力学的研究等。分析测定时,样品不会受到破坏,此方法属于无破损分析方法。

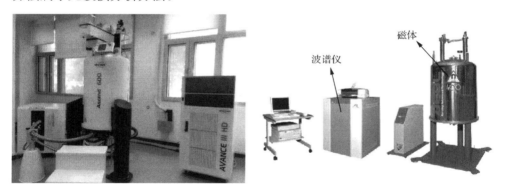

波谱仪　　磁体

图 4-32　实验室常见 NMR 能谱仪

4.3.6　流式细胞术

流式细胞术(flow cytometry,FCM)是通过快速测定库尔特电阻、荧光、光散射和光吸收等信号的强弱,从功能水平上对单细胞或其他生物粒子进行定量分析和分选的检测手段。流式细胞术最早是应用于医学领域中的肿瘤学和血液学研究,是当今这些学科研究最为重要的分析手段之一。最近几年,流式细胞术已经开始拓展到微生物和植物领域的研究,在微生物学领域里,FCM 主要应用于细菌、真菌和病毒的快速检测及微生物群落结构的研究。除此之外,还可以将 FCM 用于探讨环境污染微生物修复机理,通过对污染修复体系中上万个微生物细胞进行高

速分析获得单一细胞的各项特征参数,包括细胞结构、大小、密度的变化,遗传物质(DNA 或 RNA)含量,酶活性,细胞膜通透性和膜电位等。FCM 能够从单细胞水平揭示污染物对微生物生理、生化和细胞特性的影响和作用。

流式细胞仪主要由流动室及液流驱动系统、激光光源及光束形成系统、光学系统、信号检测与存储、显示分析系统、细胞分选系统 5 个部分组成。测试前必须将细胞样品制备成单细胞悬液,经不同的荧光染料染色后加入样品管,在气压推动下进入流动室,流动室内的鞘液包绕着样品。此时,细胞在鞘液的约束下单行排列,依次通过检测区,被荧光染料染色的细胞受到强烈的激光照射产生散射光和荧光信号。散射光分为前向角散射(forward scatter,FS)和侧向角散射或 90°散射(side scatter,SS)。前者主要反映被测细胞的大小,后者主要反映其胞质、胞膜、核膜的折射等及细胞内颗粒的性状。光信号通过波长选择通透性滤片后,经光电倍增管接收转换为电信号,再经数/模转换器转换为可被计算机识别的数学信号,以一维直方图或二维位图及数据表或三维图形显示。

本课题组利用流式细胞术研究了一株嗜麦芽窄食单胞菌降解/吸附苯并[a]芘-铜(BaP-Cu^{2+})复合污染物过程中细胞特性的变化。研究结果显示,菌体与重金属离子 Cu^{2+} 作用 5d 后,细胞散射光发生偏离,其 SS 值变小,FS 值增加,特别是当两者相互作用 12d 后[图 4-33(e)],在菌体细胞群下方检测出一群分散的颗粒,表明在不同污染物的刺激作用下,嗜麦芽窄食单胞菌细胞的大小和胞内颗粒密度发生了不同程度的变化。这主要是因为污染物,尤其是 Cu^{2+},与菌体接触发生相互作用,破坏了菌体的细胞壁和细胞膜,使细胞的渗透压改变而让溶液进入导致细胞膨胀,FS 值增大。另外,由于菌体细胞表面出现"孔洞",细胞质外流,部分细胞只剩下空壳,使得细胞群的 SS 值向下偏离。另外,通过 FDA(二乙酸荧光素)和 PI(碘化丙啶)双染对受检菌体细胞进行处理,再利用 FCM 分析菌体降解/吸附 BaP-Cu^{2+} 复合污染物后细胞膜完整性和胞内酯酶活性的变化,发现嗜麦芽窄食单胞菌与不同污染物作用 2d 后,其细胞膜完整性受到不同程度的影响,其中有 Cu^{2+} 存在的体系中,菌体细胞膜的破损较严重。虽然细胞通透性改变,甚至部分细胞膜破裂,但菌体细胞内的酯酶活性并没有受到抑制,仍然具有较高的活性并对污染物产生分解/吸附作用。

FCM 由于具有速度快、精度高、准确性好等优点,已成为当代先进的细胞定量、定性分析技术,为从单细胞水平揭示微生物吸附重金属作用机理提供了有效的研究手段。

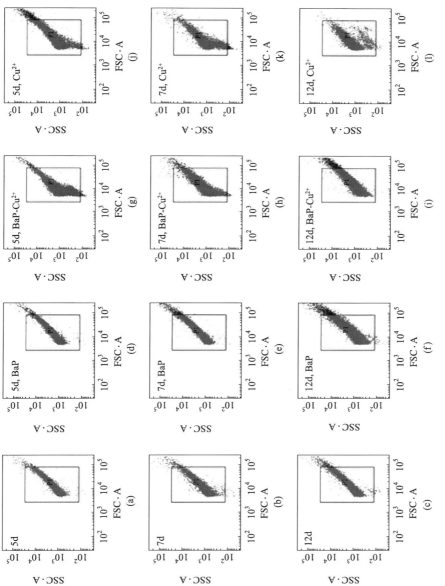

图 4-33　污染物对嗜麦芽窄食单胞菌细胞大小和内部结构的影响（其中空白对照为不加任何污染物）

第 5 章　微生物吸附法处理重金属废水

　　传统的处理含重金属废水的方法有化学沉淀法、离子交换法和活性炭吸附法等。化学沉淀法能快速去除废水中的重金属离子,但存在运行费用高、出水重金属浓度高和二次污染等问题。离子交换法和活性炭吸附法具有出水水质好的优点,但当处理废水中含有其他阳离子时,其对重金属选择性差,且存在运行及材料费用高的缺点。近年来的研究表明,微生物吸附作为处理重金属污染的一项新技术具有原材料来源丰富、吸附速度快、吸附量大、设备简单易操作、投资小、运行费用低等优点。微生物吸附法处理重金属废水是利用细菌、真菌、藻类等生物材料,通过其生命代谢活动,或者是死体的微生物来富集和去除废水中的重金属,从而降低废水中重金属的浓度;同时还可以通过一定的方法使金属离子从微生物体内释放进行回收。

　　近年来,国内外在微生物处理重金属废水的研究中取得了较多成果,微生物吸附法在投资、运行、操作管理、金属回收和废水回用等方面,与传统治理方法相比具有明显的优越性,展现出广阔的应用前景。多年来,本课题组已筛选和构建了一批对不同重金属有优良吸附性能的微生物菌株,并研究了这些特效菌对各种重金属的吸附特性和作用机理。本章在总结课题组及文献研究成果的基础上,以各类重金属废水为研究对象,深入探讨课题组筛选、开发的微生物吸附剂及其对重金属的吸附性能、吸附动力学、热力学和吸附工艺等,为微生物吸附剂的实际应用提供基础数据和经验参数。同时利用电感耦合等离子体发射光谱、扫描电子显微镜、X 射线衍射能谱、原子力显微镜、紫外吸收光谱、红外光谱等多种现代分析手段,从细胞的物质代谢、微观形貌、作用官能团等方面对微生物吸附剂吸附/转化重金属的作用机理进行深入研究。

5.1　微生物吸附剂处理重金属废水

5.1.1　解脂假丝酵母对铬的吸附

　　铬的毒性与其存在价态有关,其中以 Cr^{6+} 毒性最大,因为 Cr^{6+} 具有强氧化性和腐蚀性,并且能穿透生物体膜,从而影响生物体内物质的氧化还原和水解等正常生理过程,还可抑制尿素酶的活动,影响生物组织中的磷含量。Cr^{3+} 的毒性次之,

Cr^{2+} 和单质铬的毒性小。解脂假丝酵母是本课题组筛选的一株微生物吸附剂,其对 Cr^{6+} 具有较好的吸附作用,下面将介绍其对 Cr^{6+} 的吸附性能、吸附动力学和热力学及吸附机理。

1. 实验材料

解脂假丝酵母由课题组从某电镀厂废水处理好氧池的污泥中筛选获得,于实验室保存。

2. 解脂假丝酵母吸附 Cr^{6+} 的影响因素

1) pH

pH 是影响生物吸附的一个重要因素,pH 对解脂假丝酵母吸附 Cr^{6+} 的影响如图 5-1 所示。由图 5-1 可见,pH 对 Cr^{6+} 吸附效果影响显著,适宜的 pH 为 1～3,最佳 pH 为 2。pH 较低时,菌体对 Cr^{6+} 的去除率高,而高 pH 时的 Cr^{6+} 去除率低,可能是:①一般情况下,对微生物来说,Cr^{6+} 的毒性是 Cr^{3+} 的 100 倍。低 pH 时 Cr^{6+} 易被还原为 Cr^{3+},对菌体的毒性降低,因而对吸附的抑制作用较弱;②低 pH 条件下,由于 H^+ 的质子化作用,微生物细胞更多的官能团能够暴露出来,菌体与金属离子之间的作用增强(Goksungur et al.,2005)。pH 较高时,菌体对 Cr^{6+} 的还原能力降低,水中的铬主要以 Cr^{6+} 形式存在,对菌体的毒性增强,且质子化作用减弱,从而对解脂假丝酵母吸附 Cr^{6+} 的抑制作用增强。而当体系 pH<2 时,Cr^{6+} 去除率反而下降,是由于 pH 过低导致体系中大量游离的 H^+、H_3O^+ 与 Cr^{6+} 竞争活性位点,菌体与重金属的配位能力减弱,且 pH 过低时菌体的生长也会受到抑制(Ridvan et al.,2001)。

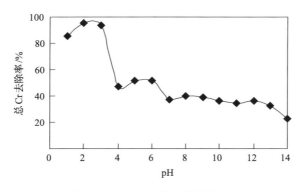

图 5-1　pH 对 Cr^{6+} 吸附的影响

2) Cr^{6+} 初始浓度

图 5-2 显示了最佳 pH 条件下解脂假丝酵母对不同浓度 Cr^{6+} 的吸附效果。由

图 5-2 可知，Cr^{6+} 浓度在 $5\sim40mg\cdot L^{-1}$ 范围内，解脂假丝酵母对 Cr^{6+} 的去除率均在 80％以上，当 Cr^{6+} 浓度为 $50mg\cdot L^{-1}$ 时，其去除率也达到了 77.3％。随着 Cr^{6+} 浓度的增加，其吸附量也增加，当 Cr^{6+} 浓度为 $20mg\cdot L^{-1}$ 时，菌体对 Cr^{6+} 的去除率最高，达到 94.4％。综合考虑去除率和吸附量，选取 Cr^{6+} 初始浓度为 $20mg\cdot L^{-1}$ 较为合适。

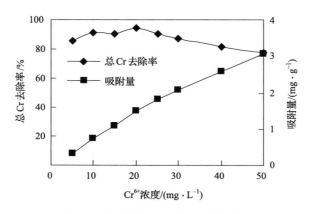

图 5-2　初始浓度对 Cr^{6+} 吸附的影响

3）吸附时间

图 5-3 表明解脂假丝酵母对 Cr^{6+} 的去除率随时间而变化，菌体对 Cr^{6+} 的吸附速度先快后慢，前 0.5h，解脂假丝酵母对 Cr^{6+} 的吸附非常迅速，去除率达到 69.6％，作用 1.5h 后 Cr^{6+} 的吸附去除率达到最大，为 95.0％。从实验结果可以看出，解脂假丝酵母对 Cr^{6+} 的吸附在较短的吸附时间内可以达到较好的去除效果，在实际应用中具有明显的优势。

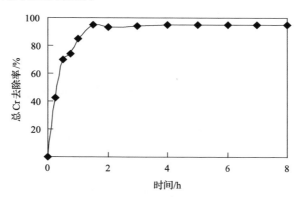

图 5-3　时间对 Cr^{6+} 吸附的影响

4）菌体投加量

解脂假丝酵母投加量对 Cr^{6+} 吸附的影响如图 5-4 所示。在一定的实验条件下,提高菌体投加量,Cr^{6+} 的去除率提高,但吸附量下降,最佳吸附剂投加量为 12.5g·L^{-1}(湿重)。适当增加生物量能提高 Cr^{6+} 去除率,但菌体的投加量高于最佳投加量时,Cr^{6+} 去除率不稳定,可能是悬浮菌体的浓度过高时,菌体相互黏结在一起,与溶液接触的表面积减少,从而减少吸附剂的活性位点(Esposito et al.,2001)。因此,在实际应用中应考虑所要达到的去除效果和菌体的培养成本,选择适宜的菌体投加量。

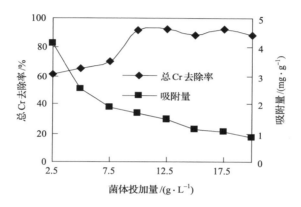

图 5-4　菌体投加量对 Cr^{6+} 吸附的影响

3. 解脂假丝酵母吸附 Cr 的动力学和热力学

1）吸附动力学

吸附动力学研究吸附过程快慢,是与接触时间密切相关的。由图 5-5 可知,反应在 80min 达到吸附平衡,在此时间段内,Cr^{6+} 去除率与吸附时间之间存在线性关系,600min 后解吸速度大于吸附速度,Cr^{6+} 吸附率反而下降,表明该吸附过程是一个快速过程,吸附在短时间内完成。解脂假丝酵母对 Cr^{6+} 的吸附主要由两个阶段组成,第一阶段为快速吸附阶段,该过程中,金属离子可以通过配位、螯合、离子交换、物理吸附、无机微沉淀等作用中的一种或几种机制将金属离子转运至细胞表面。在此阶段金属离子和微生物细胞相互作用的速度较快,在几分钟内即可完成。第二阶段为慢速吸附阶段,在该阶段 Cr^{6+} 被运送到细胞内。对于实验所选定的三个 Cr^{6+} 浓度,达到平衡的时间没有很大的差别。应用准一级动力学方程和准二级动力学方程研究解脂假丝酵母吸附 Cr^{6+} 的速率常数(Wang et al.,2001)。

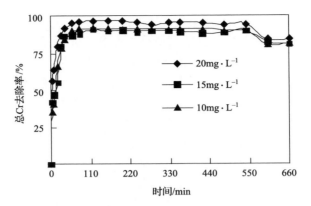

图 5-5　不同初始 Cr^{6+} 浓度下的吸附过程

准一级动力学方程如下：

$$\ln(q_e - q_t) = \ln q_e - k_1 t \tag{5-1}$$

准二级动力学方程如下：

$$\frac{t}{q_t} = \frac{1}{k_2 q_e^2} + \frac{1}{q_e} t \tag{5-2}$$

式中，q_e 和 q_t 分别是吸附平衡和吸附时间为 t 时的吸附量（$mg \cdot g^{-1}$），k_1 是准一级速率常数（min^{-1}），k_2 是准二级速率常数[$g \cdot (mg \cdot min)^{-1}$]。

图 5-6 和图 5-7 分别为解脂假丝酵母吸附 Cr^{6+} 的准一级和准二级速率曲线。理论 q_e、实际 q_e、准一级速率常数和准二级速率常数及相关系数见表 5-1。由表中列出数据可知，解脂假丝酵母对 Cr^{6+} 的吸附符合准二级速率方程，速率常数并不随浓度的降低而增大，而是在 Cr^{6+} 浓度为 $20mg \cdot L^{-1}$ 时最大。

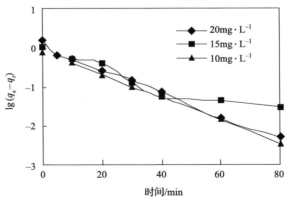

图 5-6　吸附 Cr^{6+} 的准一级速率曲线

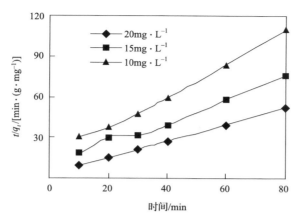

图 5-7　吸附 Cr^{6+} 的准二级速率曲线

表 5-1　吸附动力学模型常数及相关系数

浓度/ (mg·L⁻¹)	准一级速率方程				准二级速率方程			
	k_1 /min⁻¹	理论 q_e /(mg·g⁻¹)	实际 q_e /(mg·g⁻¹)	R^2	k_2/[g·(mg·min)⁻¹]	理论 q_e /(mg·g⁻¹)	实际 q_e /(mg·g⁻¹)	R^2
10	0.067	0.776	0.736	0.999	0.043	0.870	0.736	0.870
15	0.047	0.770	1.082	0.895	0.034	1.237	1.082	0.984
20	0.069	1.131	1.549	0.992	0.052	1.667	1.549	0.999

2）吸附等温线

在最佳 pH 条件下,菌体投加量为 $10g·L^{-1}$,温度分别为 $10℃$、$20℃$ 和 $30℃$,$180r·min^{-1}$ 条件下振荡吸附 2h 得到解脂假丝酵母吸附 Cr^{6+} 的吸附等温线。应用 Langmuir 吸附模型和 Freundlich 吸附模型描述解脂假丝酵母对 Cr^{6+} 的吸附行为。

Langmuir 吸附模型如下:

$$\frac{1}{q_e} = \frac{1}{abc_e} + \frac{1}{a} \tag{5-3}$$

Freundlich 吸附模型如下:

$$\lg q_e = \lg K + \frac{1}{n}\lg c_e \tag{5-4}$$

式中,q_e 是平衡吸附量$(mg·g^{-1})$,c_e 是平衡浓度$(mg·L^{-1})$,a 和 b 是 Langmuir 吸附常数,K 和 n 是 Freundlich 吸附常数。各常数取值见表 5-2。

由 $\frac{1}{c_e}$ 对 $\frac{1}{q_e}$ 作图(图 5-8),$\lg q_e$ 对 $\lg c_e$ 作图(图 5-9),对这些数据进行线性回归分析发现,在一定的浓度范围内解脂假丝酵母对 Cr^{6+} 的吸附符合 Freundlich 吸附模型,说明在此浓度范围内解脂假丝酵母对 Cr^{6+} 的吸附是以多分子层吸附为主。

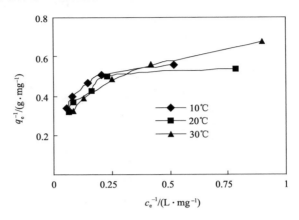

图 5-8　Langmuir 吸附等温线

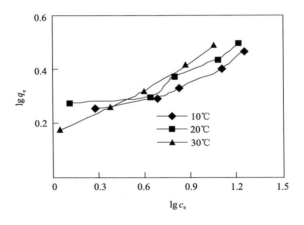

图 5-9　Freundlich 吸附等温线

表 5-2　吸附热力学模型常数及相关系数

温度/℃	Langmuir			Freundlich		
	a	b	R^2	K	n	R^2
10	2.37	0.73	0.796	1.16	3.89	0.947
20	2.28	1.34	0.664	1.32	4.53	0.876
30	2.93	0.87	0.905	1.41	3.22	0.990

　　实验室条件下,解脂假丝酵母对 Cr^{6+} 表现出良好的吸附性能,对中低浓度 $(5\sim50mg \cdot L^{-1})$ 的 Cr^{6+} 具有较好的去除效果,去除率最高达 95%;溶液 pH、吸附时间、菌体投加量及 Cr^{6+} 初始浓度影响解脂假丝酵母对 Cr^{6+} 的吸附效果,适宜的

pH 为 1~3,最佳 pH 为 2,菌体最佳投加量为 12.5g・L^{-1}(湿重),Cr^{6+} 浓度为 20mg・L^{-1}时吸附 2h,其去除率为 94.4%;解脂假丝酵母吸附 Cr^{6+} 的动力学研究表明该吸附过程符合准二级动力学模型,吸附反应在 80min 内达到平衡;在温度为 10℃、20℃和 30℃条件下,初始 Cr^{6+} 浓度为 20~50mg・L^{-1}范围内,解脂假丝酵母对 Cr^{6+} 的吸附符合 Freundlich 吸附等温模型。

5.1.2　嗜麦芽窄食单胞菌对铜的吸附

铜来源于矿山、电镀、电子、五金、杀虫剂、颜料生产和金属加工等众多行业,分布广、毒性大(Andreazza et al.,2010),是《污水综合排放标准》(GB 8978—1996)、《城镇污水处理厂污染物排放标准》(GB 18918—2002)和《水污染物排放限值》(DB 44/26—2001)等国家和地方标准规定的控制项目。此外,Cu 是生物体的必需元素,是细胞色素氧化酶、尿酸氧化酶、氨基酸氧化酶、酪氨酸酶、铜蓝蛋白酶等多种酶的辅酶,参与种类繁多的生理、生化反应(Rice et al.,2006;Banci et al.,2007)。苯并[a]芘(Benzo[a]pyrene,BaP)是多环芳烃的典型代表物,可通过皮肤、呼吸道、消化道等途径被人体吸收(Tampio et al.,2008;Vasiluk et al.,2008)。Cu^{2+} 和 BaP 是环境中常见的两种污染物,且一般以复合污染的形式存在。研究 BaP/Cu^{2+} 复合污染条件下嗜麦芽窄食单胞菌对 Cu^{2+} 的吸附特性和机理,对于完善重金属微生物吸附理论和重金属生物学作用具有重要的科学意义和应用价值。

1. 实验材料

嗜麦芽窄食单胞菌是课题组前期研究中从广东贵屿电子垃圾污染土壤中筛选得到的一株革兰氏阴性菌,对 Cu^{2+} 具有良好的吸附性能,对 BaP 具有较好的降解效果。

2. BaP-Cu^{2+} 复合污染体系中嗜麦芽窄食单胞菌 Cu^{2+} 的影响因素

1) pH 和 BaP 浓度

吸附液 pH 是影响吸附的一个重要因素,对金属离子的化学特性、细胞壁表面官能团的活性和金属离子间的竞争均有显著影响。当 pH 过低时,大量存在的氢离子会使吸附剂质子化,当 pH 过高,达到重金属离子的 K_{sp} 值后,很多金属离子会生成氢氧化物沉淀,无法体现生物吸附作用对金属的去除效果。为此,本实验把 pH 的最高值设定为 8。实验结果表明(图 5-10),pH 为 3.0 时,菌体对 Cu^{2+} 的吸附效果较差,去除率仅为 18%~26%,而当 pH 为 3.5~8.0 时,吸附效果理想且较平稳。该现象与多种原因有关,当 pH 过低时,菌体表面的质子化会抑制 Cu^{2+} 的吸附,即 H_3O^+ 会占据大量的吸附活性位点(Majumdar et al.,2008;Ertugay and Bayhan,2010),阻止阳离子与吸附活性位点的接触,因此质子化程度越高,吸附剂对重金属离子的斥力越大,从而导致吸附量下降;同时,过酸的环境对菌体正常生理功能会产生影响,削弱菌体对 Cu^{2+} 的生物积累能力。菌体对 pH 有较宽的适应范围,说明该菌对 pH 的适应能力强,有利于应用到受重金属污染环境的治理中。在 Cd^{2+} 的吸附中也发现了相同的趋势,在 pH=3～4 的范围内,吸附量显著上升,升幅达饱和量的 50% 以上。Schiewer 和 Iqbal(2010)分析这是—COO^+($pK_a=4$)吸附了大量 H_3O^+,从而减少了 Cd^{2+} 与 H_3O^+ 的吸附竞争。当处理体系分别存在 $0.1mg \cdot L^{-1}$、$1.0mg \cdot L^{-1}$ 和 $10.0mg \cdot L^{-1}$ BaP 时,Cu^{2+} 的去除率均呈相同的变化趋势。

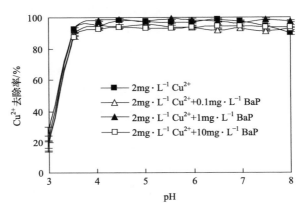

图 5-10　pH 和 BaP 浓度对 $0.25g \cdot L^{-1}$ 嗜麦芽窄食单胞菌吸附 $2mg \cdot L^{-1}$ Cu^{2+} 的影响

2) 投菌量和 BaP 浓度

投菌量是影响重金属生物吸附的重要因素。图 5-11 显示,当投菌量为 $0.01～0.10g \cdot L^{-1}$ 时,在 BaP-Cu^{2+} 复合污染体系中 Cu^{2+} 的去除率随投菌量的增加呈线性上升趋势,投菌量为 $0.25g \cdot L^{-1}$ 时,去除效果最理想,随后呈下降趋势。单位质量菌体对 Cu^{2+} 的吸附量则随投菌量的增加呈下降趋势,不少研究有类似结果。投菌量过高,去除率反而下降的现象可能与几方面的原因为关。由于菌量过高,菌体会相互吸附、成团,从而减少吸附的有效位点(Sheng, et al., 2008;Özer et al., 2009;Özdemir et al., 2009);投菌量过高时,菌体向细胞外分泌的物质会改变吸附体系的 pH,从而改变菌体表面的物化性质或影响金属离子在水中的存在形态,并进一步削弱菌体对金属离子的吸附效果;菌体向细胞外分泌的阳离子也可能会与目标吸附质发生吸附竞争。此外,微生物对过量的重金属具有生物解毒的能力。当部分重金属被积累到微生物体内后,菌体会产生多种适应机制,如把积累至体内的重金属运输出体外;或者改变细胞膜的物质运输通道,使细胞外的重金属更难运输至体内,而且这些机制需要在合适的吸附质与吸附剂比例下才能成功激活和运行。为阐明投菌量过高去除率反而下降的实验结果,本实验测定了吸附过程体系的 pH,并在后面的研究中设计了多组活细胞和失活细胞对 Cu^{2+} 的吸附实验。

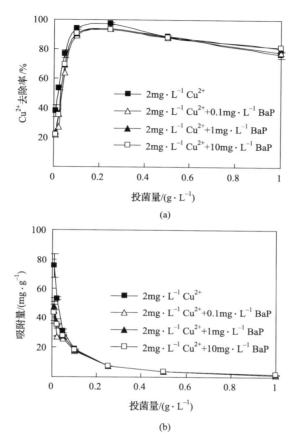

图 5-11　投菌量和 BaP 浓度对 $0.25g \cdot L^{-1}$ 嗜麦芽窄食单胞菌吸附 $2mg \cdot L^{-1}Cu^{2+}$ 的影响
(a)去除率;(b)单位质量菌体吸附量

pH 的测定结果显示(图 5-12),溶液的 pH 会随着投菌量的增加而升高,当投菌量为 $0.25g \cdot L^{-1}$ 后,pH 的变化变得平缓。对照实验证明,pH 的变化是由菌体的各种活动引起的,而不是由 Cu^{2+} 的存在而引起的。Cu^{2+} 只是改变溶液 pH 变化幅度的因素而不是引起 pH 变化的原因。由于体系 pH 变化幅度不大,均在合适的吸附 pH 范围内,pH 的变化不是投菌量过大时 Cu^{2+} 吸附效果变差的主因。另外,对照不同浓度 BaP 复合情况下 Cu^{2+} 吸附曲线的变化趋势发现,即使复合污染中 BaP 的浓度不同,其对 Cu^{2+} 吸附的影响都不大。

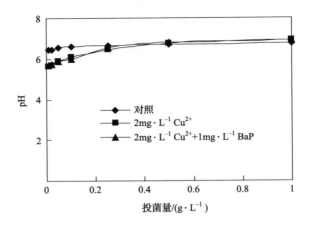

图 5-12　吸附 2mg·L⁻¹ Cu²⁺ 后溶液 pH 变化

3) Cu²⁺ 浓度和 BaP 浓度

Cu²⁺ 在低浓度时可以作为酶的辅助因子,使酶呈现出活性;或作为酶的激活剂,提高酶的稳定性和反应活性。但当 Cu²⁺ 浓度过高时,会对生物体产生抑制或毒害作用。因此,本实验把 Cu²⁺ 的浓度设定为 $0.02\sim100.00\text{mg·L}^{-1}$。图 5-13(a)显示,去除率随 Cu²⁺ 浓度的增加而下降,当浓度为 $0.02\sim0.13\text{mg·L}^{-1}$ 时,嗜麦芽窄食单胞菌可彻底去除溶液中的 Cu²⁺。随后,去除率基本呈线性下降的趋势。当 Cu²⁺ 浓度为 100mg·L⁻¹ 时,去除率为 12%~18%。图 5-13(b)则显示单位质量菌体对 Cu²⁺ 的吸附量随 Cu²⁺ 浓度的升高呈上升趋势。综合两图的结果分析可知,Cu²⁺ 浓度的增大虽然可以增加单位质量菌体的去除量,但去除率却显著下降。这是因为每种吸附材料均存在饱和吸附量,且 Cu²⁺ 浓度越高其毒性越大,会抑制 Cu²⁺ 的进一步吸附和积累。

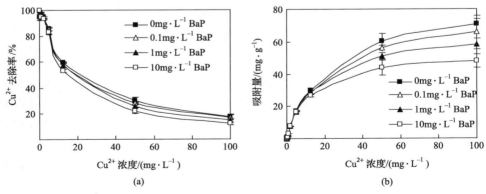

图 5-13　Cu²⁺ 浓度和 BaP 浓度对 0.25g·L⁻¹ 嗜麦芽窄食单胞菌吸附 Cu²⁺ 的影响

(a)去除率;(b)单位质量菌体吸附量

从图中可以看出,高浓度的 Cu^{2+} 和 BaP 对 Cu^{2+} 生物吸附有抑制作用,这可能与各方面的原因有关。首先,BaP 会占据菌体表面的吸附位点,BaP 浓度越高,占据的位点就越多;当 Cu^{2+} 的浓度较小时,菌体的表面吸附位点是过量的,菌体对 BaP 的吸附不会显著地影响 Cu^{2+} 的生物吸附;当 Cu^{2+} 的浓度升高时,菌体的表面吸附位点不足,而且 Cu^{2+} 向细胞内的运输速度缓慢,因主动运输而空出来的吸附位点也会迅速被液体中的 Cu^{2+} 占据。此外,BaP 的浓度增大其对菌体的毒性也增大。上述作用表现在宏观的角度上就是高浓度的 Cu^{2+} 和 BaP 会导致 Cu^{2+} 的去除率明显下降。

4) 吸附时间

吸附时间是影响重金属吸附的主要因素之一。大多数有关重金属生物吸附的研究表明,生物材料对重金属离子的吸附分为两个阶段。第一个阶段为快速吸附阶段,通常在几十分钟内,即达到最终吸附量的 70% 左右;第二个阶段为缓慢阶段,这一阶段常常需要数小时甚至更长的时间才能达到饱和吸附量(Mungasavalli et al.,2007;Khani et al.,2008)。前者是一种快速的表面吸附,后者是重金属离子向细胞内转移的过程,受胞内代谢、细胞扩散过程的控制。

图 5-14 表明,吸附开始后 5min,嗜麦芽窄食单胞菌即可完成大部分 Cu^{2+} 的吸附。在随后长达 345h 的吸附时间里,Cu^{2+} 浓度为 $2mg \cdot L^{-1}$,初始 pH 没有调节的 $Cu(NO_3)_2$ 溶液中,Cu^{2+} 的吸附效果波动不大;但初始 pH 调节至 3 的 $Cu(NO_3)_2$ 溶液中,Cu^{2+} 去除效果变化较大,在处理时间为 2h 时最佳,去除率为 29%;随后,去除率均小于 8%。而 $10mg \cdot L^{-1}$ Cu^{2+} 的去除率会随时间的延长而增加。但从实验结果看出,在 Cu^{2+} 浓度和溶液 pH 一样的情况下,BaP 的存在对 Cu^{2+} 的微生物吸附影响不大。

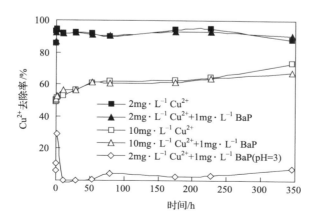

图 5-14　吸附时间对 Cu^{2+} 吸附的影响

3. 预处理后嗜麦芽窄食单胞菌对 Cu^{2+} 的吸附

1) 戊二醛固定后菌体对 Cu^{2+} 的吸附

戊二醛是常用的固定剂,广泛应用于酶、功能蛋白质和菌体的固定。戊二醛的作用机理主要是依靠醛基使蛋白质的巯基、羟基、羧基和氨基等基团发生烷基化,从而引起蛋白质凝固(Marczak et al.,2007)。

本实验利用戊二醛固定菌体,目的是把细胞活性状态时的结构和菌体表面的官能团尽可能完整地保存下来,并终止菌体正常的生理、生化功能,从而考察菌体表面吸附作用与菌体内部扩散作用对 Cu^{2+} 的吸附能力。图 5-15 显示,$2mg \cdot L^{-1}$ Cu^{2+} 的去除率随投菌量的增加出现快速增加阶段和平缓阶段,没有出现图 5-11(a)中去除率在菌体投加量大于 $0.25g \cdot L^{-1}$ 时反而下降的现象。$10mg \cdot L^{-1}$ Cu^{2+} 的去除率的增长与投菌量呈现理想的线性正相关。当 BaP 的浓度分别为 0 和 $1mg \cdot L^{-1}$

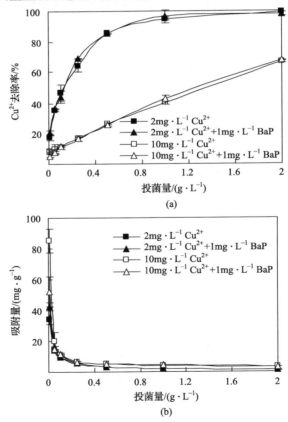

图 5-15　戊二醛固定后菌体对 Cu^{2+} 吸附的影响

(a)去除率;(b)单位质量菌体吸附量

时,线性方程式分别为 $y=29.416x+9.0922$ 和 $y=31.243x+7.8563$,相关系数分别为 0.9976 和 0.9934。

把固定后菌体与原菌体对 Cu^{2+} 的吸附效果进行比较,如图 5-16 所示。当投菌量为 $0.01\sim0.1g\cdot L^{-1}$ 时,固定后菌体对 Cu^{2+} 的吸附能力被显著削弱;随后,吸附能力被削弱的幅度减小;当投菌量大于 $0.6g\cdot L^{-1}$ 时,固定后的菌体对 Cu^{2+} 的吸附效果优于原菌体。

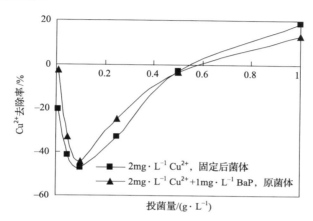

图 5-16　固定后菌体与原菌体对 Cu^{2+} 吸附效果的差异

综合图 5-11 和图 5-15 的结果,可以推测嗜麦芽窄食单胞菌对 Cu^{2+} 的吸附作用由菌体表面吸附、跨细胞壁、细胞膜的主动运输、菌体表面脱附和菌体对 Cu^{2+} 的主动释放等作用组成。其中表面吸附是快速反应过程(图 5-15),固定后的菌体与 Cu^{2+} 的相互作用以表面吸附为主,不存在菌体对 Cu^{2+} 的主动释放。因此,Cu^{2+} 的去除率随着投菌量的增加而增加,而不会出现下降的趋势;当 Cu^{2+} 浓度增加时($10mg\cdot L^{-1}$),Cu^{2+} 的去除率因投菌量的增加而呈线性增加是由于菌体表面活性基团的数量与投菌量成正相关。

固定前的原菌体,当投菌量增加时,对 Cu^{2+} 的去除能力减弱是因为当吸附剂与吸附质达到一定比例时,单位数量菌体承受的 Cu^{2+} 的吸附压力和毒性作用减弱。此时,菌体对超生理需求量的 Cu^{2+} 产生了解毒机理,可以把积累在菌体表面和细胞内的 Cu^{2+} 排放到细胞外;菌体过量时,这种 Cu^{2+} 的释放能力增强,所以就出现了图 5-11 中投菌量过高时 Cu^{2+} 的去除率反而下降的结果。此外,固定前的原菌体具备释放细胞内阳离子的能力,它们与 Cu^{2+} 产生吸附竞争也是投菌量过大时 Cu^{2+} 吸附效果下降的原因。因此,可以肯定吸附效果下降不是由投菌量过高、菌体间相互吸附、成团,从而减少吸附的有效位点引起的。

当投菌量过小($0.01\sim0.1g\cdot L^{-1}$)时,固定前菌体细胞膜上应用于金属离子运输的蛋白通道可能被大量应用于 Cu^{2+} 运输,所以此时固定前菌体的吸附效果明显优于固定后的菌体。当投菌量约为 $0.6g \cdot L^{-1}$ 时,菌体对 Cu^{2+} 的细胞内运输和向细胞外的释放速率相等,此时,固定前后的菌体对 Cu^{2+} 的吸附能力相当。

2)冷冻干燥菌体对 Cu^{2+} 的吸附

冷冻干燥是将物品预先冻结,然后使之在真空状态下升华而获得干燥物品的方法。经冷冻干燥的物品易于长期保存,加水后能迅速恢复到冻干前的性状。冷冻干燥技术已广泛用于医药工业、食品工业、生物工程和环境污染治理等领域,对热敏和易氧化物质的干燥具有显著的优越性。

图 5-17 显示,虽然冷冻干燥后的菌体对 Cu^{2+} 的吸附效果稍弱于原菌体,但冷冻干燥前后菌体对 Cu^{2+} 的吸附规律相似,$2mg \cdot L^{-1} Cu^{2+}$ 的去除率均出现了先升后降的趋势。这是因为冷冻干燥不会明显改变菌体的理化性质。

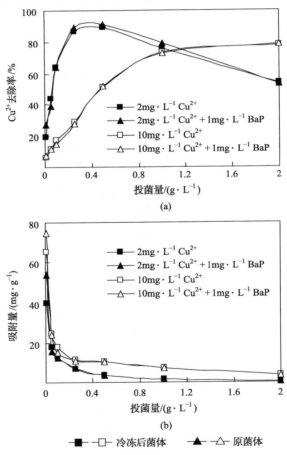

图 5-17　冷冻干燥菌体对 Cu^{2+} 吸附的影响
(a)去除率;(b)单位质量菌体吸附量

3）乙醇预处理后菌体对 Cu^{2+} 的吸附

0.25g·L^{-1} 菌体经乙醇预处理后对 Cu^{2+} 的吸附效果如图 5-18 所示。当 Cu^{2+} 浓度为 2mg·L^{-1} 时,不同浓度的乙醇均会促进 Cu^{2+} 的生物吸附。而当 Cu^{2+} 浓度为 10mg·L^{-1} 时,乙醇预处理反而削弱了菌体对 Cu^{2+} 的吸附能力,其中 1%～20% 乙醇的抑制作用最大。当乙醇的浓度为 30%～100% 时,菌体对 Cu^{2+} 的吸附出现第 2 个平台值。

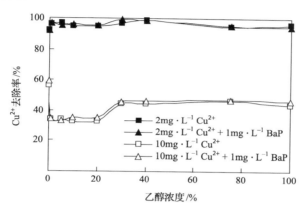

图 5-18　乙醇预处理菌体对 Cu^{2+} 吸附的影响

乙醇预处理后不同投加量的菌体吸附 Cu^{2+} 的规律与预处理前的类似(图 5-19),也表现为先升后降的态势。不同之处是预处理后菌体在低浓度时的吸附效果较差,其中在投菌量为 0.1g·L^{-1} 时差别最大。但乙醇预处理后的效果优于戊二醛预处理后的效果。综合对比图 5-18、图 5-11 和图 5-15 可知,乙醇预处理时间较短,而且对菌体的固定效果没有戊二醛强,因此,乙醇预处理后的

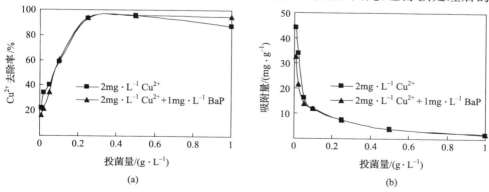

图 5-19　乙醇预处理后不同浓度菌体对 Cu^{2+} 的吸附
(a)去除率;(b)单位质量菌体吸附量

菌体仍具有一定的生理功能,但细胞壁已被固定。相应地,菌体表面吸附是最主要的作用,Cu^{2+} 的胞内运输因细胞壁的固定已受限,但主动运输仍可发挥一定作用。吸附效果表现为:低投菌量时,吸附效果劣于预处理前,但是优于戊二醛预处理的效果;在高投菌量时,因胞内的 Cu^{2+} 向胞外的运输也受限,其效果优于预处理前。

4. 嗜麦芽窄食单胞菌吸附 Cu^{2+} 的动力学和热力学

图 5-20 表明,Cu^{2+} 的吸附量随着温度的升高而上升。在不同的实验温度,嗜麦芽窄食单胞菌均可以在短时间内完成饱和吸附量的大部分 Cu^{2+} 的吸附。但当吸附时间长达 48h 时,菌体对 $10mg \cdot L^{-1}$ Cu^{2+} 和 $10mg \cdot L^{-1}$ Cu^{2+} + $1mg \cdot L^{-1}$ BaP 实验体系中 Cu^{2+} 的吸附仍呈增长的趋势,说明除了快速的表面吸附外,主动运输对 Cu^{2+} 吸附也起很大的作用。

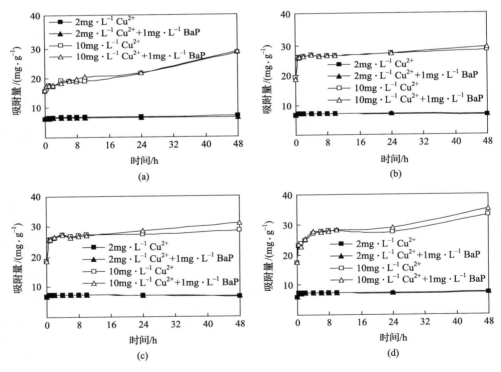

图 5-20　在不同温度和不同时间时菌体对 Cu^{2+} 的吸附量
(a)20℃;(b)25℃;(c)30℃;(d)35℃

利用常用准一级、准二级动力学方程[式(5-1)和式(5-2)]对四种吸附体系的吸附动力学进行研究发现(实验结果见图 5-21,计算结果见表 5-3),Cu^{2+} 的吸附符合准二级动力学方程,相关系数均高于 0.999,理论饱和吸附量与实验饱和吸附量相吻合。但准一级动力学方程不适合描述本实验的结果。Ertugay 等(2010)利用嗜麦芽窄食单胞菌对 Cu^{2+} 的吸附也得出了相同的结果。已有研究表明,虽然准一级动力学方程拟合结果具有很好的线性关系,但理论饱和吸附量却远小于实验值(Lalhruaitluanga et al.,2010;Ofomaja et al.,2010),本研究的拟合结果也存在相同的不足。

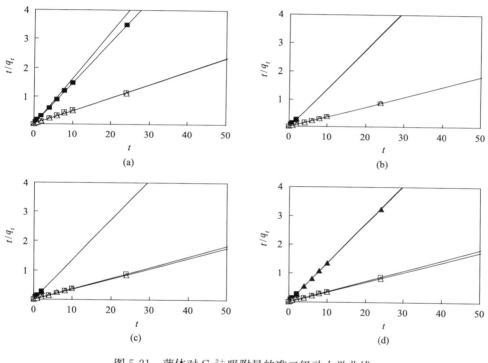

图 5-21　菌体对 Cu^{2+} 吸附量的准二级动力学曲线

(a)20℃;(b)25℃;(c)30℃;(d)35℃

模拟的结果证明,嗜麦芽窄食单胞菌对 Cu^{2+} 的吸附包括多个步骤,其速率不是由界面的扩散速率决定,且 Cu^{2+} 在水溶液中呈水合状态,体积的增加也会影响其扩散和运输特性(Gardea-Torresdey et al.,2004;Mata et al.,2009)。准二级反应动力学模型假定速率控制步骤是化学吸附,重金属的生物吸附包括了表面吸附、转化和胞内积累过程(Chen and Wang,2008),这些过程发生了生物化学反应(Barros et al.,2007)。本研究中,Cu^{2+} 的生物吸附涉及 Cu^{2+} 和 NO_3^- 的还原,以及 Cu^{2+} 的胞内运输,因此,准二级动力学方程能很好地用于描述本实验的结果。

表 5-3　　不同温度时 Cu^{2+} 的准一级和二级动力学计算结果

温度/ ℃	实验体系	准一级动力学方程				准二级动力学方程		
		$Q_{e实验}/$ $(mg \cdot g^{-1})$	K	$Q_{e理论}/$ $(mg \cdot g^{-1})$	R^2	K	$Q_{e理论}/$ $(mg \cdot g^{-1})$	R^2
20	$2mg \cdot L^{-1} Cu^{2+}$	6.9996	0.0928	0.5834	0.7963	1.4704	6.9204	0.9999
	$2mg \cdot L^{-1} Cu^{2+} +$ $1mg \cdot L^{-1}$ BaP	6.5854	1.2701	0.9047	0.3582	52.6177	6.1652	0.9999
	$10mg \cdot L^{-1} Cu^{2+}$	28.4392	0.0219	11.5478	0.8624	0.0924	21.3675	0.9955
	$10mg \cdot L^{-1} Cu^{2+} +$ $1mg \cdot L^{-1}$ BaP	28.8954	0.0216	11.5558	0.9016	0.1073	21.6450	0.9981
25	$2mg \cdot L^{-1} Cu^{2+}$	7.2754	0.8887	0.3458	0.8046	27.4032	7.2202	1
	$2mg \cdot L^{-1} Cu^{2+} +$ $1mg \cdot L^{-1}$ BaP	7.2959	0.7176	0.2385	0.9207	21.0069	7.2727	1
	$10mg \cdot L^{-1} Cu^{2+}$	28.4384	1.0990	0.9517	0.4047	0.3620	27.3224	0.9998
	$10mg \cdot L^{-1} Cu^{2+} +$ $1mg \cdot L^{-1}$ BaP	29.4636	1.4101	0.9665	0.3031	0.4321	27.3224	0.9999
30	$2mg \cdot L^{-1} Cu^{2+}$	7.3371	0.9797	0.2722	0.8585	31.1904	7.3099	1
	$2mg \cdot L^{-1} Cu^{2+} +$ $1mg \cdot L^{-1}$ BaP	7.3282	0.9475	0.2107	0.9002	31.1448	7.3153	1
	$10mg \cdot L^{-1} Cu^{2+}$	28.4503	1.1324	0.9482	0.3800	0.5612	27.2480	1
	$10mg \cdot L^{-1} Cu^{2+} +$ $1mg \cdot L^{-1}$ BaP	31.0120	1.8295	0.9596	0.5454	0.1549	28.4091	0.9990
35	$2mg \cdot L^{-1} Cu^{2+}$	7.3982	2.4580	0.9647	0.9550	15.1650	7.4129	1
	$2mg \cdot L^{-1} Cu^{2+} +$ $1mg \cdot L^{-1}$ BaP	7.4828	1.1045	0.9285	0.4296	3.7249	7.4019	1
	$10mg \cdot L^{-1} Cu^{2+}$	33.0984	0.0316	8.9867	0.3817	0.5990	27.5482	0.9997
	$10mg \cdot L^{-1} Cu^{2+} +$ $1mg \cdot L^{-1}$ BaP	35.3033	0.0332	11.4815	0.5581	0.1443	29.0698	0.9997

5. 嗜麦芽窄食单胞菌吸附 Cu^{2+} 后主要元素含量和铜形态分析

1）菌体元素

微生物细胞化学元素的组成与其他生物一样,含有 K、Ca、Na、Mg、Fe、Al、P 等生长所需的大量元素和 Cu、Zn 等微量元素。对对照菌体和吸附 $2mg \cdot L^{-1}$ 或 $10mg \cdot L^{-1} Cu^{2+}$ 2h 后的菌体进行元素含量分析的结果(表 5-4)表明,K、Ca、Na、P

的含量均超过了 $10mg \cdot g^{-1}$。Cu 在对照菌体中的含量为 $0.26mg \cdot g^{-1}$,是所有检测的元素中浓度最小的,吸附 Cu^{2+} 后,其含量相应提高。与对照菌体元素含量总和相比,吸附 Cu^{2+} 后的菌体各种检测元素含量总和的增加量与 Cu^{2+} 的吸附量相吻合。

表 5-4 吸附 Cu^{2+} 前后菌体部分元素含量 （单位:$mg \cdot L^{-1}$）

菌体	Cu	K	Ca	Na	Mg	Al	Zn	Fe	P	合计
对照菌体	0.26± 0.00	13.82± 0.42	22.23± 2.03	25.26± 6.85	2.93± 0.18	5.55± 1.17	1.30± 0.04	4.56± 0.95	14.29± 0.72	90.19± 9.03
吸附 $2mg \cdot L^{-1}$ Cu^{2+} 的菌体	7.78± 0.36	12.56± 1.35	22.00± 1.35	16.58± 0.36	3.83± 0.36	4.53± 0.99	1.85± 0.45	5.37± 2.00	23.86± 0.88	98.37± 4.51
吸附 $10mg \cdot L^{-1}$ Cu^{2+} 的菌体	21.77± 0.58	12.50± 0.36	23.34± 1.80	17.73± 1.08	2.36± 0.27	4.91± 0.81	2.00± 0.02	5.96± 1.58	17.86± 0.54	107.07± 1.20

2）铜的形态分析

通常采用连续萃取法分析样品中重金属的主要结合态,并据此推断重金属的生物毒性和生物可利用性(Alagarsamy et al.,2009)。连续萃取法是用化学性质不同的萃取剂逐步提取环境样品中不同相态重金属元素的方法,其中应用较广的是 Tessier 5 萃取法及其改进方法(He et al.,2009)。本实验采用80%的乙醇、去离子水、$1mol \cdot L^{-1}$ NaCl 溶液、2% HAc 和 $0.6mol \cdot L^{-1}$ HCl 作为提取剂对吸附 Cu^{2+} 前后的菌体进行提取,结果见表 5-5。

表 5-5 不同体系菌体中各形态 Cu 含量

Cu 形态	对照	$1mg \cdot L^{-1}$ BaP	$2mg \cdot L^{-1}$ Cu^{2+}	$2mg \cdot L^{-1}$ Cu^{2+} + $1mg \cdot L^{-1}$ BaP	$10mg \cdot L^{-1}$ Cu^{2+}	$10mg \cdot L^{-1}$ Cu^{2+} + $1mg \cdot L^{-1}$ BaP
吸附后上清液	0.007± 0.003	0.026± 0.006	0.175± 0.004	0.199± 0.009	2.852± 0.124	3.181± 0.117
乙醇提取态	0.072± 0.049	0.028± 0.005	0.409± 0.017	0.400± 0.021	0.881± 0.037	0.822± 0.047
去离子水提取态	0.007± 0.011	0.002± 0.001	0.101± 0.002	0.099± 0.009	0.353± 0.055	0.352± 0.053

Cu 形态	对照	1mg · L^{-1} BaP	2mg · L^{-1} Cu^{2+}	2mg · L^{-1} Cu^{2+} + 1mg · L^{-1} BaP	10mg · L^{-1} Cu^{2+}	10mg · L^{-1} Cu^{2+} + 1mg · L^{-1} BaP
NaCl 提取态	0.032± 0.009	0.027± 0.010	0.203± 0.030	0.223± 0.019	1.660± 0.452	1.552± 0.587
HAc 提取态	0.101± 0.035	0.100± 0.152	0.534± 0.005	0.455± 0.011	2.170± 0.507	2.124± 0.276
残渣态	0.235± 0.025	0.207± 0.025	0.915± 0.109	0.905± 0.129	1.719± 0.011	1.936± 0.287

对照菌体和处理 1mg · L^{-1} BaP 后的菌体总 Cu 含量分别为 0.45mg · L^{-1} 和 0.39mg · L^{-1},其中含量最多的是残渣态,该形态的 Cu 均是与细胞成分紧密结合的 Cu;乙醇提取态的含量约占总含量的 16% 和 7%,且去离子水提取态含量最少,证明乙醇提取后没有对菌体细胞壁和细胞膜造成显著的通透性破坏。

吸附 2mg · L^{-1} 和 10mg · L^{-1} Cu^{2+} 后的菌体乙醇提取态是吸附于菌体荚膜和部分附着于细胞壁表面的 Cu,这进一步证明了乙醇仅提取了吸附于细胞外的 Cu。NaCl 提取态的 Cu 是在高渗透压下从细胞表面和细胞内释放出来的 Cu,该部分 Cu 是游离态的或与细胞成分呈松弛结合的 Cu;残渣态的 Cu 全部是积累于细胞内并与生物大分子结合较紧密的 Cu。

经 2% HAc 和 0.6mol · L^{-1} HCl 提取后,细胞内仍有较高浓度的 Cu 没有提取出来。这是因为经 80% 的乙醇提取后,菌体被固定,生物大分子被乙醇凝固,生物结构中的 Cu 难以渗透出凝固层而保留在原来的位置。本实验的结果也证明较高的酸度使菌体受到一定程度的破坏,且菌体的生理功能受到影响,因此,细胞内外绝大部分 Cu 释放到溶液中。本实验证明乙醇提取态和去离子水提取态的 Cu 是吸附于细胞荚膜和细胞壁表面的 Cu,在 2mg · L^{-1} Cu^{2+}、2mg · L^{-1} Cu^{2+} + 1mg · L^{-1} BaP、10mg · L^{-1} Cu^{2+} 和 10mg · L^{-1} Cu^{2+} + 1mg · L^{-1} BaP 等实验体系中分别占总含量的 21.9%、22.0%、12.8% 和 11.8%;NaCl 提取态的 Cu 在上述四个体系中分别占总含量的 8.7%、9.8%、17.2% 和 15.6%;而乙醇、去离子水和 NaCl 三种提取态 Cu 总量在上述四个体系中分别占总含量的 30.6%、31.8%、30.0% 和 27.3%。NaCl 提取出来的是细胞内游离态的或与细胞成分呈松弛结合的 Cu。由此证实 Cu^{2+} 被嗜麦芽窄食单胞菌吸附后,部分吸附于细胞荚膜和细胞壁表面,部分与细胞内外生物大分子呈松弛结合态,部分与细胞成分紧密结合,其中与细胞成分紧密结合的部分是积累于细胞内的 Cu。在含 2mg · L^{-1} Cu^{2+} 的污染体系中(包括单一和复合污染),上述三部分 Cu 约占总 Cu 的 20%、40% 和

40%;而在 10mg·L^{-1} Cu^{2+}的污染体系中(包括单一和复合污染),上述三部分 Cu 所占的比例分别为 10%、70%和 20%。

6. 嗜麦芽窄食单胞菌吸附/降解 Cu^{2+}-BaP 后的超微结构

1) 菌体 SEM 结果

图 5-22～图 5-29 是嗜麦芽窄食单胞菌吸附/降解 Cu^{2+}-BaP 后,利用戊二醛固定、乙醇脱水、超临界干燥、喷金镀膜后观察到的细胞 SEM 图。

对照实验的菌体在双蒸水中振荡 2d 后,菌体呈现内陷现象(图 5-22),该现象与以下原因有关。首先,在样品预处理时,菌体因脱水而出现细胞收缩;此外,由于双蒸水的渗透压远小于菌体内的渗透压,菌体振荡过程中,细胞内的部分有机化合物和离子释放到水中。Hsieh 等(2009)的研究也发现,有些微生物会把对重金属离子具有良好吸附性能的多糖、脂多糖和蛋白释放到细胞外(Bar et al.,2007;

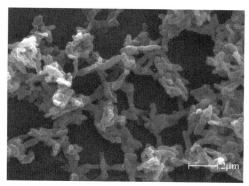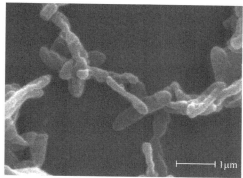

图 5-22　对照菌体表面微观形态

图 5-23　吸附 2mg·L^{-1} Cu^{2+} 2d 后的菌体

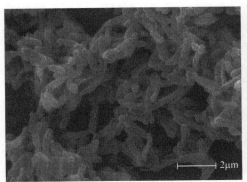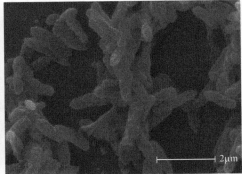

图 5-24　吸附 2mg·L^{-1} Cu^{2+} ＋1mg·L^{-1} BaP 2d 后的菌体

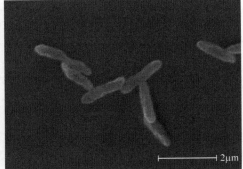

图 5-25　吸附 pH＝3,污染物浓度为 2mg·L^{-1} Cu^{2+} ＋1mg·L^{-1} BaP 复合污染 2d 后的菌体

图 5-26　吸附 10mg·L^{-1} Cu^{2+} 2d 后的菌体

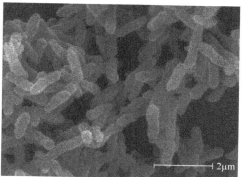

图 5-27　吸附 10mg · L^{-1} Cu^{2+} ＋1mg · L^{-1} BaP 2d 后的菌体

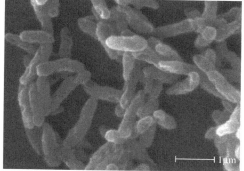

图 5-28　吸附 10mg · L^{-1} Cu^{2+} ＋1mg · L^{-1} BaP 120min 后，双蒸水脱附 15d 的菌体

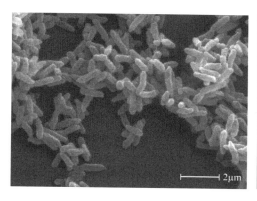
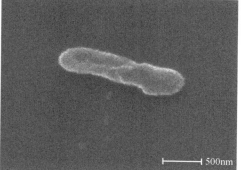

图 5-29　吸附 2mg · L^{-1} Cu^{2+} ＋1mg · L^{-1} BaP 120min 后，双蒸水脱附 15d 的菌体

Hsieh et al.，2009）。由于菌体在脱水前利用戊二醛进行了固定，因此，可以有效地保持原来的状态，避免后期脱水而产生的溶解和超微结构破坏的结果。进行样品干燥时，本实验采取了临界点干燥法。CO_2 制冷液在临界点时表面张力为零，在临界状态下把样品脱水步骤残留的乙醇置换出来，从而实现样品的干燥并保持菌体的原始形貌。因此，菌体预处理期间结构内陷的程度是很小的。与处理 Cu^{2+} 和 BaP 的菌体相比，对照菌体内陷程度严重，所以该现象是由对照菌体的生理活动引起的。菌体在吸附 Cu^{2+} 和 BaP 的过程中存在阴离子和阳离子的释放，长时间没有营养摄取导致菌体出现内源呼吸，所以出现细胞内陷的情况。

　　图 5-23～图 5-25 的菌体细胞外貌形态没有明显的差异，也存在内陷的情况，但程度没对照菌体的严重。这些结果证明 $2mg \cdot L^{-1}$ Cu^{2+} 对菌体细胞的形态影响与 $2mg \cdot L^{-1}$ Cu^{2+} ＋$1mg \cdot L^{-1}$ BaP 的一样，该复合污染的毒性不会增强菌体形态的破坏。虽然 pH 是影响 Cu^{2+} 吸附和脱附效果的显著因素，如当 pH＝3 时 Cu^{2+} 的去除率仅为 20％～30％，脱附率达 90％以上，但 pH 的不同并没有造成菌体微观结构发生可辨别的差异（图 5-24 和图 5-25）。

　　吸附 $10mg \cdot L^{-1}$ Cu^{2+} 和 $10mg \cdot L^{-1}$ Cu^{2+} ＋$1mg \cdot L^{-1}$ BaP 2d 后的菌体细胞较饱满（图 5-26 和图 5-27）。这主要是由于高浓度 Cu^{2+} 会使菌体表面的蛋白质、脂质等生物大分子氧化凝固。虽然菌体内部已出现内陷，但是在表面结构上没表现出来。

　　吸附 $10mg \cdot L^{-1}$ Cu^{2+} ＋$1mg \cdot L^{-1}$ BaP 120min 后，继续在双蒸水中脱附 15d 的菌体仍然具有完整的细胞结构（图 5-28），而且细胞内陷的程度没有对照菌体的严重，证明该复合污染使菌体的内源呼吸受到抑制，菌体细胞不会因长期缺少营养物质而发生自溶；附着于细胞外的 BaP 也可以作为碳源被微生物利用。此外，该复合污染使菌体细胞壁膜凝固，改变了细胞壁的通透性，阻止了细胞内含物的大量释放也是其保持细胞外形的原因之一。

　　吸附 pH＝3、Cu^{2+} 和 BaP 浓度分别为 $2mg \cdot L^{-1}$ 和 $1mg \cdot L^{-1}$ 的复合污染 120min 后，并在双蒸水中脱附 15 d 的菌体（图 5-29）同样具有完整的细胞结构。其原因是较高浓度的 H^+ 也是抑制菌体内源呼吸的重要因素。菌体生理生化速率的下降，降低了菌体内含物的消耗速度，从而避免了细胞的解体。

　　图 5-30 是用 2.5％戊二醛固定 24h，于 $6000r \cdot min^{-1}$ 离心 10min 获取的菌体，从左到右分别是对照菌体，吸附/降解 $2mg \cdot L^{-1}$ Cu^{2+}、$2mg \cdot L^{-1}$ Cu^{2+} ＋$1mg \cdot L^{-1}$ BaP、$10mg \cdot L^{-1}$ Cu^{2+}、$10mg \cdot L^{-1}$ Cu^{2+} ＋$1mg \cdot L^{-1}$ BaP 和 $1mg \cdot L^{-1}$ BaP 两天后的菌体。其中第 4、5 号样品底部有青蓝色固体，这些是含铜量高的菌体。因铜含量较高、密度大，所以离心后沉淀于离心管底部。

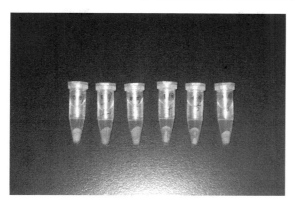

图 5-30　戊二醛固定 24h 后离心获取的菌体

图 5-31 和图 5-33～图 5-37 是吸附/降解 Cu^{2+}-BaP 2d 后，直接用滤膜过滤、经冷冻干燥、喷金镀膜后观察到的菌体的 SEM 图。该系列实验是为了消除高速离心、戊二醛固定和乙醇脱水三个步骤对菌体表面的影响，尽量真实地反映菌体吸附/降解 Cu^{2+}-BaP 后细胞表面的原始状态。

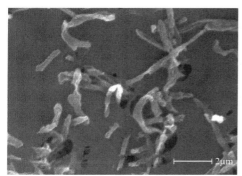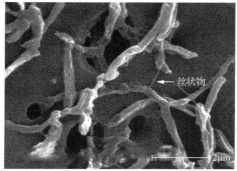

图 5-31　对照菌体(冷冻干燥)

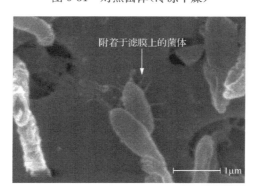

图 5-32　起附着作用的菌体分泌物

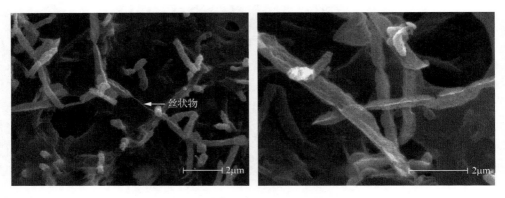

图 5-33　吸附 2mg·L^{-1} Cu^{2+} 2d 的菌体(冷冻干燥)

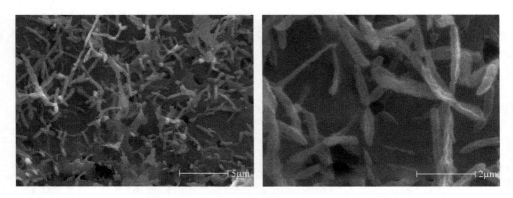

图 5-34　吸附 2mg·L^{-1} Cu^{2+}＋1mg·L^{-1} BaP 2d 的菌体(冷冻干燥)

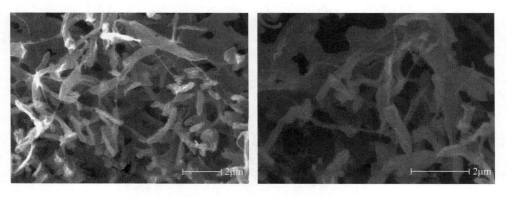

图 5-35　吸附 1mg·L^{-1} BaP 2d 的菌体(冷冻干燥)

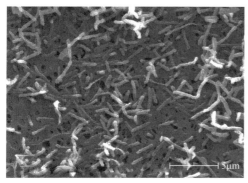
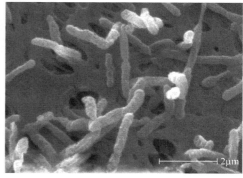

图 5-36　吸附 10mg·L^{-1} Cu^{2+} 2d 的菌体(冷冻干燥)

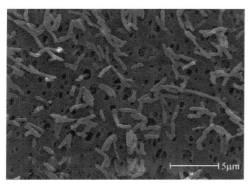
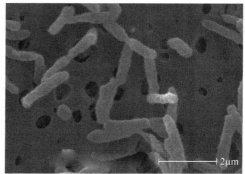

图 5-37　吸附 10mg·L^{-1} Cu^{2+} ＋1mg·L^{-1} BaP 2d 的菌体(冷冻干燥)

图 5-31 中部分菌体间有丝状结构粘连,由于这些结构不是微生物的鞭毛和菌毛,可以判断这些丝状物是菌体释放到细胞外的有机化合物。这些分泌物有助于菌体附着于固体表面(图 5-32)、吸附营养物质和菌体间的信息传递。吸附 2mg·L^{-1} Cu^{2+}、2mg·L^{-1} Cu^{2+} ＋1mg·L^{-1} BaP 2d 后的菌体(图 5-33 和图 5-34)的超微形态与对照菌体一样,均有丝状物,而且菌体很扁平,这主要是由于在冷冻干燥的作用下,菌体内大量水分升华后,细胞空陷的缘故。另外,由于对照菌体中阴阳离子和有机化合物释放量大,细胞内起支架作用的生物大分子含量减少、含水率高,从而导致细胞空陷程度严重于吸附 10mg·L^{-1}Cu^{2+} 2d 的菌体(图 5-36)。

降解 1mg·L^{-1} BaP 2d 的菌体同样存在大量丝状物,但部分菌体解体,只剩下细胞壁结构(图 5-39)。而吸附 10mg·L^{-1} Cu^{2+} 和 10mg·L^{-1} Cu^{2+} ＋1mg·L^{-1} BaP 的菌体则能保持完整的细胞结构,且菌体较饱满。说明高浓度的 Cu^{2+} 对细胞壁产生较强的氧化作用,使细胞壁的有机分子凝固,从而维持细胞外形。但与利用戊二醛固定、乙醇脱水、临界点干燥、真空喷金镀膜后进行超微结构观察的相同吸附组菌体(图 5-40 和图 5-41)相比,图 5-36 和图 5-37 的菌体较小,证明戊二醛固定法更有利于保持菌体的原始形态形貌,冷冻干燥法会使菌体收缩。

　　图 5-38~图 5-42 与图 5-22~图 5-29 的区别是:后者以玻璃为载体,需要高速离心;前者采用滤膜为载体,不需要离心即可获取菌体及溶液中的不可过滤物。该系列实验可以考察离心对菌体的影响。图 5-38 的菌体比图 5-22 的菌体更饱满,证明图 5-22 菌体内陷的另一个原因是,菌体内部结构坍塌导致在离心时细胞壁发生内陷。图 5-38 中部分菌体间也有丝状结构粘连。此外,少量菌体出现穿孔,这是由于菌体在双蒸水中向细胞外释放了有机化合物和离子,没有营养物质的补充导致部分菌体发生自溶。所以随着时间的推移,菌体的数量不断减少。与吸附组的菌体相比,对照菌体中,健康饱满的菌体细胞表面更光滑。

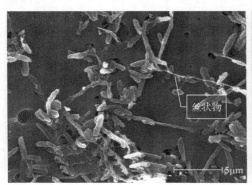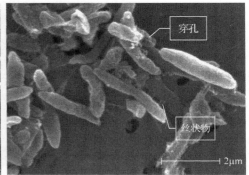

图 5-38　对照菌体(戊二醛固定)

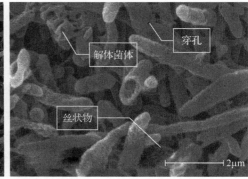

图 5-39　降解 1mg·L^{-1} BaP 2d 的菌体(戊二醛固定)

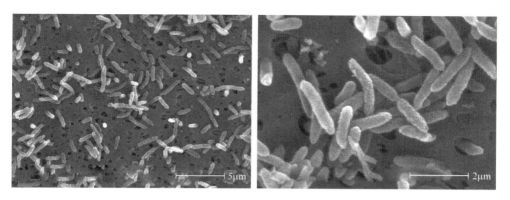

图 5-40　吸附 10mg·L^{-1} Cu^{2+} 2d 的菌体(戊二醛固定)

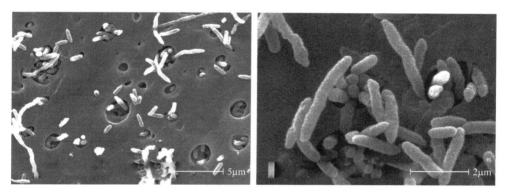

图 5-41　吸附 10mg·L^{-1} Cu^{2+} ＋1mg·L^{-1} BaP 2d 的菌体(戊二醛固定)

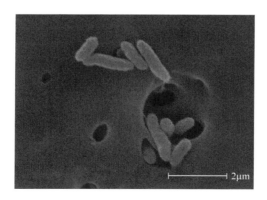

图 5-42　吸附 10mg·L^{-1} Cu^{2+} ＋1mg·L^{-1} BaP 2d 的菌体

戊二醛固定,6000r·min^{-1} 离心 10min 富集于离心管底部青蓝色的菌体在没有营养物质的情况下,$1mg \cdot L^{-1}$ BaP 对菌体具有很强的毒性,振荡 2d 后大部分菌体细胞壁出现大量穿孔,部分菌体解体(图 5-39)。出现该结果与 BaP 的脂溶性有关(Juhasz and Naidu.,2000),与菌体发生表面吸附后,BaP 会与菌体的磷脂发生反应,在被脂质的细胞色素催化降解的同时,会改变脂质的结构,从而使菌体发生穿孔。

吸附 $10mg \cdot L^{-1}$ Cu^{2+} 2d 后的菌体呈正常的杆状,细胞饱满(图 5-40)。与对照实验的正常细胞相比,吸附 Cu^{2+} 后的菌体细胞壁布满了小突起。在尹华等的类似研究中也发现了该现象(Yin et al.,2008a)。这些突起的结构是 Cu^{2+} 和菌体分泌到细胞外的生物大分子发生螯合后形成的复合物。这些生物大分子的主要成分是多糖和蛋白质,因此,具有很好的黏性,可以促进 Cu^{2+} 吸附于菌体细胞表面,是金属离子与微生物吸附剂间的桥梁。与图 5-38 和图 5-39 相比,图 5-40 中的菌体间没有丝状物,也进一步证明了黏附于菌体表面的这些突起结构是菌体的分泌物。这些分泌物与 Cu^{2+} 发生螯合后可以有效地降低 Cu^{2+} 的生物毒性,从而使菌体在 $10mg \cdot L^{-1}$ Cu^{2+} 的作用下仍保持饱满的细胞结构。图 5-41 的细胞超微结构与图 5-42 的一样。这说明了 Cu^{2+} 使细胞壁发生了凝固,BaP 对变性后的细胞壁的毒性小于正常细胞壁,不会引起细胞穿孔。此外,在 Cu^{2+} 的作用下菌体分泌的胞外有机化合物会附着于菌体表面,为菌体提供保护层,使 BaP 的吸附与主动运输受阻,从而有效降低 BaP 对菌体的毒性。

2) 菌体 AFM 结果

在牛肉膏培养液中培养 2d 后的菌体细胞饱满光滑。测量了 10 个大小不一的菌体,其大小分别为 $2.7\mu m \times 1.2\mu m$、$4.4\mu m \times 2.5\mu m$、$2.7\mu m \times 1.2\mu m$、$4.3\mu m \times 2.3\mu m$、$3.8\mu m \times 2.1\mu m$、$1.1\mu m \times 0.5\mu m$、$1.1\mu m \times 0.6\mu m$、$1.7\mu m \times 0.8\mu m$、$3.6\mu m \times 1.9\mu m$ 和 $2.3\mu m \times 1.0\mu m$,长宽比为 $1.8 \sim 2.3$,长度约为直径的 2 倍。

图 5-43(a)中菌体左边为 AFM 扫描起始边,边沿整齐光滑。右边边沿稍呈锯齿状,这是因为本实验采用了接触模式进行样品扫描。该模式靠接触原子间的排斥力获得稳定、高分辨的样品表面形貌图像。嗜麦芽窄食单胞菌在生长过程中会向菌体外释放分泌物,因此,菌体表面具有一定的黏性,扫描完毕后仍黏附着针尖,从而导致图像存在轻微失真,三维图[图 5-43(b)]中菌体最高处存在一条隆起的脊,也是该缘故。

图 5-44 中菌体细胞表面也很光滑,与图 5-43 相比,在双蒸水中振荡 2d 后的菌体出现内陷,菌体长度与直径的比例明显变大,细胞变得消瘦,直径缩小 30% 以上;且玻璃片上出现了大量颗粒物,证明在低渗透压的双蒸水中,菌体释放了大量有机化合物。此外,在内源呼吸的作用下,菌体消耗了细胞内的部分贮藏物,导致菌体的饱满程度明显小于在培养液中生长的细胞。

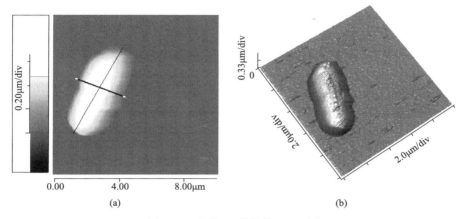

图 5-43　培养 2d 菌体的 AFM 图

(a)菌体形貌图;(b)三维图

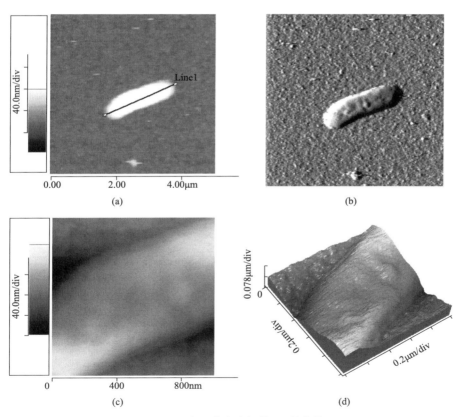

图 5-44　在双蒸水中振荡 2d 的菌体

(a)菌体形貌图;(b)菌体形貌三维图;(c)菌体局部形貌图;(d)菌体局部形貌三维图

　　吸附 $10mg \cdot L^{-1} Cu^{2+}$ 2d 后,菌体同样向细胞外释放了大量有机化合物,在玻璃片上形成了大量颗粒物;细胞壁变皱,菌体表面布满大小不等的突起结构。图 5-45(a)是叠在一起的两个细胞,其中右边的菌体已裂解。对该图进行局部放大后,得到图 5-45(c)和图 5-45(d)。从这两个图上可观察到大量直径为 $20 \sim 60nm$ 的突起结构。这种现象在培养液中的营养细胞、双蒸水体系和 $1mg \cdot L^{-1}$ BaP 实验体系中均没有发现,结合 SEM 结果可以判断这些结构是 Cu^{2+} 在菌体表面富集,并使细胞壁局部变性和分泌物凝固而形成的。

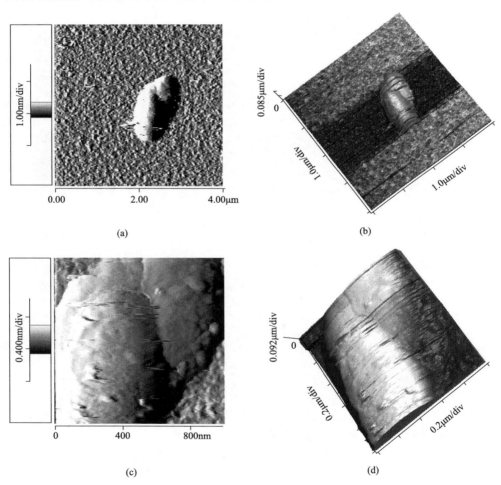

(a)　　　　　　　　　　　　　　　(b)

(c)　　　　　　　　　　　　　　　(d)

图 5-45　吸附 $10mg \cdot L^{-1} Cu^{2+}$ 2d 的菌体

(a)～(d)为不同角度的三维图

　　与 $10mg \cdot L^{-1} Cu^{2+}$ 实验体系中的菌体一样,处理 $10mg \cdot L^{-1} Cu^{2+} + 1mg \cdot L^{-1}$ BaP 2d 的菌体同样向细胞外释放了大量有机化合物,在玻璃片上形成了大量颗粒物;细胞壁变皱,菌体内陷程度严重,菌体变得更加消瘦。图 5-44(a)的菌体大小为 2.7μm×0.7μm,长宽比为 3.9;图 5-46 (a)的菌体大小为 2.2μm×0.8μm,长宽比为 2.8。

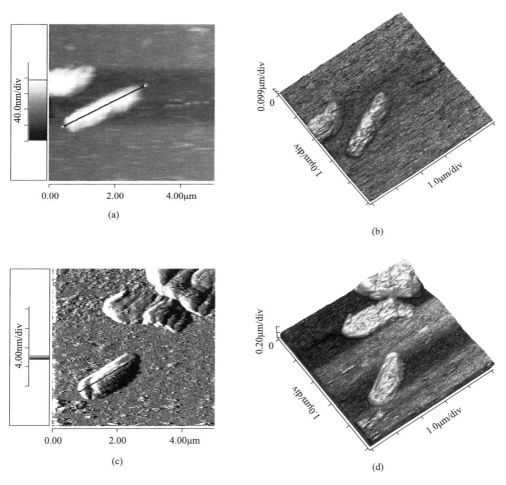

图 5-46　处理 10mg · L⁻¹ Cu＋1mg · L⁻¹ BaP 2d 的菌体

(a)菌体形貌图;(b)～(d)菌体三维图

3) 菌体 TEM 结果

图 5-47 显示,对照菌体的变形细胞较多,与 SEM 结果相吻合。对照菌体的细胞质较均匀,细胞壁结构完整、表面光滑[图 5-47(b)],虽然有少量菌体出现质壁分离而导致细胞质内陷的现象[图 5-47(c)],但细胞壁与细胞膜排列正常的菌体较多。图 5-47(a)中发现了细胞壁的空壳结构,证明该菌体已裂解,细胞质和原核完全外流。图 5-48 的菌体微观形貌与图 5-47 的类似,也有较多变形细胞,并发现了

细胞壁的空壳结构[图 5-48(b)],但吸附 $2mg \cdot L^{-1} Cu^{2+}$ 14d 的菌体细胞质出现团聚情况的较多。

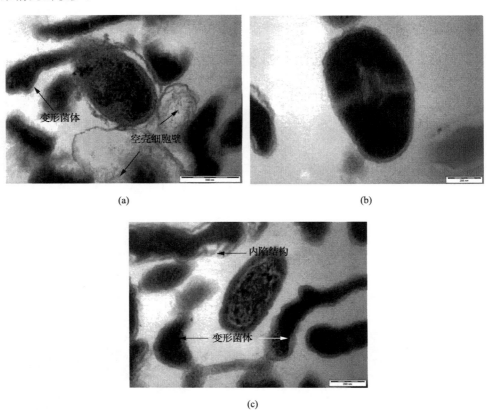

图 5-47　对照菌体

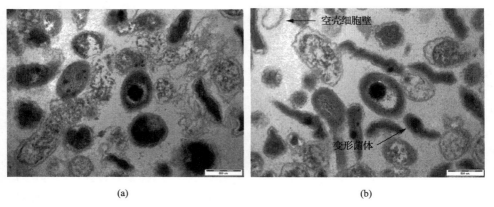

图 5-48　吸附 $2mg \cdot L^{-1} Cu^{2+}$ 14d 后的菌体

吸附 $2mg \cdot L^{-1}$ Cu^{2+} ＋$1mg \cdot L^{-1}$ BaP 14d 的菌体有的有荚膜,有的没有(图 5-49)。这两类菌体的超微形态结构区别明显。有荚膜结构的菌体细胞壁光滑,细胞壁与细胞膜较紧贴,细胞质较均匀[图 5-49(a)]。而没有荚膜的菌体细胞壁有较明显的皱褶,存在一定程度的质壁分离,周质空间较大,细胞质存在团聚现象,但原核未发现有明显异常[图 5-49(c)]。

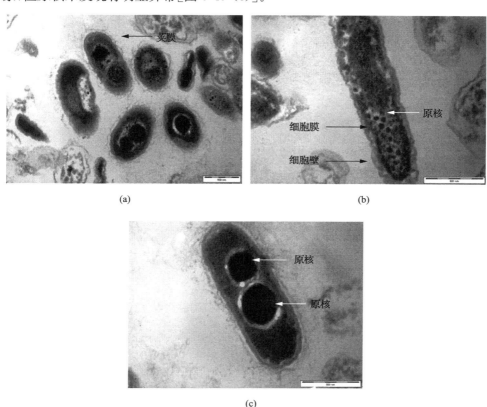

图 5-49　吸附 $2mg \cdot L^{-1}$ Cu^{2+} ＋$1mg \cdot L^{-1}$ BaP 14d 后的菌体

由于嗜麦芽窄食单胞菌会向细胞外分泌有机化合物,因此在细胞周围形成荚膜。该结构可以为菌体提供营养贮备,也是菌体抵抗外界不良环境的屏障。在摇床振荡吸附/降解 Cu^{2+}、BaP 单一污染物和 Cu^{2+}-BaP 复合污染物的过程中,部分菌体的荚膜脱落从而丧失了保护层,Cu^{2+} 直接与细胞壁发生接触,并与细胞壁上的活性基团反应,使细胞壁上的吸附位点局部硬化,维持细胞壁的外形,这就是吸附 Cu^{2+} 后的菌体细胞外形比对照菌体饱满的原因之一。这些菌的细胞质发生团聚是由于部分 Cu^{2+} 进入细胞内,细胞质中的生物大分子如金属硫蛋白会螯合重金属(Wortelboer et al.,2008),减少破坏性较大的游离态重金属的存在,从而保护更重要的生物分子,因此菌体的原核可以保持正常的状态。

部分菌体的荚膜与 Cu^{2+} 发生螯合,从而减少了菌体与 Cu^{2+} 接触的机会。菌体的荚膜层越厚,保护作用越明显,因而菌体的结构越完整,细胞壁越光滑。

由于嗜麦芽窄食单胞菌在培养基中生长时会分泌大量有机化合物,在菌体外形成厚达 $100\sim300nm$ 的荚膜,为菌体贮备了大量营养物质,所以在长达 14d 的污染物处理过程中,菌体仍能维持完整的结构,而且部分菌体还进行着二分裂[图 5-49(c)],实现菌种的繁衍。

当实验体系的 pH 调为 3 时,菌体的形态与 pH＝6 的吸附体系没有明显的差异。部分菌体有荚膜保护,具有完整的细胞结构,如图 5-50(b)中的菌体具有结构完整、表面光滑的细胞壁,细胞膜与细胞质间没有质壁分离的迹象,周质空间均匀。图 5-50(a)的细胞仍处于正常的分裂状态,杆菌中央结构内陷,菌体即将完成二分裂,菌体细胞壁呈现一定程度的皱褶,细胞质发生团聚,说明该菌体已吸附了一定量 Cu^{2+};图 5-50(c)的菌体尚未内陷,新的细胞壁正处于合成状态,细胞壁光滑,细胞质较均匀,证明该菌体吸附的 Cu^{2+} 少于图 5-50(a)的菌体。该实验结果证明在 pH＝3 的吸附体系中,菌体仍处于较正常的生理状态。

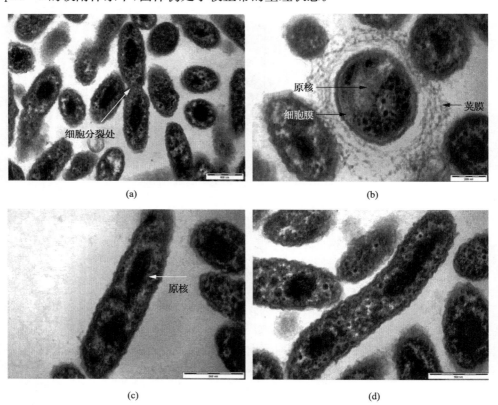

图 5-50　pH＝3 时,吸附 $2mg \cdot L^{-1}$ Cu^{2+} ＋$1mg \cdot L^{-1}$ BaP 14d 后的菌体

吸附 $10mg \cdot L^{-1}$ Cu^{2+} 14d 的菌体,微观形态与对照菌体存在很显著的差异,绝大部分菌体的细胞壁呈明显的皱褶状,而且其程度比吸附 $2mg \cdot L^{-1}$ Cu^{2+} 和 $2mg \cdot L^{-1}$ Cu^{2+} ＋$1mg \cdot L^{-1}$ BaP 复合污染物的菌体严重(图 5-51)。细胞质同样存在团聚现象,但是原核未发现明显异常。这证明高浓度的 Cu^{2+} 导致细胞壁的吸附负荷增大,细胞壁因附着大量的 Cu^{2+} 而发生大面积有机分子变性硬化,维持了菌体的杆状结构。细胞质中的生物大分子也因与 Cu^{2+} 结合而发生团聚。团聚后,颗粒物周边的生物大分子减少,从而导致颗粒物间的物质密度减小。吸附 $10mg \cdot L^{-1}$ Cu^{2+} ＋$1mg \cdot L^{-1}$ BaP 14d 后的菌体的微观结构(图 5-52)与 $10mg \cdot L^{-1}$ Cu^{2+} 的相同,证明该浓度的复合污染对菌体的形态影响与 $10mg \cdot L^{-1}$ Cu^{2+} 单污染的一样。戊二醛固定,$6000r \cdot min^{-1}$ 离心 10min 富集于离心管底部青蓝色的菌体的内部结构(图 5-53)与图 5-52 相似。

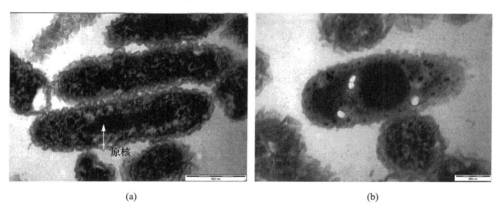

(a)　　　　　　　　　　　　　　　　　(b)

图 5-51　吸附 $10mg \cdot L^{-1}$ Cu^{2+} 14d 后的菌体

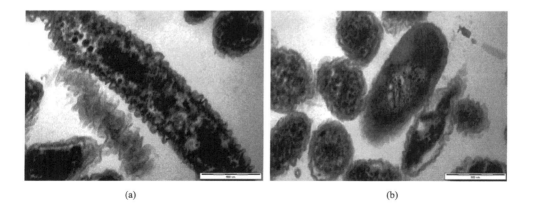

(a)　　　　　　　　　　　　　　　　　(b)

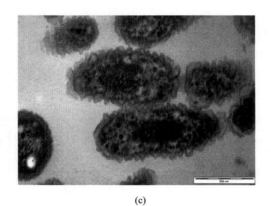

(c)

图 5-52　吸附 10mg · L^{-1} Cu^{2+} ＋1mg · L^{-1} BaP 14d 后的菌体

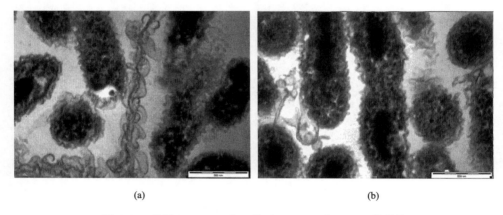

(a)　　　　　　　　　　　　　　　　　　　　　(b)

图 5-53　吸附 10mg · L^{-1} Cu^{2+} ＋1mg · L^{-1} BaP 2d 的菌体

戊二醛固定,6000r · min^{-1}离心 10min 富集于离心管底部青蓝色的菌体

7. 嗜麦芽窄食单胞菌吸附 Cu^{2+} 表面基团分析

1)X 射线光电子能谱分析(XPS)

吸附 10mg · L^{-1} Cu^{2+} ＋1mg · L^{-1} BaP 2d 后,样品的 XPS 全谱图(图 5-54)和峰位(表 5-6)显示,菌体表面约 0～10nm 含有 O、Cu、P、C、N 等元素,各元素对应的谱峰如图 5-55 所示。除 Cu 外,XPS 没检测到 Na、K、Mg、Ca 等金属元素。结合嗜麦芽窄食单胞菌吸附 Cu^{2+} 后细胞主要元素含量变化实验,说明在菌体最外表处,这些金属因被释放或与 Cu^{2+} 发生交换而处于很低的浓度水平。

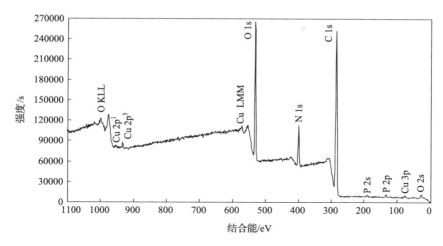

图 5-54　吸附 10mg·L^{-1} Cu^{2+} ＋1mg·L^{-1} BaP 2d 后菌体的 XPS 全谱图

表 5-6　吸附 10mg·L^{-1} Cu^{2+} ＋1mg·L^{-1} BaP 2d 后菌体主要元素的 XPS 峰谱

元素种类	初始结合能/eV	峰值能/eV	结束结合能/eV	高度 CPS	峰宽/eV	面积(P) CPS/eV	面积(N)/ KE-1.0	At(原子百分比)/%
C 1s	291.6	284.8	281.9	27643.6	1.8	67553.2	0.4	67.53
O 1s	537.6	532.6	528.5	19723.3	2.7	53592.2	0.1	22.92
Cu 2p³	939.5	933.4	928.8	1140.0	2.3	3013.9	0.0	0.28
N 1s	404.3	400.1	397.0	7968.3	1.5	13799.8	0.1	8.65
P 2p	138.4	133.8	130.9	410.1	1.8	1020.6	0.0	0.62

　　Cu 2p 峰谱图经软件拟合得到 2 个峰[图 5-55(a)]，峰位分别为 933.5eV 和 953.4eV，证明 Cu^{2+} 经菌体吸附后被还原为 Cu$^+$（Dambies et al.，2000）。Cu LMM 峰拟合后[图 5-55(b)]，峰位为 913.1eV，与 C—N 连接，结合红外光谱实验，证明 Cu$^+$ 与蛋白质中的—NH$_2$ 等基团形成配合物。

　　C 1s 峰谱图经拟合得到 3 个峰[图 5-55(c)]，峰位分别为 284.8eV、286.2eV 和 288.0eV，分别代表 C—C/C—H、C—O—C/C—O 和 C＝O/O—C—O 等成分（Murphy et al.，2009；Vinod et al.，2010）。O 1s 峰谱图经拟合得到 3 个峰[图 5-55(d)]，峰位分别为 531.7eV、532.6eV 和 533.4eV，代表成分有 O＝C—O、C—O—C 和 C—OH（Zheng et al.，2009）。N 1s 峰谱图拟合后得到 1 个峰[图 5-55(e)]，峰位为 400.1eV，代表成分有 N—C＝O 和—NH（Deng and Ting，2005），该结果证明了氨基酸的存在，结合 Cu 2p 峰谱图和红外光谱，进一步证明了 Cu$^+$ 是与蛋白质中的—NH$_2$ 等基团形成配合物。P 2p 峰谱图拟合后得到 1 个

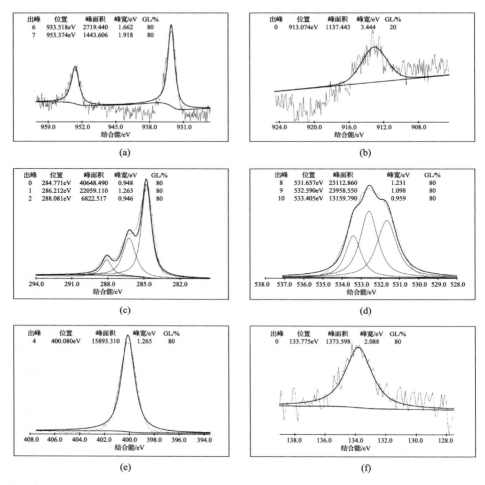

图 5-55　吸附 10mg·L⁻¹ Cu²⁺ ＋1mg·L⁻¹ BaP 2d 后菌体主要元素的 XPS 峰谱图
(a) Cu 2*p*；(b)Cu LMM；(c)Cu 1*s*；(d)O 1*s*；(e)N 1*s*；(f)P 2*p*

峰[图 5-55(f)]，峰位为 133.8eV，代表成分有 PO_4^{3-}。XPS 结果证明该菌体表面含有—OH、—COOH、—NH_2、PO_4^{3-} 和—CHO 等基团。

　　在 Sannino 等（2009）的研究中，Cr^{6+} 会被—OH 还原为 Cr^{3+}，其反应式为 $3CH_2OH+2Cr_2O_7^{2-}+13H^+ \Longrightarrow (COO^-)_3Cr^{3+}+3Cr^{3+}+11H_2O$，还原后，部分 Cr^{3+} 与新生成的 COO^- 结合。有研究则推断 Cu^{2+} 和 Cr^{6+} 的吸附与—NH_2 有关（Majumdar et al.，2008；Sun et al.，2010），本实验结果也证明了 Cu^{2+} 吸附与—NH_2 有关。

　　2)红外光谱结果

　　菌体吸附/降解 Cu^{2+}-BaP 后的红外光谱图（图 5-56）发生了明显的变化，其中

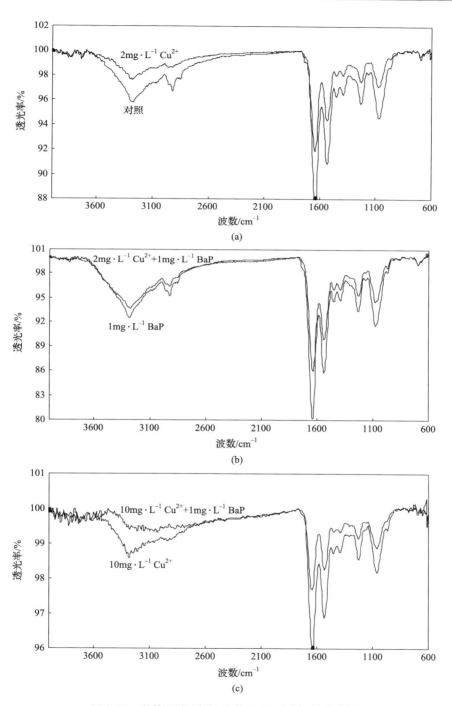

图 5-56　菌体吸附/降解 Cu^{2+}-BaP 后的红外光谱图

对照实验、1mg·L⁻¹ BaP 体系和 2mg·L⁻¹ Cu²⁺＋1mg·L⁻¹ BaP 体系的曲线形状相似，2mg·L⁻¹Cu²⁺、10mg·L⁻¹Cu²⁺ 和 10mg·L⁻¹Cu²⁺＋1mg·L⁻¹BaP 体系的曲线形状相似。各实验体系的菌体在官能团区和指纹区均有吸收峰，主要吸收带在 $3300\sim2800cm^{-1}$ 和 $1800\sim900cm^{-1}$，其中 2mg·L⁻¹Cu²⁺、10mg·L⁻¹Cu²⁺ 和 10mg·L⁻¹Cu²⁺＋1mg·L⁻¹BaP 体系的吸收峰明显多于对照实验菌体。高波数区 $3500\sim3000cm^{-1}$ 的吸收峰是醇和苯酚 O—H 伸缩振动及芳香胺N—H 伸缩振动的叠加(Sun et al.,2009)，结合指纹区中 $1080.7\sim1061.1cm^{-1}$ 和 $1232.3\sim1277.5cm^{-1}$ 的醇 C—O 和 C—N 伸缩振动的佐证(表 5-7)，证明菌体存在羟基和氨基，而且这些基团都参加了 2mg·L⁻¹Cu²⁺、10mg·L⁻¹Cu²⁺ 和 10mg·L⁻¹Cu²⁺＋1mg·L⁻¹BaP 的吸附。

表 5-7 菌体吸附/降解 Cu²⁺-BaP 的吸收峰波数及基团

对照	2mg·L⁻¹ Cu²⁺	1mg·L⁻¹ BaP	2mg·L⁻¹ Cu²⁺＋ 1mg·L⁻¹ BaP	10mg·L⁻¹ Cu²⁺	10mg·L⁻¹ Cu²⁺＋ 1mg·L⁻¹ BaP	基团及振动形式
				3507.5	3511.1	醇和苯酚 O—H 伸缩振动以及胺、酰胺 N—H 伸缩振动的叠加
	3483.8				3484.6	
				3460.9		
					3427.9	
				3395.8	3400.4	
					3381.5	醇和苯酚 O—H 伸缩振动
	3336.9			3335.4	3332.4	
	3303.6			3305.1	3299.9	
3274.4	3281.7	3283.1	3276.9	3283.6	3279.3	
				3251.0		
					3231.5	
	3210.4			3209.3	3210.3	
	3176.1			3177.1	3174.1	
	3149.2			3148.1	3150.8	O—H、N—H 伸缩振动
					3114.9	
				3096.3	3098.0	
	3071.9			3058.5	3058.5	
					3029.6	O—H、N—H 伸缩振动、苯环 C—H 伸缩振动

续表

对照	2mg·L⁻¹ Cu²⁺	1mg·L⁻¹ BaP	2mg·L⁻¹ Cu²⁺ + 1mg·L⁻¹ BaP	10mg·L⁻¹ Cu²⁺	10mg·L⁻¹ Cu²⁺ + 1mg·L⁻¹ BaP	基团及振动形式
					2974.6	
2955.6	2961.1					脂质—CH_3 的反对称伸缩振动
2923.3	2929.6	2922.9	2923.5	2939.5	2946.9	脂质—CH_2 的反对称伸缩振动、O—H 伸缩振动
				2905.7	2905.1	
	2884.8					脂质—CH_3 的对称伸缩振动、O—H 伸缩振动
					2874.1	
2853.8		2853.2				脂质—CH_2 的对称伸缩振动、O—H 伸缩振动
				2820.8	2818.8	
				2794.8		
					2788.5	
					2765.2	
				2737.3	2736.2	
				2686.6		
	2663.0			2664.1	2661.9	
					2609.2	
				2586.8	2590.0	
					2569.7	—NH_2 伸缩振动
				2534.8	2536.7	
				2472.9	2471.0	
					2429.0	
	2421.7			2423.7		
2371.2	2374.8					
				2348.3		P—H、—NH_2 伸缩振动
	2341.3		2340.2			P—H、—$C=O$ 伸缩振动
2311.9	2310.1	2315.7				P—H、—NH_2 伸缩振动
	2241.2			2243.7	2245.6	$C≡C$ 伸缩振动、$C≡N$ 伸缩振动

续表

对照	2mg · L⁻¹ Cu²⁺	1mg · L⁻¹ BaP	2mg · L⁻¹ Cu²⁺ + 1mg · L⁻¹ BaP	10mg · L⁻¹ Cu²⁺	10mg · L⁻¹ Cu²⁺ + 1mg · L⁻¹ BaP	基团及振动形式
					2196.0	C≡C 伸缩振动、C≡N 伸缩振动
					2175.0	
				2156.9		
				2102.2	2116.2	C=C 伸缩振动
					2091.4	
				2062.8		
				2032.7	2036.4	
					2012.3	
1875.6	1875.2			1879.0	1879.0	苯环
	1862.5					
1836.9	1837.4					
	1797.5				1799.8	羧基—CH 伸缩振动
1639.9	1644.1	1640.7	1636.5	1637.7	1641.2	酰胺（Ⅰ）或羧基 C=O 伸缩振动
1535.5	1535.4	1539.8	1539.8	1534.0	1534.8	酰胺（Ⅱ）N—H 弯曲、C—N 伸缩振动
1451.8	1452.0	1452.3	1452.4	1452.9	1450.1	脂质—CH₃ 的剪式变形振动
1393.0	1392.8	1393.7	1395.4	1395.0	1392.8	酰胺（Ⅲ）C—N 伸缩振动、O—C=O 伸缩振动
				1310.5	1307.4	
1231.1	1231.9	1232.3	1231.1	1277.5	1228.8	吡啶 C—N 伸缩振动、多糖 P=O 伸缩振动、—SO₃H 伸缩振动
1166.9	1167.8	1167.5	1172.1		1153.9	P=O 伸缩振动

续表

对照	2mg·L⁻¹ Cu²⁺	1mg·L⁻¹ BaP	2mg·L⁻¹ Cu²⁺ + 1mg·L⁻¹ BaP	10mg·L⁻¹ Cu²⁺	10mg·L⁻¹ Cu²⁺ + 1mg·L⁻¹ BaP	基团及振动形式
1070.0	1079.5	1078.9	1080.7	1061.1	1061.2	吡啶 C—H 伸缩振动、醇 C—O 伸缩振动,P—O—C 伸缩振动
969.8	967.3	969.6	969.0	968.0		P—OH 伸缩振动、烯
918.1	917.6	916.9	916.3			CH—CH₂ 伸缩振动
					887.2	硝基化合物中 C—N 的伸缩振动
859.6	860.8	861.7	864.1	854.4	852.9	
				814.4		—SO₃H 伸缩振动
799.5				797.8	798.4	
779.6	780.7	780.1	779.9	779.0	777.4	
					758.4	C—Cl 伸缩振动
742.3	744.3	743.3	743.4	745.1	742.0	
				724.9		
698.1	700.3	697.4	696.4	696.0	695.6	顺式烯烃 C—H 面外弯曲
668.1	668.0	667.5		660.7	667.7	振动
					652.4	
	632.8		625.5		628.2	蛋白质 C—N—C 剪式振动

$3000 \sim 2900 cm^{-1}$ 是脂质 —CH 、—CH₂— 、—CH₃ 基团中 C—H 的反对称伸缩振动(Yu et al.,2007);$2900 \sim 2400 cm^{-1}$ 是 O—H 伸缩振动或胺盐—NH₂ 伸缩振动;$2400 \sim 2300 cm^{-1}$ 是 P—H、—NH₂ 伸缩振动(Basha et al.,2008);$2200 \sim 1800 cm^{-1}$ 是 C≡C 伸缩振动和苯环振动;$1800 cm^{-1}$ 是 HOOC—CH 伸缩振动。

$1650 \sim 1400 cm^{-1}$ 是酰胺(Ⅰ)或羧基 C=O 伸缩振动,酰胺(Ⅱ) N—H 弯曲、C—N 伸缩振动和酰胺(Ⅲ) C—N 伸缩振动、羧基 O—C=O 伸缩振动(Jain et al.,2009),其中酰胺(Ⅰ) C=O 伸缩振动因该 C 原子含有 N 取代基,吸附峰波数位于 $1644.1 \sim 1636.5 cm^{-1}$(Yin et al.,2008b)。$1395.4 \sim 1392.8 cm^{-1}$ 处的吸收峰是氨

基酸 C—N 或末端羧基振动。$1650\sim1400cm^{-1}$ 处强的特征吸收带及对应吸收峰的漂移证明蛋白质参与了 Cu^{2+} 的吸附。

$1300\sim900cm^{-1}$ 是吡啶 C—N 伸缩振动、多糖 P＝O 伸缩振动、—SO_3H 伸缩振动、吡啶 C—H 伸缩振动、醇 C—O 伸缩振动、P—O—C 伸缩振动和 P—OH 伸缩振动（Chen and Wang，2008）；$887cm^{-1}$ 是硝基化合物中 C—N 的伸缩振动；$850\sim800cm^{-1}$ 是—SO_3H 伸缩振动；小于 $650cm^{-1}$ 是蛋白质特有的 C—N—C 剪式振动（Bayramoğlu and Arica，2007）。

上述结果表明，菌体的蛋白质、脂质和多糖均参与了 Cu^{2+} 的吸附，起作用的主要官能团是—OH、—NH_2、—CH_2、—CH_3、—COOH、—CHO、C＝C、—PO_4^{2-} 和—SO_3H。脂质的—NH_2、—CH_2、—CH_3 和—PO_4^{3-} 等基团吸收峰波数的漂移，证明细胞质膜的磷脂参与了 Cu^{2+} 和 BaP 的微生物吸附/降解。由于质膜的主要功能是控制物质的运输和产能，Cu^{2+} 和 BaP 的微生物吸附/降解过程涉及物质的主动运输。吡啶 C—H 伸缩振动发生波数漂移则进一步证实了部分 Cu^{2+} 被运输到细胞内，并对原核产生了一定影响。结合 XPS、实验"菌体中 Cu 的形态分析"和菌体超微结构的研究结果可知 Cu^{2+} 在细胞表面就被还原为 Cu^+。部分 Cu^+ 吸附于细胞表面，与—NH_2 等基团形成配合物，部分通过主动运输的方式进入细胞内，并对原核产生了一定影响，但该影响不会对菌体的繁殖功能产生破坏。

处理 $2mg\cdot L^{-1}Cu^{2+}$、$10mg\cdot L^{-1}Cu^{2+}$ 和 $10mg\cdot L^{-1}Cu^{2+}＋1mg\cdot L^{-1}BaP$ 后，在官能团区新出现了大量吸收峰；但处理 $1mg\cdot L^{-1}BaP$ 和 $2mg\cdot L^{-1}Cu^{2+}＋1mg\cdot L^{-1}BaP$ 后，吸收峰的数量却少于对照实验，证明 $1mg\cdot L^{-1}BaP$ 对菌体的毒性强于 $2mg\cdot L^{-1}Cu^{2+}$。根据峰的漂移可知，蛋白质参与了 BaP 的生物降解，该类蛋白质是 BaP 的降解酶。

8. 嗜麦芽窄食单胞菌吸附 Cu^{2+} 的机理

活菌体与失活菌体对 Cu^{2+} 的生物吸附采取了不同的机制，活菌体对 Cu^{2+} 的吸附以表面吸附和耗能的体内运输为主，而失活菌体则以表面吸附和离子交换为主。红外光谱的检测结果表明，$10mg\cdot L^{-1}Cu^{2+}$ 和 $10mg\cdot L^{-1}Cu^{2+}＋1mg\cdot L^{-1}BaP$ 实验体系，细胞脂质—CH_2 和—CH_3 基团吸收峰发生了明显的漂移并产生了新吸收峰，说明磷脂参与了 Cu^{2+} 的吸附，发生了 Cu^{2+} 的跨膜运输，进一步证明了活菌体对 Cu^{2+} 的吸附包括了 Cu^{2+} 的胞内运输过程。Cu^{2+} 生物吸附和菌体生理、生化等活动所需的能量、还原力$[H^+]$和电子均来源于细胞内有机化合物的氧化。例如，$C_6H_{12}O_6$ 经糖酵解等途径降解后，初步分解为 2 分子丙酮酸，并进一步转化为乙酰辅酶 A 参加三羧酸循环，同时产生 NADH、H^+ 和电子。这些生物中的还原力通过位于细胞膜上的电子传递链逐级传递产生能量并推动各种生理、生化反应

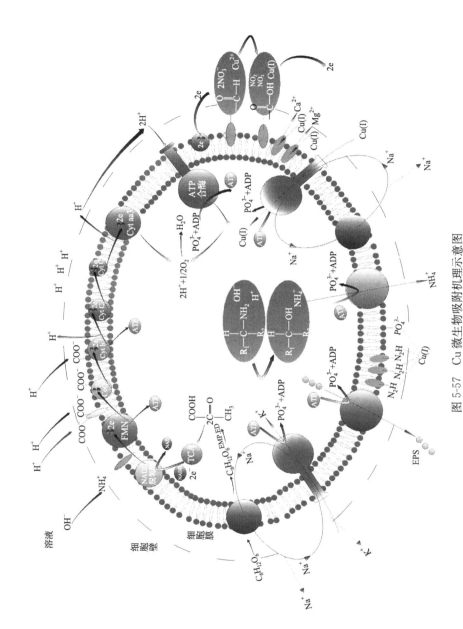

图 5-57　Cu 微生物吸附机理示意图

NADH 表示还原型烟酰胺腺嘌呤二核苷酸；NAD 表示烟酰胺腺嘌呤二核苷酸；TCA 表示三羧酸循环；FMN 表示黄素单核苷酸；EMP 表示糖酵解途径；ED 表示 2-酮-3-脱氧-6-磷酸葡糖糖酸途径；EPS 表示胞外聚合物（胞外有机化合物）

的进行。在此过程中,部分电子传递到周质空间,使 NO_3^- 还原为 NO_2^-。由于菌体在实验过程中会不断地降解体内的有机化合物,菌体细胞小于培养基中的营养细胞,随着时间的推移,菌体出现严重的内陷现象。

嗜麦芽窄食单胞菌在培养阶段和在双蒸水中振荡或处理 Cu^{2+}-BaP 时,均会向细胞外释放有机化合物,在菌体外形成荚膜,促进菌体与固体物质间的黏附,并贮藏营养物质。当双蒸水中只存在 BaP 时,荚膜不能保护菌体,BaP 会导致菌体细胞壁膜穿孔。但在 Cu^{2+} 单一污染和 Cu^{2+}-BaP 复合污染体系中,胞外有机化合物可以为菌体提供保护作用。胞外有机化合物在 Cu^{2+} 的作用下发生凝固并富集于细胞壁上,Cu^{2+} 进一步氧化细胞壁后,BaP 不会对细胞壁产生超微结构的破坏。图 5-57 整理归纳了 嗜麦芽窄食单胞菌吸附 Cu^{2+} 的作用机理。

5.2　工程菌吸附剂处理重金属废水

5.2.1　重金属微生物吸附剂菌种选育

1. 融合菌的选育

本课题组利用筛选到的对重金属具有良好吸附性能的酵母菌,通过原生质体诱变和原生质体融合技术选育出高效的吸附重金属的酵母融合菌 R_{32},并对其吸附性能、吸附机理和生物安全性进行研究。这不仅拓展了重金属工业废水微生物处理工艺,同时也丰富了处理重金属废水微生物吸附剂菌种,有助于重金属废水处理技术的进一步提高,因此在环境保护上具有重要的现实意义和实际应用价值。

1) 原生质体的制备

大量资料表明,影响菌体制备原生质体的主要因素为菌龄、酶解条件和渗透压稳定剂等。因此,本研究主要考察菌龄、酶解条件和渗透压稳定剂对重金属吸附菌原生质体形成和再生的影响,为后面原生质体的诱变和融合做好准备。

(1) 酶解条件。

用酶解法破壁制备原生质体,酶的作用至关重要。不同菌株的细胞壁成分和结构不同,因此,制备原生质体时,对酶的种类要求有所不同。要获得高质量和高产量的原生质体,适宜的酶液浓度也很重要,浓度太低,破壁困难,则原生质体产量不足;浓度太高,易使原生质体变形,甚至破裂,产量反而下降。酶解温度对原生质体分离也有一定的影响,因为温度直接影响着菌体各种生理代谢活性,尤其是细胞壁的生理状态,进而影响到壁对酶的敏感性高低。温度低,酶活性得不到充分发挥,同时菌体的生理代谢水平也偏低,酶解的速度慢,原生质体产量低;若温度太

高,又会使酶部分失活,并且还会加速菌体老化,则原生质体变形较多,致使酶解效
果下降。用酶液处理菌体几分钟后开始形成原生质体,随着酶解时间的延长,释放
速度逐渐加快,到达高峰期后,由于溶壁酶的活性降低,会有几个小时的相对稳定
期,但时间太长,新的原生质体不再形成,早期形成的原生质体又不断破裂,因此,
酶解时间继续延长,原生质体的产量不但不会增加,反而会减少。上述 4 个因素对
重金属吸附菌原生质体的制备非常重要。选取酶解温度(25℃、30℃、35℃)、酶解
时间(1h、2h、3h)、酶液浓度($1U \cdot \mu L^{-1}$、$5U \cdot \mu L^{-1}$、$10U \cdot \mu L^{-1}$)等 3 个因素 3 个
水平进行正交实验。4 株重金属吸附菌酶解条件的正交实验结果见表 5-8。原生
质体的形成率和再生率采用平皿菌落计数方法测定。设:A 为酶处理前的活菌数,
处理前用无菌水稀释至 10^{-6} 倍,涂布 CM 平板;B 为酶处理后未脱壁的活菌数,
处理后用无菌水稀释至 10^{-6} 倍,涂布再生培养基平板;C 为酶处理后未脱壁的活菌
数与再生原生质体数之和,处理后用原生质体稳定剂稀释至 10^{-6} 倍,涂布于再生
培养基平板。

$$形成率 /\% = (A - B)/A$$
$$再生率 /\% = (C - B)/(A - B)$$

4 株重金属吸附菌酶解条件的正交实验结果见表 5-8。从表 5-8 可以初步确定 4 株
重金属吸附菌的酶解条件分别是:玫瑰掷孢酵母(*Sporobolomycetaceae roseus*)、解
脂假丝酵母和热带假丝酵母(*Candida tropicalis*)为 $5U \cdot \mu L^{-1}$ 的溶菌酶(lysozyme),
30℃,酶解 2h;掷孢酵母(*Sporobolomycetaceae* sp. 7-3)则是 $1U \cdot \mu L^{-1}$ 的溶菌酶,
25℃,酶解 1h。

表 5-8　重金属吸附菌酶解条件的正交实验结果

菌种	序号	A	B	C	形成率/%	再生率/%
	1	1243	706	808	43.20	17.50
	2	1151	527	654	54.21	20.35
	3	1092	678	725	37.91	11.35
	4	1283	1190	1192	7.25	2.15
玫瑰掷孢酵母	5	1174	1066	1068	9.20	1.85
	6	1193	1058	1064	11.32	4.44
	7	1085	983	1068	9.40	2.94
	8	1203	1136	1136	5.57	0
	9	1162	1118	1119	3.79	2.27

续表

菌种	序号	A	B	C	形成率/%	再生率/%
解脂假丝酵母	1	754	420	461	44.30	12.28
	2	763	265	389	65.27	24.90
	3	784	361	435	53.95	17.49
	4	732	713	714	2.60	5.26
	5	761	760	760	0.26	0
	6	791	786	786	0.63	0
	7	734	734	734	0	0
	8	702	672	673	4.27	3.33
	9	758	734	725	3.17	4.17
掷孢酵母	1	681	232	361	65.93	28.73
	2	714	341	420	52.24	21.18
	3	692	432	469	37.57	14.23
	4	635	601	601	4.91	0
	5	624	597	598	4.33	3.70
	6	703	660	661	6.12	2.33
	7	685	684	0	0.15	0
	8	704	0	0	0	0
	9	628	627	0	0.16	0
热带假丝酵母	1	766	404	570	47.26	18.23
	2	784	87	166	88.90	23.77
	3	773	495	512	35.96	6.12
	4	814	741	742	8.97	1.37
	5	802	725	727	9.60	2.60
	6	795	736	737	7.42	1.69
	7	821	724	726	11.81	2.06
	8	793	707	707	10.84	0
	9	767	625	644	16.43	2.38

（2）渗透压稳定剂。

渗透压稳定剂是原生质体稳定形成的重要因素,对于同一种真菌,渗透压稳定剂的种类和浓度对原生质体的形成影响很大。渗透压稳定剂对原生质体的形成和再生之所以重要,是因为它在"菌体-酶"这样一个反应系统中起着一种媒介物的作用。首先,渗透压稳定剂的浓度是维持和控制原生质体数量的重要因素。它使菌体细胞内外压力一致,使菌体细胞保持生理状况的稳定,使原生质体能释放出来,且保持完整不破裂也不收缩。其次,渗透压稳定剂的性质影响着溶壁酶的反应活性。不同的溶壁酶需要不同性质的渗透压稳定剂才能得到最佳的作用效果。渗透压稳定剂对 4 株重金属吸附菌原生质体形成和再生的影响见表 5-9 和表 5-10。同时考虑形成率和再生率两个因素,以 $0.5\text{mol} \cdot \text{L}^{-1}$ 甘露醇为渗透压稳定剂较合适。另外,加入 $20\text{mmol} \cdot \text{L}^{-1}\text{CaCl}_2$ 对原生质体再生具有较为明显的促进作用,其原因可能是 Ca^{2+} 有利于维持膜的完整,保持原生质体的稳定性和活性。

表 5-9　渗透压稳定剂类型对重金属吸附菌原生质体形成和再生的影响

菌种	稳定剂类型	A	B	C	形成率 /%	再生率 /%
玫瑰掷孢酵母	KCl	489	265	272	45.81	3.13
	CaCl₂	472	291	312	38.35	11.60
	MgCl₂	458	322	331	29.69	6.62
	甘露醇	447	260	311	41.83	27.27
	蔗糖	432	261	284	39.58	13.45
解脂假丝酵母	KCl	453	144	165	68.21	6.80
	CaCl₂	429	143	199	66.67	19.58
	MgCl₂	467	273	289	41.54	8.25
	甘露醇	408	162	238	60.29	30.89
	蔗糖	472	197	268	58.26	26.18
掷孢酵母	KCl	358	120	124	66.48	1.68
	CaCl₂	398	158	197	60.30	16.25
	MgCl₂	373	223	230	40.21	4.67
	甘露醇	364	168	218	53.85	25.51
	蔗糖	369	290	307	21.41	21.52
热带假丝酵母	KCl	918	59	124	93.57	7.57
	CaCl₂	894	230	480	74.27	37.65
	MgCl₂	904	283	317	68.69	5.48
	甘露醇	861	107	436	87.57	43.63
	蔗糖	921	125	434	86.43	38.82

表 5-10　渗透压稳定剂甘露醇浓度对重金属吸附菌原生质体形成和再生的影响

菌种	稳定剂浓度 /$(\text{mol} \cdot \text{L}^{-1})$	A	B	C	形成率 /%	再生率 /%
玫瑰掷孢酵母	0.1	456	369	379	19.08	11.49
	0.3	467	353	375	24.41	19.30
	0.5	493	283	338	42.60	26.19
	0.7	438	158	201	63.93	15.36
	1.0	426	65	84	84.74	5.26

续表

菌种	稳定剂浓度 /(mol·L^{-1})	A	B	C	形成率 /%	再生率 /%
解酯假丝酵母	0.1	437	409	413	6.56	14.29
	0.3	465	310	350	33.33	25.81
	0.5	494	171	277	65.38	32.82
	0.7	448	77	143	82.81	17.79
	1.0	473	20	58	95.77	8.39
掷孢酵母	0.1	327	267	273	18.35	10.00
	0.3	349	223	246	36.10	18.25
	0.5	358	169	217	52.79	25.40
	0.7	391	104	145	73.40	14.29
	1.0	376	56	76	86.11	6.25
热带假丝酵母	0.1	930	750	779	19.35	16.11
	0.3	865	405	577	53.18	37.39
	0.5	896	102	447	88.62	43.45
	0.7	912	80	241	91.34	19.33
	1.0	884	30	89	96.61	6.91

（3）菌龄对原生质体形成和再生的影响。

菌龄对原生质体形成与再生的影响主要由细胞壁的成分和结构变化引起。菌龄短的菌体壁成分相对简单，壁的厚度相对较小；随着菌龄增加，色素等次生物质逐渐沉积在细胞壁上，逐渐减弱酶的作用，细胞壁越来越难被溶解。但菌龄过短又会影响原生质体的再生。菌龄对重金属吸附菌原生质体形成和再生的影响见表 5-11。同时考虑形成率和再生率两个因素，以菌龄为 14h 的菌体制备原生质体较好。

表 5-11　菌龄对重金属吸附菌原生质体形成和再生的影响

菌种	菌龄 /h	A	B	C	形成率 /%	再生率 /%
玫瑰掷孢酵母	4	271	161	180	40.59	17.27
	14	446	276	321	38.12	26.47
	20	1138	815	857	28.38	13.00
	36	1803	1455	1485	19.30	8.62
	64	1891	1728	1735	8.62	4.29

菌种	菌龄/h	A	B	C	形成率/%	再生率/%
解脂假丝酵母	4	182	59	84	67.58	20.33
	14	448	160	255	64.29	32.97
	20	913	463	561	49.29	21.78
	36	1232	782	846	36.53	14.22
	64	1543	1236	125	19.90	5.54
掷孢酵母	4	156	63	80	59.62	18.28
	14	361	173	219	52.08	24.47
	20	678	406	420	40.12	5.15
	36	1254	949	981	24.32	10.49
	64	1303	1101	1111	15.50	4.95
热带假丝酵母	4	52	5	22	90.38	36.17
	14	94	11	46	88.30	42.17
	20	940	135	433	85.64	37.02
	36	1425	520	667	63.51	16.24
	64	975	590	616	37.44	7.12

实验室所得 4 株重金属吸附菌原生质体制备的最佳条件见表 5-12。

表 5-12　重金属吸附菌原生质体制备的最佳条件

条件	玫瑰掷胞酵母	掷孢酵母	解脂假丝酵母	热带假丝酵母
酶系种类	溶菌酶	溶菌酶	溶菌酶	溶菌酶
酶解温度/℃	30	25	30	30
酶解时间/h	2	1	2	2
酶解浓度/(U·μL^{-1})	5	1	5	5
渗透压稳定剂类型	甘露醇	甘露醇	甘露醇	甘露醇
渗透压稳定剂浓度/(mol·L^{-1})	0.5	0.5	0.5	0.5
菌龄/h	14	14	14	14

2）原生质体电场诱导融合

（1）交变电场强度的确定。

调节交变电场频率为 1MHz,然后分别选定交变电压为 10V、20V、30V、40V、

50V、60V、70V,静置 1~2min,计算细胞成串率,结果如图 5-58 所示。从图中可以看出,当交变电压达到 60V 时,细胞成串率为 90.4%,已满足细胞电融合的要求;电压继续加大,细胞成串率增长的幅度不大。另外,由于电压增大,成串细胞间的挤压力增大,导致细胞不可逆性击穿的发生率也增大(图 5-59)。因此,确定电融合的交变电压为 60V。

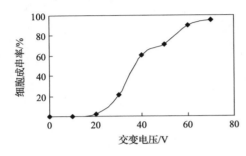

图 5-58　交变电压对细胞成串率的影响

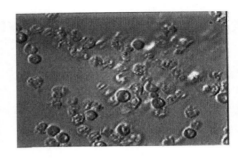

图 5-59　细胞发生不可逆性击穿

（2）脉冲强度、脉冲时间和脉冲个数的确定。

固定交变电场频率为 1MHz,交变电压为 60V,脉冲间隔时间为 1s,分别选择不同的脉冲强度、脉冲时间和脉冲个数,固定其余参数不变,通过测定两亲本原生质体的存活率,确定脉冲强度、脉冲时间和脉冲个数三个参数的最佳值。结果显示,当脉冲强度为 $7kV \cdot cm^{-1}$(图 5-60),脉冲时间为 $50\mu s$(图 5-61),脉冲个数为 6(图 5-62)时,两种原生质体的存活率急剧下降,说明此时绝大部分原生质体已被不可逆性击穿,但原生质体存活率过高,有效的可逆性电穿孔作用难以形成。因此,确定脉冲强度为 $6kV \cdot cm^{-1}$,脉冲时间为 $40\mu s$,脉冲个数为 5 个。在此综合条件下,解脂假丝酵母和热带假丝酵母的原生质体存活率分别为 77.2% 和 73.8%。

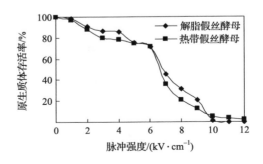

图 5-60　脉冲强度对原生质体存活率的影响

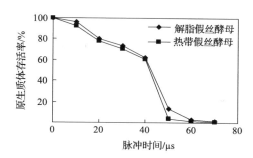

图 5-61　脉冲时间对原生质体存活率的影响

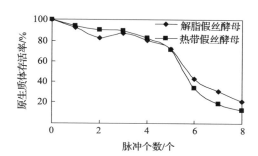

图 5-62　脉冲个数对原生质体存活率的影响

（3）融合子的检出及遗传稳定性的研究。

挑取在抑菌圈内的菌落共 18 株。亲本菌与 18 株融合菌的抑菌圈直径及除铬能力见表 5-13。结果显示，有相当部分的融合子虽然抗性有所提高，但在除铬方面发生了负突变，除铬能力明显降低。这可能是由于菌株核融合后，细胞的抗性机制受到刺激，细胞表面结构发生变化，被吸附后的铬屏蔽了细胞表面的金属结合位点和壁膜上的金属通道，从而一定程度上抑制环境中的铬继续向细胞内运输（Rani et al.，2003），因此，融合子的抗性提高了，但除铬能力反而下降。融合子中发生正突变的只有 R_6、R_7、R_{22} 和 R_{32}。

表 5-13　亲本菌与融合菌抑菌圈的直径及除铬能力

菌名	解脂假丝酵母	热带假丝酵母	R_1	R_2	R_3	R_4	R_5	R_6	R_7
抑菌圈直径 /cm	6.07	4.40	3.7	3.1	3.7	3.9	3.8	3.6	3.1
去除率/%	90.14	65.72	73.24	86.48	34.15	23.15	89.17	91.36	92.66

菌名	R_8	R_9	R_{11}	R_{12}	R_{13}	R_{21}	R_{22}	R_{31}	R_{32}	R_{33}	R_{34}
抑菌圈直径 /cm	2.4	3.4	3.6	3.7	3.5	3.2	3.0	3.4	3.1	2.9	3.4
去除率/%	71.42	54.92	57.59	67.17	69.58	84.68	90.16	89.14	96.92	84.33	71.82

2. 基因工程菌的选育

本课题组利用分子生物学技术构建对吸附富集镍（Ni²⁺）具有特异性的基因工程菌,研究工程菌对含 Ni²⁺ 废水的吸附性能及吸附机理,并对工程菌处理含 Ni²⁺ 工业废水进行初步研究,为进一步研究微生物吸附 Ni²⁺ 机理及 Ni²⁺ 吸附基因工程菌应用于含 Ni²⁺ 废水治理提供基础资料。

1) 基因组提取

提取金黄色葡萄球菌基因组,用琼脂糖凝胶电泳检测,得到 10kb①左右的条带（图 5-63）。

2) 目的基因的聚合酶链式反应(PCR)扩增

扩增目的基因,得到 PCR 扩增结果为 1kb 左右的条带（图 5-64）,符合 Gene-Bank 中已报道金黄色葡萄球菌 *NiCoT* 基因的大小。

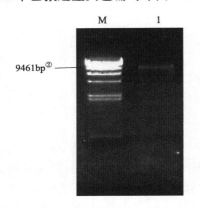

图 5-63 基因组 DNA 电泳检测
M. λ-Hind Ⅲ DNA Maker；1. 基因组 DNA

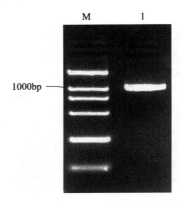

图 5-64 目的基因的电泳检测
M. DNA Marker DL2000；1. *NiCoT* 基因

3) 基因克隆

PCR 扩增产物经限制性酶剪切后与质粒连接,转化大肠杆菌 BL21 后涂布在含有氨苄青霉素的 LB 平板上。转化后的重组菌可以生长在含有氨苄青霉素的 LB 培养基中[图 5-65(a)],而未经转化的原始宿主菌则不能生长[图 5-65(b)]。挑取重组菌单菌落转化子,提取转化子质粒 DNA,用 NdeI/BamHI 进行双酶切检测克隆片段,琼脂糖电泳得到 4.3kb 和 1.0kb 左右的两条片段（图 5-66）,分别对应于克隆载体和目的基因。

---

① 表示碱基个数的单位,1kb＝1000bp。
② 表示碱基个数的单位,1bp 表示 1 个碱基。

(a) (b)

图 5-65　重组菌的氨苄青霉素抗性筛选

（a）转化后的重组菌；（b）原始宿生菌

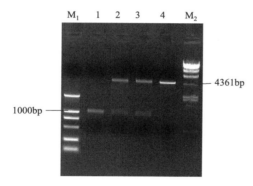

图 5-66　重组质粒酶切产物的电泳检测

M_1. DNA Marker DL2000；1. *NiCoT* 基因；2,3. 重组质粒的酶切产物；

4. Vector pET-3c；M_2. λ-Hind Ⅲ DNA Marker

4）基因序列测定

分析结果表明,该基因的完整序列全长为 1053bp,G＋C 的摩尔分数为 34.38%,编码 350 个氨基酸残基,预测分子质量为 39.41kDa[①]。将该基因序列与网站数据库中已收录的相关菌株基因序列进行比对分析发现,不同菌株间基因相似性达到 97% 以上（表 5-14）。

5）重组菌株的 SDS-PAGE 电泳检测和表达条件研究

分别培养基因工程菌和原始宿主菌株大肠杆菌 BL21,收集菌体进行 SDS-PAGE 电泳（SDS 聚丙烯酰胺凝胶电泳,SDS 指十二烷基磺酸钠）。检测结果发

① 原子质量单位,1Da＝1u＝1.6605×10^{-27}kg。

现，与原始宿主菌相比，连接有目的基因的重组菌的全细胞蛋白电泳图谱中，在39kDa附近有一条非常明显的特异性蛋白条带（图5-67），其分子质量大小与理论预测值39.41kDa相符，表明 *NiCoT* 基因已在大肠杆菌BL21中得到成功表达。

表 5-14　金黄色葡萄球菌的 *NiCoT* 基因相似性比较

基因库号	菌株	相似性/%
CP000046.1	金黄色葡萄球菌 *subsp. aureus* COL	99.34
CP000253.1	金黄色葡萄球菌 *subsp. aureus* NCTC 8325	99.34
CP000255.1	金黄色葡萄球菌 *subsp. aureus* USA300	99.34
AC025950.9	金黄色葡萄球菌 clone sabac-130	99.34
BX571857.1	金黄色葡萄球菌 MSSA476	99.24
AC025948.16	金黄色葡萄球菌 clone sabac-101	99.24
BA000033.2	金黄色葡萄球菌 *subsp. aureus* MW2	99.24
BA000017.4	金黄色葡萄球菌 *subsp. aureus* Mu50	98.67
BA000018.3	金黄色葡萄球菌 *subsp. aureus* N315	98.67
AJ938182.1	金黄色葡萄球菌 RF122	97.91
BX571856.1	金黄色葡萄球菌 *subsp. arueus* MRSA252	97.53

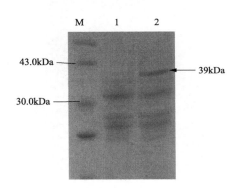

图 5-67　重组菌与原始宿主菌的 SDS-PAGE 电泳图
M. Protein marker；1. 原始大肠杆菌 BL21；2. 重组大肠杆菌 BL21

对外源基因表达条件的实验表明，随着诱导剂异丙基硫代-β-D半乳糖苷（IPTG）投加量的增加，工程菌对 Ni^{2+} 的富集量在不断增加，当 IPTG 的量达到 $1.00mmol \cdot L^{-1}$ 时富集量达到最高（图5-68），为 $7.97mg \cdot g^{-1}$，而继续增加 IPTG 的投加量，工程菌对 Ni^{2+} 的富集能力有下降趋势。IPTG 作为诱导剂的作用是与阻遏蛋白结合，使外源基因顺利表达。因此，当所加入的 IPTG 量足以封闭所有阻遏蛋白位点时，其即为理论上的最佳浓度。IPTG 浓度过高，由于其毒性影响细菌的生长从而影响外源基因的表达(丁家波和崔治中,2001)。本实验中,当 IPTG 的量超过 1.00mmol·L^{-1} 时,可能对菌体生长产生副作用,影响 *NiCoT* 基因的表达,从而影响工程菌的富集能力。诱导时间对工程菌富集 Ni^{2+} 的影响实验表明,诱导时间为 4h 时工程菌的平衡富集量达到最高,为 8.2mg·g^{-1}(图 5-69)。实验结果表明,IPTG 量为 1.00mmol·L^{-1},诱导 4h 时,适于 *NiCoT* 基因表达,基因工程菌的 Ni^{2+} 富集能力最高。

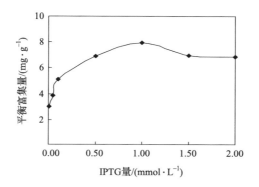

图 5-68　IPTG 投加量对富集的影响

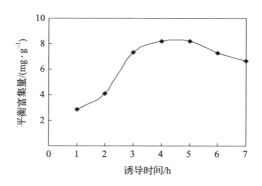

图 5-69　诱导时间对富集的影响

　　不同的培养基会导致表达水平的巨大差异,本实验采用 4 种丰富培养基对富集情况进行考查,分别为:LB 培养基(蛋白胨,10g·L^{-1};酵母粉,5g·L^{-1};NaCl,10g·L^{-1})、2×YT 培养基(蛋白胨,16g·L^{-1};酵母粉,10g·L^{-1};NaCl,5g·L^{-1})、TB 培养基(蛋白胨,12g·L^{-1};酵母粉,24g·L^{-1};甘油,4g·L^{-1})和 NZCYM 培养基(NZ 胺,10g·L^{-1};NaCl,5g·L^{-1};酵母提取物,5g·L^{-1};酪蛋白,1g·L^{-1};MgSO$_4$·7H$_2$O,2g·L^{-1})。实验结果表明(图 5-70),采用 LB 和 2×YT 培养基有利于外源基因的表达,工程菌对 Ni^{2+} 的平衡富集量较高,分别达到 8.01mg·g^{-1} 和 7.03mg·g^{-1},而 TB 培养基中生长的工程菌表达能力最差。这可能是由于 LB

和 2×YT 中碳源和氮源比例较合适,既能给工程菌提供生长所需的营养物质,又不会因浓度太高而给细菌生长代谢产生压力。

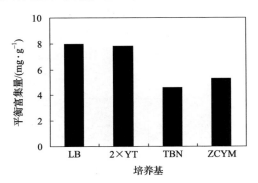

图 5-70 不同培养基对富集的影响

6)平衡富集量

在不同 Ni^{2+} 浓度下重组菌和原始宿主菌的富集实验中(图 5-71),经外源 *NiCoT* 基因转化后的重组菌对 Ni^{2+} 的平衡富集量有很大提高,与原始宿主菌相比,从 $3.76mg \cdot g^{-1}$ 增加到 $11.33mg \cdot g^{-1}$,增幅达 2 倍多,这是重组菌中表达出来的 Ni 转运蛋白所起的作用。Ni 转运蛋白将溶液中的 Ni^{2+} 高选择性结合后,跨过细胞膜转运到细胞质内,使 Ni^{2+} 在细胞内富集。

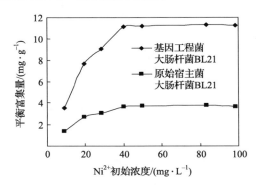

图 5-71 不同 Ni^{2+} 初始浓度下的富集情况

7)Co^{2+} 浓度对富集的影响

Hebbeln 和 Eitinger(2004)根据微生物镍钴转运酶对 Ni^{2+} 和 Co^{2+} 吸附的特异性及其平衡富集量将其分为三类。第一类以真氧产碱杆菌(*Ralstonia eutropha*)的镍钴转运酶 HoxN 为代表,该酶对 Ni^{2+} 具有很高的特异性,但平衡富集量较低。第二类以紫红红球菌(*Rhodococcus rhodochrous*)的转运酶 NhlF 为代表,其可以同时转运 Ni^{2+} 和 Co^{2+},但对 Co^{2+} 具有很高的特异性;第三类如金黄色葡萄球菌和肺炎杆菌(*Klebsiella pneumoniae*)等的镍钴转运酶不但对 Ni^{2+} 有很高的特异性,其平衡富集量也比第一类酶高。在 Co^{2+} 浓度对工程菌富集 Ni^{2+} 影响实验中(图 5-72),金黄色葡萄球菌 ATCC 6538 的镍钴转运酶对 Co^{2+} 的平衡富集量很小,对 Ni^{2+} 的平衡富集量远大于对 Co^{2+} 的,表明它对 Ni^{2+} 具有较高的特异性。这也说明金黄色葡萄球菌 ATCC 6538 的 NiCoT 属于第三类镍钴转运酶。实验结果同时表明 Co^{2+} 的存在对工程菌富集 Ni^{2+} 影响很小,当 Co^{2+} 在 $5\sim100\ mg\cdot L^{-1}$ 的浓度范围变化时,工程菌对 Ni^{2+} 都有很好的富集效果,平衡富集量达到 $7.13\ mg\cdot g^{-1}$ 以上。

利用 PCR 技术从金黄色葡萄球菌 ATCC 6538 基因组中扩增出镍钴转运酶 *NiCoT* 基因构建重组质粒,将其转化入受体菌株大肠杆菌 BL21 细胞内。将序列测定结果与已收录的相关菌株基因序列进行比对,相似性达到 97% 以上,这表明其具有正确的核苷酸序列。外源基因在大肠杆菌 BL21 中成功表达,实验结果表明 IPTG 量为 $1.00\ mmol\cdot L^{-1}$,诱导 4h 时,适于 *NiCoT* 基因表达,基因工程菌的 Ni^{2+} 富集能力最高。基因工程菌对 Ni^{2+} 的平衡富集量与原始宿主菌相比从 $3.76\ mg\cdot g^{-1}$ 增加到 $11.33\ mg\cdot g^{-1}$,增幅达 3 倍多。金黄色葡萄球菌 ATCC 6538 镍钴转运酶 NiCoT 对 Ni^{2+} 的吸附特异性较高,且吸附容量较大,属于第三类镍钴转运酶。

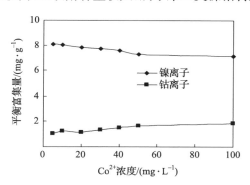

图 5-72　不同 Co^{2+} 浓度时的富集情况

5.2.2　酵母融合菌 R_{32} 处理含镍废水

镍广泛存在于采矿、电镀、电池制造等工业排放的废水中,因其具有强烈的"三致"(致癌、致畸、致突变)效应,严重危及人体健康和生态安全,已引起众多环境保护工作者的关注。微生物吸附法具有吸附剂来源丰富、操作简单、吸附速率快等优点(Padmavathy et al.,2003),近年来已在对铅、汞、铜、镉、铬等的重金属离子的去除方面取得了一些令人满意的结果。然而一些研究表明,许多微生物对 Ni^{2+} 的吸附量普遍低于其他重金属(赵肖为等,2004),同时,微生物吸附法存在固液分离难的缺点(Iqbal and Edyvean,2004),不利于工程应用。目前,国内多数微生物吸附

Ni^{2+} 的研究仍停留在摇瓶试验阶段,对处理工艺的报道还较少。为提高微生物吸附法处理含 Ni^{2+} 废水的效率,改善出水固液分离效果,研发高效处理工艺,本研究利用酵母融合菌 R_{32} 对 Ni^{2+} 的强富集性和活性污泥的絮凝作用,联合两者曝气处理含 Ni^{2+} 废水,初步研究其生物吸附性能及溶解氧、污泥浓度、pH 等对曝气生物吸附过程的影响,并进一步探索酵母融合菌吸附重金属离子的机制。

1. 材料

酵母融合菌 R_{32}:本课题组将热带假丝酵母和解脂假丝酵母进行细胞融合得到,经多次传代培养,吸附 Ni^{2+} 的性能稳定。

2. 吸附实验

酵母融合菌 R_{32} 与活性污泥混匀投加于 2L 的含 Ni^{2+} 废水中进行曝气吸附反应(图 5-73)。实验中用隔膜气泵通过刚玉曝气头向溶液中通入空气,采用电极式溶氧仪在线监测溶解氧量。

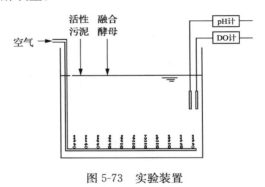

图 5-73 实验装置

3. 酵母融合菌 R_{32} 吸附 Ni^{2+} 的影响因素

1) 投菌量

单独投加菌体,考察酵母融合菌 R_{32} 对 Ni^{2+} 的富集特性。图 5-74 的实验结果表明,融合菌 R_{32} 对 Ni^{2+} 具有很强的富集性,在投菌量为 $2g \cdot L^{-1}$ 时,处理 $20mg \cdot L^{-1}$ Ni^{2+},吸附 4h 后,Ni^{2+} 去除率达到 61.4%,每克干菌体的吸附量达到 36.8mg。菌体浓度较小时,随投菌量的增加,Ni^{2+} 去除率几乎呈线性增长,当投菌量为 $10g \cdot L^{-1}$ 时,对 $20mg \cdot L^{-1}$ Ni^{2+} 的去除率达到 70.1%;而投菌量大于 $10g \cdot L^{-1}$ 时,增加投菌量,Ni^{2+} 去除率上升幅度并不大。当菌体浓度过大时,营养的缺乏及代谢产物的过度积累会影响细胞活性。综合考虑 Ni^{2+} 去除率和废水处理成本,投菌量以 $10g \cdot L^{-1}$(湿重)较为适宜。

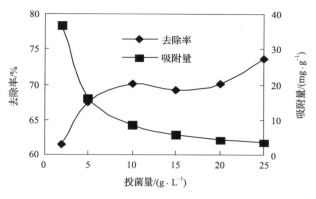

图 5-74　投菌量对 Ni^{2+} 去除效果的影响

2）pH

溶液酸碱性同时影响细胞表面活性位点和金属离子的存在状态,从而影响微生物对重金属的表面吸附(Esposito et al.,2002)。在强酸性条件下,H^+ 与 Ni^{2+} 发生竞争吸附,H_3O^+ 与细胞壁相结合占据了活性位点,吸附后溶液的 pH 有所上升;在强碱性条件下,Ni^{2+} 易形成沉淀,使吸附剂失效。图 5-75 的实验结果表明,中性条件下,融合菌 R_{32} 对 Ni^{2+} 的吸附效果最好,去除率达到 80.5%,随着溶液酸性或碱性的增强,Ni^{2+} 去除率呈下降趋势。但与多数微生物吸附剂不同的是,融合菌 R_{32} 的 pH 适用范围非常广,在强酸性或强碱性条件下吸附 Ni^{2+},其去除率的下降幅度不超过 10%,说明融合菌 R_{32} 对 Ni^{2+} 的吸附可能不同于普通微生物单纯的表面吸附,细胞内的生物积累性能增强,吸附过程受环境 pH 的影响较小。

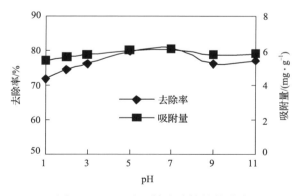

图 5-75　pH 对 Ni^{2+} 去除效果的影响

3）投泥量

单独投加 2～25g · L^{-1} 污泥,处理 20mg · L^{-1} Ni^{2+},去除率仅为 1%～4%,处理效果很差,但活性污泥和菌体同时投加于曝气反应器中时为融合菌 R_{32} 生物吸附重金属提供了稳定而有利的吸附环境:融合菌 R_{32} 与污泥形成稳定的吸附体系,菌体附着在活性污泥絮体中,有效扼制菌体随气泡的上浮;且溶液中的生物量和生物种类增多,减轻了单个细胞所承受的解毒压力,使微生物保持良好的活性而充分发挥其生物富集作用,同时还可加大对氧的消耗,防止水中溶解氧过高。图 5-76 的实验结果表明,随投泥量的增加,Ni^{2+} 去除率上升,投加活性污泥 $6g \cdot L^{-1}$ 时,跟空白对比,Ni^{2+} 去除率提高了 16%。但由于微生物吸附剂总量的增加,单位质量吸附剂的吸附量有所下降。酵母融合菌 R_{32}-活性污泥处理后的溶液静置 5min 后,在菌胶团的絮凝作用下,菌体可以随污泥自然沉降,出水澄清,有效解决了含 Ni^{2+} 废水生物吸附后固液分离难的问题。

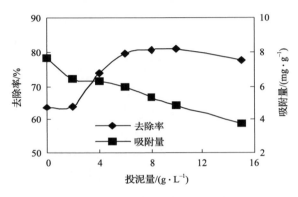

图 5-76　投泥量对 Ni^{2+} 去除效果的影响

4) 溶解氧

溶解氧(DO)是影响微生物作用的一个非常重要的参数,既和曝气量直接相关,也取决于反应器内微生物的活动状态。酵母融合菌 R_{32} 是一株好氧菌,在开始吸附的短时间内,细胞的活性强,物质和能量代谢速率快,其对水中溶解氧的消耗速率远远大于空气扩散速率,溶液接近厌氧状态;随着吸附时间延长,由于维持细胞生长的营养物质的逐渐消耗及重金属的毒性作用,细胞活性降低,对氧的消耗减少,需逐步调减通气量,以维持恒定的 DO。

图 5-77 的实验结果表明,在利用融合菌 R_{32} 联合活性污泥曝气吸附 Ni^{2+} 的过程中,DO 的最佳范围为 $2.5 \sim 4.5mg \cdot L^{-1}$,$Ni^{2+}$ 的去除率可达到 81.4%,缺氧或富氧的环境都不利于重金属 Ni^{2+} 的生物富集。酵母融合菌 R_{32} 对 Ni^{2+} 的富集是一个复杂的生物过程,和细胞代谢状态直接相关,适量的分子氧使菌体保持良好的活性,合成多糖、蛋白质、脂类等生物大分子而与 Ni^{2+} 络合,固定重金属 Ni,使菌体在富集 Ni 的同时,避免由于 Ni 的致突变效应使细胞膜和脱氧核糖核酸受到损伤。因此,当溶液中的 DO 为 $0.5mg \cdot L^{-1}$ 时,缺氧使菌的活性受到抑制,Ni^{2+} 去除率下降了 16%,吸附量下降了 $1.2mg \cdot g^{-1}$。而过高的 DO 会对微生物产生毒害作

用,抑制微生物吸附。长时间暴露于高度富氧的环境中,细胞内会产生大量的超氧阴离子自由基($\cdot O^{2-}$),而营养缺乏、重金属的毒性作用使微生物活性不断下降,合成超氧化物歧化酶和过氧化氢酶的能力减弱,无法使剧毒的 $\cdot O^{2-}$ 转化为 H_2O。细胞内积累的过量 $\cdot O^{2-}$ 破坏细胞膜和各种重要生物大分子,使细胞对 Ni^{2+} 的富集过程受到抑制,当 DO 接近饱和时,Ni^{2+} 去除率下降了 10.8%,吸附量下降了 $0.81mg \cdot g^{-1}$。此外,DO 过高会增加能耗,强烈的空气搅拌还会使菌胶团解絮,菌体和污泥在强大气流的冲击下上浮,从而使出水的固液分离效果变差。

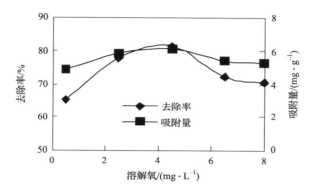

图 5-77　溶解氧对 Ni^{2+} 去除效果的影响

5) Ni^{2+} 初始浓度

处理不同 Ni^{2+} 浓度($10 \sim 150mg \cdot L^{-1}$)的废水,结果如图 5-78 所示,在初始 Ni^{2+} 浓度为 $10mg \cdot L^{-1}$ 时,其去除率达到 94.9%,说明酵母融合菌 R_{32} 对 Ni^{2+} 具有很高的特异性富集作用,在低 Ni^{2+} 浓度下对 Ni^{2+} 的吸附能力很强;随着溶液中 Ni^{2+} 浓度的增大,重金属对微生物的毒性增强,抑制微生物吸附,使 Ni^{2+} 去除率下降;而细胞内外金属离子的浓度梯度增大,吸附量则呈上升趋势。

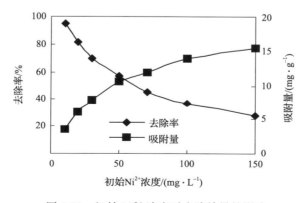

图 5-78　初始 Ni^{2+} 浓度对去除效果的影响

4. 酵母融合菌 R_{32} 吸附 Ni^{2+} 的等温模型

将"酵母融合菌 R_{32}-活性污泥"对不同浓度 Ni^{2+} 的吸附结果用典型的 Langmuir 和 Freundlich 模型描述[式(5-3)和式(5-4)]，如图 5-79 所示。拟合结果显示，Freundlich模型可以很好地描述整个吸附过程，吸附平衡常数 $k=4.2845$，$n=3.5562$，相关系数 $R^2=0.9975$。说明酵母菌 R_{32}-活性污泥对 Ni^{2+} 的吸附是一个复杂的生物累积过程，其饱和吸附量远大于单分子层的物理吸附。

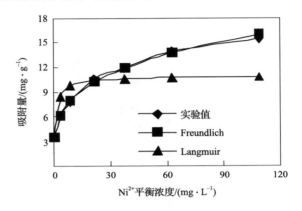

图 5-79　Ni^{2+} 吸附等温线

5. 酵母融合菌 R_{32} 吸附 Ni^{2+} 过程中的阳离子代谢

金属离子顺电化学梯度的被动运输所需能量主要来源于膜两侧的电化学梯度，即驱动力是化学势、电位差及具有电特性的力如摩擦力等。膜电位可以认为是由膜两边离子浓度的差别所决定的每个离子的电位总和，膜平衡电位可以看成产生转移某个特定离子的净驱动力的数值。根据 Nernst 方程（席振峰等，2000），离子浓度差决定细胞电位：$V=\dfrac{RT}{ZF}\ln\left(\dfrac{c^{\text{胞外}}}{c^{\text{胞内}}}\right)$，式中 R 表示摩尔气体常量，T 表示绝对温度，Z 表示离子电荷，F 表示 Faraday 常量，$c^{\text{胞外}}$ 表示细胞外的离子浓度，$c^{\text{胞内}}$ 表示细胞内离子浓度。离子梯度的产生是一个能量依赖过程，所需的能量是由 ATP 水解产生 ADP 和无机磷酸盐提供的。Na^+ 和 K^+ 梯度的产生机制主要是由 Na^+-K^+ ATP 酶负责的。这个内在的膜电位由两部分组成，由一个 100kDa 的催化亚单元和一个 45kDa 的结合糖蛋白形成一个 $\alpha_2\beta_2$ 四聚体。酶催化过程如方程：$3Na^+_{\text{胞内}}+2K^+_{\text{胞外}}+ATP+H_2O \Longrightarrow Na^+_{\text{胞外}}+2\ K^+_{\text{胞内}}+ATP+Pi$。细胞膜上存在离子通道，钠通道对 Na^+ 的选择性远高于其他离子包括 K^+，是由于前者有较小的体积，Na^+ 能够通过通道的狭窄部分。而且 Na^+ 的电导对 pH 有很强的依赖性，随着 pH

的降低,电导减小,当一个离子通过通道的限制速率区域时,单个的羧酸残基能够接近或与该离子相互作用。单个通道的电导不依赖于膜电位,流经每个开放通道的电流依赖于欧姆定律,并有一个固定的电导,通道开放的可能性与电位是紧密相关的。

　　由图 5-80 和图 5-81 可知,吸附前细胞内 K^+ 浓度最高,细胞内外离子浓度差很大,根据电位方程,在细胞膜两侧会产生电位差驱动 K^+ 从细胞内向细胞外运动。细胞外的 Ni^{2+} 同样产生了逆向的电位差而向细胞内运输。当细胞内外的离子梯度达到一定比例,接近细胞膜电位平衡点时,细胞不再向外输送离子。Na^+ 和 Mg^{2+} 的释放量在 pH 为 2 时最大,但细胞对 Ni^{2+} 最大吸附量发生在 pH=5,可见细胞内阳离子的向外释放和 Ni^{2+} 的向内运输并不是对等的,这表明离子运输只是菌体吸附 Ni^{2+} 的途径之一,还同时存在其他的吸附过程。

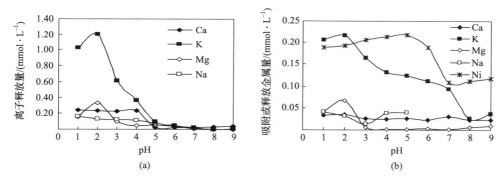

图 5-80　细胞内金属离子的释放随 pH 的变化趋势
(a)无 Ni^{2+};(b)20mg・$L^{-1}Ni^{2+}$

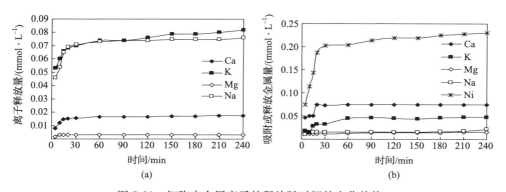

图 5-81　细胞内金属离子的释放随时间的变化趋势
(a)无 Ni^{2+};(b)20mg・$L^{-1}Ni^{2+}$

　　由图 5-82 知,随 Ni^{2+} 浓度的升高,菌体对 Ni^{2+} 的吸附量也大幅度上升,但在 Ni^{2+} 浓度为 100mg・L^{-1} 时,细胞内阳离子的释放量已不再增加,并不与菌体对 Ni^{2+} 的吸附成正比,这表明处理高浓度金属离子时,菌体对重金属的胞内积累作用是有限的,可能是表面吸附起主导作用。

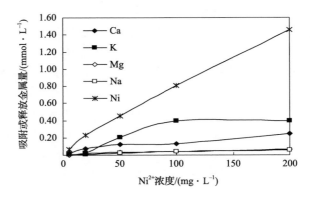

图 5-82　细胞内金属离子的释放随 Ni^{2+} 浓度的变化趋势

6. 酵母融合菌 R_{32} 吸附 Ni^{2+} 的红外光谱分析

对吸附 Ni^{2+} 前后的酵母融合菌 R_{32} 细胞进行红外光谱分析($4000\sim450\text{cm}^{-1}$),结果显示,菌体各组分吸附 Ni^{2+} 前后的峰形基本保持不变,只是某些峰发生漂移,显然,重金属并未破坏吸附剂本身的结构。主要变化情况见表 5-15。

表 5-15　吸附重金属离子前后融合菌 R_{32} 细胞主要吸收峰的变化

（单位:cm^{-1}）

基团及振动形式		处理 20mg · L^{-1} Ni^{2+} 液	处理 200mg · L^{-1} Ni^{2+} 液
缔合—OH	吸附前	3415	3415
	吸附后	3414	3425
	变化值	-1	10
CH_2 $\nu_{as}(C—H)$	吸附前	2926	2927
	吸附后	2926	2928
	变化值	0	1
酰胺 I $\nu(C=O)$	吸附前	1648	1648
	吸附后	1648	1646
	变化值	0	-2
酰胺 II $\beta(N—H)+\nu(C—N)$	吸附前	1552	1552
	吸附后	1552	
	变化值	0	

续表

基团及振动形式		处理 20mg · L^{-1} Ni^{2+} 液	处理 200mg · L^{-1} Ni^{2+} 液
酰胺Ⅲ ν(C—N)	吸附前	1407	1407
	吸附后	1405	1409
	变化值	−2	2
仲酰胺 ν(C—N)+γ(N—H)	吸附前	1243	1243
	吸附后	1243	1242
	变化值	0	−1
吡啶类 β(C—H)	吸附前	1078	1078
	吸附后	1078	1077
	变化值	0	−1
嘧啶类 β(C—H)	吸附前	1039	1039
	吸附后	1041	
	变化值	2	
硝基化合物 ν(C—N)	吸附前	888	888
	吸附后	887	884
	变化值	−1	−4

由图 5-83 看出,由于酵母菌所含组分复杂,在整个吸收波数范围内均有明显的吸收。3415cm^{-1}处的钝峰是醇缔合—OH 的特征峰;2927cm^{-1}为 CH$_2$ 的不对称伸缩振动;1648cm^{-1}处为酰胺Ⅰ(O=CN—H)带,是 C=O 的伸缩振动;1552cm^{-1}为酰胺Ⅱ带,是 N—H 面内弯曲振动和 C—N 伸缩振动;1407 为酰胺Ⅲ带,是 C—N 伸缩振动;1243cm^{-1}是 C—N 伸缩振动和 N—H 面外弯曲振动;1078cm^{-1}是吡啶类的面内弯曲振动;1039cm^{-1}是嘧啶类的面内弯曲振动;888cm^{-1}是硝基化合物中 C—N 的伸缩振动。由图 5-83 和表 5-15 可以看出,处理 20mg · L^{-1} Ni^{2+} 后,酰胺Ⅲ带向低波数方向移动,而嘧啶类向高波数方向移动,其他基团基本不变;处理 200mg · L^{-1} Ni^{2+} 后,缔合—OH 明显向高波数方向移动,酰胺Ⅰ向低波数方向移动,酰胺Ⅲ带向高波数方向移动。酰胺峰是蛋白质的特征谱带,在吸附重金属离子后,其吸收峰的位置和强度均发生了明显变化,表明在酵母融合菌 R$_{32}$ 吸附 Ni^{2+} 过程中,作为运输重金属离子载体的细胞蛋白质或与其螯合的大分子物质起到重要作用。同样,嘧啶类物质特征峰的出现表明,核酸是参与酵母融合菌 R$_{32}$ 吸附 Ni^{2+} 的重要有机化合物。

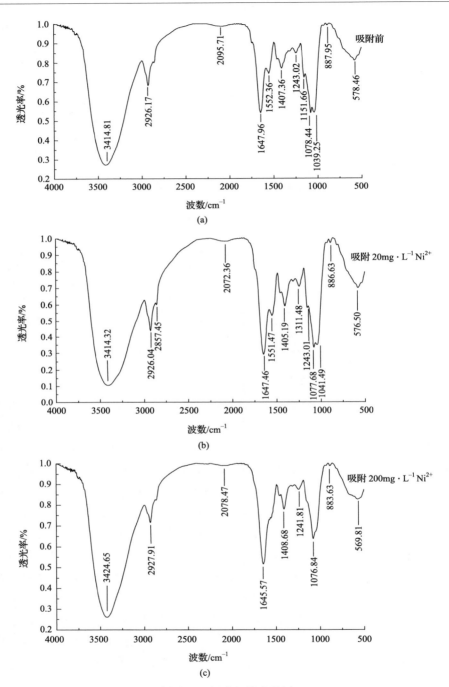

图 5-83　细胞红外光谱图

(a)吸附前；(b)处理 20mg · L^{-1}Ni^{2+} 液后；(c)处理 200mg · L^{-1}Ni^{2+} 液后

7. 酵母融合菌 R_{32} 吸附 Ni^{2+} 过程中细胞内微量元素分析

微生物的生长代谢除了需要 K、Na、Ca、Mg 等常量元素外,还需要一些具有特殊生物学功能的微量元素(表 5-16),当这些物质处于痕量水平时可促进微生物的生长,并且菌体通过自身各种生理代谢机制维持所需金属离子在体内的动态平衡。例如,Se 是第二十一氨基酸的组成部分,存在于多种类型的酶中,是所有活细胞的基本元素(尹华等,2005a);Cu 是多酚氧化酶的组分并维持羧化酶的功能;Zn 是乙醇脱氢酶、RNA 和 DNA 聚合酶的组分;Co 参与维生素 B_{12} 的组成及微生物与植物的共生固氮作用;Mo 不仅有利于微生物固氮,而且还是反硝化细菌中硝酸盐还原酶的辅助因子等。

表 5-16　重要金属元素的生物学功能

金属种类	生物学功能
钠(Na)	电荷载体,渗透压平衡
钾(K)	电荷载体,渗透压平衡
镁(Mg)	细胞结构,水解酶,异构酶
钙(Ca)	细胞结构,触发剂,电荷携带
钒(V)	固氮,氧化酶
铬(Cr)	可能和葡萄糖耐受性有关
钼(Mo)	固氮,氧化酶,氧传递
钨(W)	脱氢酶
锰(Mn)	光合作用,氧化酶,细胞结构
铁(Fe)	氧化酶,双氧输运和储存,电子转移,固氮
钴(Co)	氧化酶,烃基转移
镍(Ni)	加氢酶,水解酶
铜(Cu)	氧化酶,双氧输运,电子转移
锌(Zn)	细胞结构,水解酶

如表 5-17 所示,在酵母融合菌 R_{32} 的生长过程中,细胞利用水体中的 Co、Cu、Mn、Mo、Se、Zn 等金属元素,它们在细胞内的含量为 $Zn>Se>Mo>Mn=Cu>Co$,在 pH 为 2 和 pH 为 5 的去离子水中,细胞内的这些元素并未向外释放,而在吸附 Cr^{6+} 的过程中,菌体胞内向外释放 Co、Mn、Zn,其中 Zn 的释放量达到 $0.339mg \cdot L^{-1}$;在吸附 Ni^{2+} 的过程中,酵母细胞也向外释放 Mn 和 Zn,且 Zn 的释放量较大,达到了 $0.094mg \cdot L^{-1}$。酵母融合菌 R_{32} 在吸附重金属离子的过程中,有相关的金属运输酶的参与,Cr、Ni 与这些运输酶相结合利用相应的离子通道被运输到细胞内储存,同时也改变了细胞膜的结构和通透性,促进了重金属离子的胞内积累。

表 5-17　酵母融合菌 R_{32} 细胞中微量元素含量及其在吸附过程中的释放量

元素　　　项目	Co	Cr	Cu	Mn	Mo	Se	Zn
初始培养基中微量元素含量/$(mg \cdot L^{-1})$	0.004	0.002	0.015	0.008	0.007	0.162	0.312
培养菌后的上清液中微量元素含量/$(mg \cdot L^{-1})$	0.003	0.002	0.012	0.005	0.004	0.075	0.029
菌体微量元素离子含量/$(mg \cdot g^{-1})$	0.000	0.000	0.000	0.000	0.034	0.034	0.040
25g 菌体含微量元素离子量/$(mg \cdot g^{-1})$	0.004	0.000	0.011	0.011	0.564	0.846	1.011
在 pH 为 2 的去离子水中微量元素释放量/$(mg \cdot L^{-1})$	0	0	0	0	0	0	0
在 20mg $\cdot$ L^{-1} 铬液中的微量元素释放量/$(mg \cdot L^{-1})$	0.001	0	0	0.006	0	0	0.339
在吸附铬过程中的微量元素离子净释放量/$(mg \cdot L^{-1})$	0.001	0	0	0.006	0	0	0.339
在 pH 为 5 的去离子水中微量元素释放量/$(mg \cdot L^{-1})$	0	0	0	0	0	0	0
在 20mg $\cdot$ L^{-1} 镍液中的微量元素释放量/$(mg \cdot L^{-1})$	0	0	0	0.003	0	0	0.094
在吸附镍过程中的微量元素离子净释放量/$(mg \cdot L^{-1})$	0	0	0	0.003	0	0	0.094

5.2.3　酵母融合菌 R_{32} 处理含铬废水

　　以对重金属具有高富集性能的酵母融合菌 R_{32} 和活性污泥作为吸附剂,研究二者联合曝气处理含 Cr^{6+} 废水的效率和影响因素,实验装置同图 5-73。

　　1. 实验材料

　　微生物吸附剂:酵母融合菌 R_{32}。
　　菌体培养后,离心收集细胞(含水率为 82%～86%)开展 Cr^{6+} 吸附实验研究。

2. 酵母融合菌 R_{32} 吸附/还原 Cr^{6+} 的影响因素

1) 吸附时间

在 Cr^{6+} 初始浓度为 $50mg \cdot L^{-1}$、投菌量为 $10g \cdot L^{-1}$、pH 为 2.0 和 DO 为 $3mg \cdot L^{-1}$ 的条件下,研究吸附时间对酵母融合菌 R_{32} 吸附 Cr^{6+} 效果的影响[5-84(a)]。金属的生物吸附包括快速的表面吸附和缓慢的生物积累两个阶段。由图 5-84(a)可知,在初始阶段,生物吸附速率很快,反应 10min 后,Cr^{6+} 还原率为 63.1%,总 Cr 去除率为 53.7%;在吸附时间达到 4h 时,体系溶液中 Cr^{6+} 去除率增加幅度不大,此时吸附剂上被吸附的 Cr 离子与其在溶液中的含量基本达到平衡。

2) 溶液 pH

在 Cr^{6+} 初始浓度为 $50mg \cdot L^{-1}$、投菌量为 $10g \cdot L^{-1}$ 和 DO 为 $3mg \cdot L^{-1}$ 的条件下研究不同溶液初始 pH 对融合菌 R_{32} 吸附 Cr^{6+} 效果的影响[图 5-84(b)]。结果表明,在 pH$=1\sim5$ 时,Cr^{6+} 的处理效果较好,还原率均大于 80%,总 Cr 去除率均大于 70%;当 pH>5 时,Cr^{6+} 的还原率与去除率基本上随着 pH 的上升而下降,并在 pH 为 9 时达到最低点。溶液的 pH 会影响微生物的活性和 Cr 离子的化学状态,酸性条件有利于酵母菌的生理生化代谢,且有利于 Cr^{6+} 发生还原反应,菌体细胞能够为 Cr^{6+} 的还原提供合适的内环境与还原物,同时由于 Cr^{3+} 具有生物可利用性,因此与 Cr^{6+} 相比更容易被菌体积累,所以此时细胞对 Cr 的去除率较高。而当溶液呈碱性时 Cr 主要以 Cr^{6+} 的形式存在,毒性高且对菌体的抑制作用大,因而不利于细胞对 Cr 的积累(Iqbal and Edyvean,2004)。

3) 投菌量

在 Cr^{6+} 初始浓度为 $50mg \cdot L^{-1}$、pH 为 5 和 DO 为 $3mg \cdot L^{-1}$ 的条件下研究了投菌量对吸附过程的影响,同时以不加污泥为对照实验[图 5-84(c)]。图 5-84(c)的结果表明,在污泥量不变的情况下,随着投菌量的增加,Cr^{6+} 吸附率增加,菌体浓度增加到 $10g \cdot L^{-1}$ 时,Cr^{6+} 还原率为 83.3%,总 Cr 去除率为 72%,此后 Cr^{6+} 吸附率增加幅度缓慢。而在不加污泥的情况下,随着投菌量的增加,Cr 吸附率也增加,菌体浓度为 $10g \cdot L^{-1}$ 时,Cr^{6+} 还原率为 74.3%,总 Cr 去除率为 57.7%;当菌体浓度增加到 $25g \cdot L^{-1}$ 时,Cr^{6+} 还原率也仅为 79.3%,总 Cr 去除率为 60.1%。将结果对比可知,当投菌量同为 $10g \cdot L^{-1}$ 时,加入 $6g \cdot L^{-1}$ 活性污泥,Cr^{6+} 还原率提高了 12.1%,而去除率提高了 24.9%,分别是单独利用 $25g \cdot L^{-1}$ 菌体处理 Cr^{6+} 时还原率和去除率的 1.05 和 1.19 倍,说明活性污泥的存在有助于融合菌 R_{32} 对 Cr 的吸附。这是因为当单独投加菌体时,在曝气过程中菌体会上浮并停留于液面使参与反应的生物量减少,影响吸附剂与重金属 Cr^{6+} 的充分接触反应,加入适量污泥可以给吸附剂菌体提供一个稳定的缓冲环境,泥与菌形成菌胶团,附着在污泥上的吸附剂与 Cr^{6+} 离子充分接触反应;同时污泥中的微生物也具有一定的解毒能力,能够与该融合菌互生共存,维持一个相对稳定的微环境,减弱了 Cr^{6+} 对吸附剂的毒性,从而提高了吸附剂对 Cr^{6+} 的去除效果。实验结果还表明,加入的一定量污泥可以在停止反应后,在较短时间内与菌体一起沉降,利于废水后续处理的固液分离。综合 Cr^{6+} 去除率和处理成本,后续研究中选用投加量为 $10g \cdot L^{-1}$ 的菌体和浓度为 $6g \cdot L^{-1}$ 的污泥作为联合吸附剂。

4）溶解氧

研究不同 DO 下微生物吸附剂处理 $50mg \cdot L^{-1}$ Cr^{6+} 溶液的吸附效果[图 5-84(d)]。DO 是影响微生物活性和代谢的一个非常重要的参数。它既和曝气量直接相关,也取决于反应器内微生物的活动状态(Aksu,2002)。曝气提高了反应液的湍动程度,降低传质阻力,为 Cr^{6+} 的微生物吸附提供一个均匀搅拌的环境,有利于 Cr^{6+} 与吸附剂充分接触;同时使菌体与活性污泥形成团状物,增强两者抗 Cr^{6+} 毒性的能力,提高废水处理效果。由图 5-84(d)可知:DO 在 $2\sim4mg \cdot L^{-1}$ 时, Cr^{6+} 吸附效果较好,还原率达到 75% 以上,去除率也超过 65%,这与好氧生物反应器中一般要求废水中 DO 保持在 $2\sim4mg \cdot L^{-1}$ 左右相符合;而当 DO$>4mg \cdot L^{-1}$ 时, Cr^{6+} 吸附率下降趋势明显。这主要是由于 Cr 的生物还原、吸附与生物积累是好氧过程,微生物在分解代谢过程中以分子氧作为受氢体,适量的分子氧保证了微生

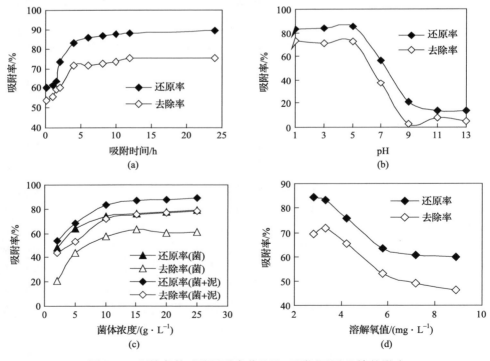

图 5-84　环境条件对酵母融合菌 RH_{32} 吸附/还原 Cr^{6+} 的影响

物正常的生理代谢;但另一方面,过量的氧在微生物代谢作用下会产生有毒害作用的代谢产物,如超氧基化合物与 H_2O_2,这两种代谢产物互相作用还会产生毒性很强的自由基·OH^-,其是一种强氧化剂,能与生物大分子相互作用,从而对机体产生损伤或引起突变,直至死亡(赵肖为等,2004)。好氧微生物细胞内具有超氧化物歧化酶(SOD 酶)和过氧化氢酶,可把·O_2^- 先分解成 H_2O_2,再分解成 H_2O 和 O_2而解毒。但在废水中由于总生物量不变,当微生物分解代谢利用溶解氧的速率已达到极限时,过量氧气已不再被生物所消耗,同时废水中营养物质消耗使微生物活性降低,微生物不能合成足够量的 SOD 酶来抑制过量氧的毒性,以致不能正常吸附废水中的重金属。

3. 菌体表面主要基团对酵母融合菌 R_{32} 吸附/还原 Cr^{6+} 的影响

生物吸附剂对重金属的富集过程首先是细胞表面的吸附,因此,受表面基团和吸附活性位点的影响较大。大量研究表明,氨基、羟基、羧基、磷酸基是起吸附作用的主要基团。以未处理样品为对照,选用特定的掩蔽剂对吸附剂表面进行处理后测定菌体对 Cr^{6+} 的还原率和总 Cr 去除率,结果如图 5-85 所示。由图可见,对酵母融合菌 R_{32} 吸附和还原 Cr^{6+} 影响最大的基团是磷酸基,屏蔽磷酸基后菌体对总 Cr的去除率下降了 70%,Cr^{6+} 还原率降低了 46%。氨基和羟基的影响也较为明显,化学屏蔽氨基和羟基后 Cr^{6+} 去除率降低了 10%,还原率降低了 7%。羧基仅对Cr^{6+} 的去除有轻微影响,对 Cr^{6+} 的还原基本没有影响。Volesky 和 phillips(1995)通过能谱仪分析证实用活性酿酒酵母吸附 Cd^{2+},Cd^{2+} 在细胞内的液泡中以磷酸盐的形式沉淀下来,说明细胞中磷酸酶将 Cd^{2+} 运输进入细胞。综合实验结果分析可知,酵母菌细胞壁的最外层是磷酸化甘露聚糖,细胞膜主要由磷脂双分子层和嵌在双分子层中的蛋白质构成,Cr^{6+} 在菌体表面还原后与磷酸基结合,并通过磷酸酶的主动运输进入细胞内部。磷酸基的脂化反应屏蔽了这两种作用,同时也改变细胞膜的结构,影响胞内酶向外分泌,降低了 Cr^{6+} 的还原能力。

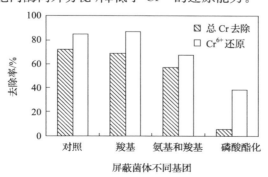

图 5-85　菌体表面主要基团对吸附/还原 Cr^{6+} 的影响

4. 酵母融合菌 R_{32}-活性污泥联合吸附 Cr^{6+} 的动力学和热力学

1) 吸附动力学

选取不加营养源的吸附数据分别用准一级、准二级动力学方程进行拟合[准一级、准二级动力学方程见式(5-1)和式(5-2)],最终得到的各模型线性回归曲线如图 5-86 和图 5-87 所示。

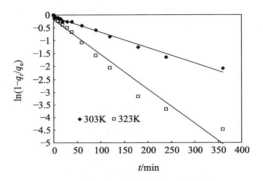

图 5-86　准一级动力学回归曲线

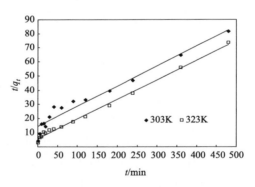

图 5-87　准二级动力学回归曲线

各吸附动力学模型拟合的相关系数均在 0.95 以上,两种吸附动力学方程都能较好地拟合"菌-泥"复合吸附剂(酵母融合菌 R_{32}-活性污泥联合吸附剂)的吸附,说明 Cr^{6+} 的吸附是表面吸附和内部扩散结合的复杂过程,且表面吸附为多层吸附;准一级动力学回归方程在 30℃ 和 50℃ 时的准一级速率常数 k_{ad} 分别为 0.006 和 0.014,后者较前者大,可见升高温度可加速传质过程。

2) 吸附热力学

"菌-泥"复合吸附剂的吸附等温线及 Freundlich 模型($q_e = k_f c_e^{\frac{1}{n}}$)拟合曲线如图 5-88 所示,其中 k_f 是平衡吸附系数,代表吸附能力的大小;$\frac{1}{n}$ 是 Freundlich 吸附指数,表征吸附等温线偏离线性吸附的程度及吸附机理的差异。由图 5-88 可见,"菌-泥"复合吸附剂的平衡吸附量在一定程度上受温度的影响,温度升高,平衡吸附量(q_e)下降。Freundlich 模型能很好地对"菌-泥"复合吸附剂的吸附热力学特性进行拟合,30℃和 50℃所得的回归相关系数分别为 0.9733 和 0.9754;30℃时平衡吸附系数 k_f 的值为 2.053,较 50℃下平衡吸附系数值 1.272 增加 0.781,说明"菌-泥"复合吸附剂在 30℃条件下对 Cr^{6+} 的吸附作用力明显大于 50℃条件下,这也证实了前面实验所得结果:升高吸附温度会降低"菌-泥"复合吸附剂对 Cr^{6+} 的吸附稳定性。

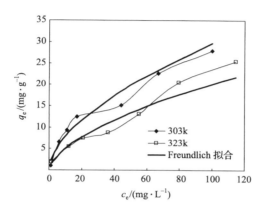

图 5-88　"菌-泥"复合吸附剂的吸附等温线

5. 酵母融合菌 R_{32} 细胞各组分对 Cr^{6+} 的吸附

许多研究表明,微生物细胞各组分对重金属离子的吸附能力是有差异的(Nasreen et al.,2008)。酵母菌细胞壁厚约 25nm,约占细胞干重的 25%,是一种坚韧的结构,其化学组分较特殊,主要由"酵母纤维素"组成。它的结构似三明治,外层为甘露聚糖,内层为葡聚糖,它们都是复杂的分枝状聚合物,其间夹有一层蛋白质分子,蛋白质分子约占细胞壁干重的 10%,此外,细胞壁上还含有少量类脂和以环状形式分布的几丁质。细胞内含物主要由细胞膜及细胞内大分子构成,其主要成分是蛋白质、类脂和少量糖类。表 5-18 为细胞各组分对 Cr^{6+} 的吸附情况对比。

表 5-18　酵母融合菌 R_{32} 细胞各组分对 Cr^{6+} 的吸附

	完整细胞	细胞壁	细胞内含物
去除率/%	81.8	90.6	35.8
干重/g	0.17	0.08	0.07
吸附量/(mg·g^{-1})	3.92	4.35	1.72

　　由实验结果可以看出,各组分对 Cr^{6+} 都有一定的吸附作用,说明该吸附剂对金属的吸附是胞外吸附和胞内积累同时并存,但细胞壁的去除率和吸附量都明显高于完整细胞,而细胞内含物的吸附量仅为同等条件下完整细胞的 43.9%。这一结果表明,完整菌体细胞表面的部分金属吸附位点由于空间障碍而不能有效结合重金属离子,分离的融合菌 R_{32} 细胞壁显示出比完整细胞更高的重金属离子结合能力,这是由于重金属离子渗透进入完整细胞的细胞壁内部要比直接和分离的细胞壁结合困难得多。

　　6. 酵母融合菌 R_{32} 吸附 Cr^{6+} 前后的微观形貌变化

　　1) 完整酵母融合菌 R_{32} 细胞吸附 Cr^{6+} 前后的微观变化

　　利用 AFM 观察酵母融合菌 R_{32} 吸附 Cr^{6+} 前后的细胞微观形貌(图 5-89),吸附前菌体细胞表面光滑且饱满,细胞活性状态良好,出现芽殖;吸附 Cr^{6+} 后,细胞

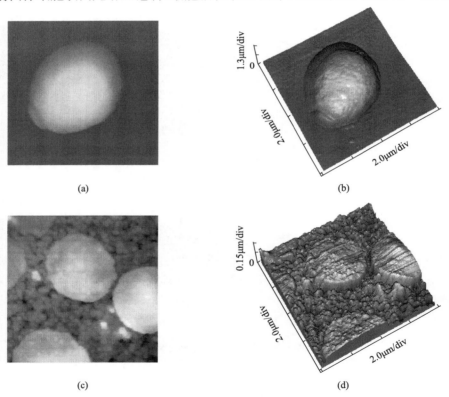

(a)　　　　　　　　　　　　　　　(b)

(c)　　　　　　　　　　　　　　　(d)

图 5-89　完整细胞吸附 Cr^{6+} 前后的 AFM 图

(a)吸附前完整细胞的平面图;(b)吸附前完整细胞的三维图;(c)吸附后完整细胞的平面图;
(d)吸附后完整细胞的三维图

表面比较非常粗糙,出现很多小颗粒物质。该微观结构的变化可能和以下三种情况有关:①Cr^{6+} 与酵母菌细胞壁的多聚糖等物质结合形成颗粒物;②酵母菌在吸附 Cr^{6+} 的过程中,向体外分泌蛋白质、脂类等生物大分子,这些生物大分子与 Cr^{6+} 形成颗粒物后附着于细胞表面;③高浓度的 Cr^{6+} 对菌体细胞的破坏作用。

　　2)细胞壁吸附 Cr^{6+} 前后的微观变化

　　图 5-90 的结果表明,细胞壁表面的微观特征在吸附 Cr^{6+} 前后没有明显的变化,没有出现和图 5-89 类似的颗粒物。因此,可以判断 $250mg \cdot L^{-1}$ 的 Cr^{6+} 不会对细胞壁产生 AFM 可分辨的微观破坏;由于酵母菌细胞壁结构坚韧,Cr^{6+} 没有在纯细胞壁表面形成小颗粒物。所以图 5-89 中细胞表面的颗粒物应该是酵母菌分泌出的蛋白质、脂类等生物大分子与 Cr^{6+} 结合后附着于细胞表面而形成的。酵母菌细胞壁特殊的"三明治"结构具有很高的比表面积,决定了细胞壁极易捕获溶液

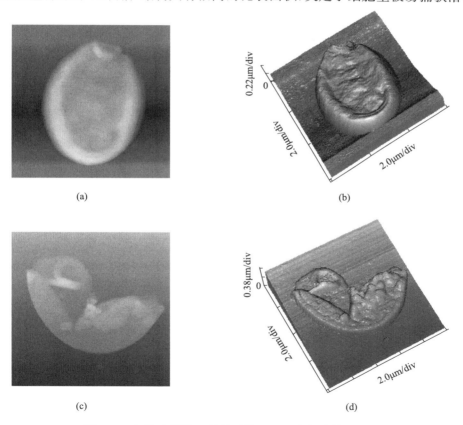

(a)　　　　　　　　　　　(b)

(c)　　　　　　　　　　　(d)

图 5-90　细胞壁吸附 Cr^{6+} 前后的 AFM 图(杨峰等,2007)

(a)吸附前细胞壁的平面图;(b)吸附前细胞壁的三维图;(c)吸附后细胞壁的平面图;
(d)吸附后细胞壁的三维图

中的金属离子,为其提供广阔的空间使金属离子附着或镶嵌于该结构中,而细胞壁含有的丰富的羟基、羧基、羰基和氨基等都是吸附重金属离子的主要官能团,它们通过静电吸附、氧化还原、配位络合等与 Cr^{6+} 结合。

3）细胞内含物吸附 Cr^{6+} 前后的微观变化

由图 5-91 可知,吸附前细胞内含物呈层叠状自由分散;吸附后,在 Cr^{6+} 的作用下,大分子相互聚集黏结成团,呈网状分布,中间突起。这可能是由于在酸性条件下,细胞内部含有的氨基大量电离,形成带正电荷的表面,而铬酸盐阴离子通过静电作用吸附在细胞壁的表面,以 Cr 为中心相互交联,形成了 Cr-大分子的多聚网状结构。电性的中和使分子内的斥力减小,分子更易卷曲,体积减小。而该类复合物比图 5-89 中的颗粒物大是因为菌体分泌到体外的物质主要以小分子蛋白质为主。

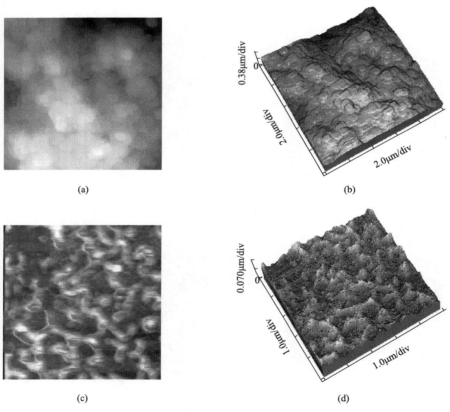

(a)　　　　　　　　　　　　　　　(b)

(c)　　　　　　　　　　　　　　　(d)

图 5-91　内含物吸附 Cr^{6+} 前后的 AFM 图

(a)吸附前内含物的平面图;(b)吸附前内含物的三维图;(c)吸附后内含物的平面图;
(d)吸附后内含物的三维图

5.2.4　基因工程菌处理含镍废水

1. 材料

本课题组所构建表达的金黄色葡萄球菌 ATCC6538 镍钴转运酶 *NiCoT* 基因的重组菌大肠杆菌 BL21 和原始宿主菌大肠杆菌 BL21。

2. 基因工程菌大肠杆菌 BL21 吸附 Ni^{2+} 的影响因素

1）pH

pH 的变化对重金属离子在废水中的存在形态有很大影响,高 pH 易导致一些稳定的金属化合物如氢氧化物、氧化物或碳酸盐等的生成,从而使金属离子很难被微生物细胞利用;当 pH 过低时虽易使重金属保持自由离子状态,但溶液中大量水合氢离子会与金属离子竞争吸附活性位点,并使菌体细胞壁质子化,增加细胞表面的静电斥力(尹华等,2003)。Lopez 等(2002)利用荧光假单胞菌(*Pseudomonas fluorescens*) 4F39 细胞吸附 Ni^{2+},在 pH 为 8 时吸附效果最好,但 pH 从 8 降到 6 致使微生物细胞对 Ni^{2+} 的吸附量下降了 92%。在本实验中,基因工程菌大肠杆菌 BL21 在 pH 为 4~9 的范围内对 Ni^{2+} 都有较好的吸附效果[图 5-92(a)],溶液中 Ni^{2+} 的去除率达到 89.5% 以上,菌体对 Ni^{2+} 的平衡富集量达到 $7.96mg \cdot g^{-1}$ 以上,与原始宿主菌相比有明显的提高。

2）吸附时间

实验结果[图 5-92(b)]表明,基因工程菌大肠杆菌 BL21 富集 Ni^{2+} 的速率较快,在 30min 就达到吸附平衡,溶液中的 Ni^{2+} 去除率达到 93.0%,平衡富集量达到 $8.26mg \cdot g^{-1}$,且随时间的增加都保持较高的去除率和平衡富集量。图中显示,原始宿主菌大肠杆菌 BL21 在 10min 左右达到吸附平衡,比基因工程菌更快。这可能因为原始宿主菌富集 Ni^{2+} 的过程是以细胞的表面吸附为主,而基因工程菌则需利用外源基因所表达出来的镍转运蛋白将 Ni^{2+} 输送到细胞内部,需要更多的时间达到富集平衡。

3）Ni^{2+} 浓度

不同 Ni^{2+} 浓度下基因工程菌和原始宿主菌大肠杆菌 BL21 的富集实验结果如图 5-92(c)所示,与原始宿主菌相比,经外源 *NiCoT* 基因表达后的基因工程菌对 Ni^{2+} 的平衡富集量有了很大提高,从 $3.76mg \cdot g^{-1}$ 增加到 $11.33mg \cdot g^{-1}$,增幅达 2 倍多,溶液中 Ni^{2+} 的最大去除率也从原来的 35.6% 增加到 91.2%,效果显著提高。这是基因工程菌中表达出来的镍转运蛋白起的作用(Krishnaswamy and Wilson,2000)。镍转运蛋白将溶液中的 Ni^{2+} 高选择性结合后跨过细胞膜转运到细胞质内,使 Ni^{2+} 与细胞质内含物结合,与以表面吸附为主的原始宿主菌相比,基因工程菌大肠杆菌 BL21 细胞对 Ni^{2+} 的平衡富集量有大幅度增加。

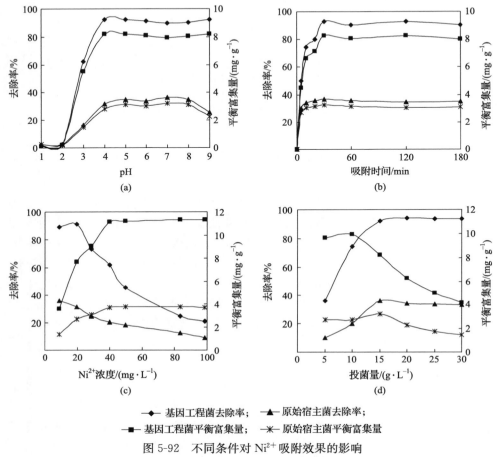

图 5-92　不同条件对 Ni^{2+} 吸附效果的影响

(a)pH 的影响；(b)吸附时间的影响；(c)Ni^{2+} 初始浓度的影响；(d)投菌量的影响

4）投菌量

如图 5-92(d)所示,基因工程菌大肠杆菌 BL21 对 Ni^{2+} 具有很好的富集能力。当投菌量在 5～15g·L^{-1} 范围内变化时,溶液中 Ni^{2+} 去除率几乎呈线性增加,在 15g·L^{-1} 时达到 92.3%。但随着投菌量的继续增加,Ni^{2+} 去除率没有明显的增加,这是因为当菌体浓度过高时,营养的缺乏及代谢产物的过度积累会影响细胞活性。随着投菌量增加,每克菌体的平衡富集量呈下降趋势,且在实际应用中,投菌量大意味着运行成本的提高。综合 Ni^{2+} 去除率与处理成本,投菌量以 15g·L^{-1} 为宜。

5）K$^+$、Ca^{2+}、Na$^+$、Mg^{2+} 等阳离子

有研究表明,离子交换法和生物吸附法受溶液中离子强度的影响较大,因此,

有必要考察基因工程菌大肠杆菌 BL21 对 Ni^{2+} 的富集行为是否受 K^+、Ca^{2+}、Na^+、Mg^{2+} 的影响。结果表明,四种离子导致基因工程菌对 Ni^{2+} 的平衡富集量有不同程度的下降(图 5-93)。K^+、Na^+ 和 Ca^{2+} 的影响较小,在这三种离子浓度达到 $500mg \cdot L^{-1}$ 的情况下,基因工程菌对溶液中 Ni^{2+} 的去除率仍在 53.2% 以上,平衡富集量达到 $4.73mg \cdot g^{-1}$ 以上。而 Mg^{2+} 对基因工程菌的 Ni^{2+} 富集行为影响非常大,当 Mg^{2+} 浓度仅为 $50mg \cdot L^{-1}$ 时,Ni^{2+} 去除率仅为 19.5%,平衡富集量为 $1.73mg \cdot g^{-1}$。造成这一反常现象的原因可能是 Mg^{2+} 对 *NiCoT* 基因表达出来的镍转运蛋白与 Ni^{2+} 的结合过程存在强烈的抑制作用。

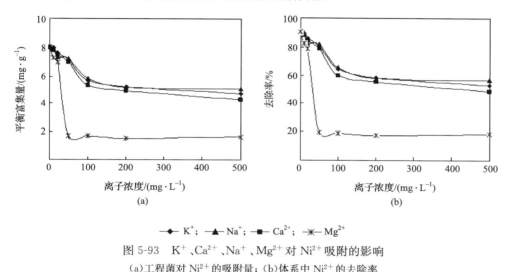

图 5-93　K^+、Ca^{2+}、Na^+、Mg^{2+} 对 Ni^{2+} 吸附的影响
(a)工程菌对 Ni^{2+} 的吸附量;(b)体系中 Ni^{2+} 的去除率

6) 共存重金属离子

在生产中,工业废水中的成分往往较复杂,可能存在多种重金属复合污染的情况,因此,必要研究共存重金属离子对菌体吸附 Ni^{2+} 的影响。本实验考查了单独投加不同浓度其他重金属离子时基因工程菌大肠杆菌 BL21 对 Ni^{2+} 的富集行为,结果发现(图 5-94),Cu^{2+}、Cr^{6+}、Zn^{2+} 对 Ni^{2+} 吸附的影响不是很大,当它们的浓度达到 $100mg \cdot L^{-1}$ 时,基因工程菌大肠杆菌 BL21 对溶液中 Ni^{2+} 的去除率仍达到 60.4% 以上,平衡富集量为 $5.36mg \cdot g^{-1}$ 以上。而 Pb^{2+}、Cd^{2+} 的存在对 Ni^{2+} 吸附的影响较大,仅在浓度为 $10mg \cdot L^{-1}$ 时,基因工程菌对 Ni^{2+} 的去除率就从没有其他重金属离子存在时的 91.4% 下降到 56.9% 和 50.0%,平衡富集量也从 $8.12mg \cdot g^{-1}$ 下降到 $5.05mg \cdot g^{-1}$ 和 $4.17mg \cdot g^{-1}$。当 Pb^{2+}、Cd^{2+} 浓度达到 $100mg \cdot L^{-1}$ 时,Ni^{2+} 去除率分别仅有 25.3% 和 33.9%,平衡富集量也下降到 $2.52mg \cdot g^{-1}$ 和 $3.01mg \cdot g^{-1}$,这可能是由于这两种离子对菌体造成毒害作用或者是存在与 Ni^{2+} 的竞争吸附作用。

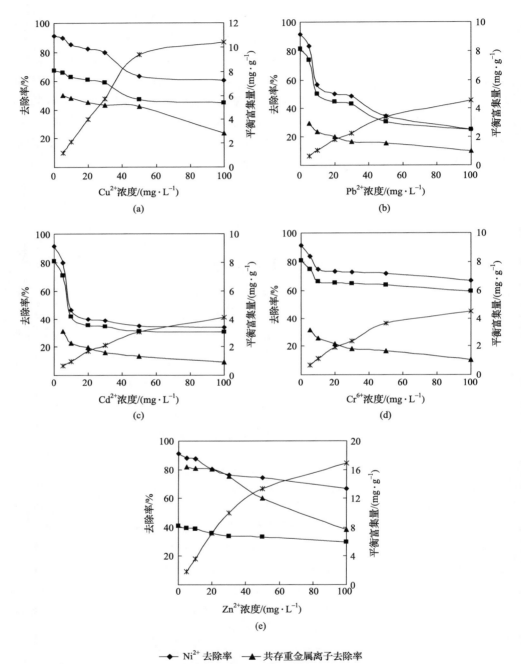

图 5-94　共存重金属离子对工程菌大肠杆菌 BL21 吸附 Ni²⁺ 的影响

　　从图 5-94 也可以看出,虽然共存重金属离子对基因工程菌去除 Ni^{2+} 具有不同程度的影响,但基因工程菌对共存重金属离子也有一定的去除和富集作用。当共存重金属离子浓度为 $50mg \cdot L^{-1}$ 时,基因工程菌对 Cu^{2+}、Pb^{2+}、Cd^{2+}、Cr^{6+}、Zn^{2+} 的去除率分别达到了 42.4%、15.5%、13.5%、16.5% 和 60.2%,平衡富集量分别达到了 $9.41mg \cdot g^{-1}$、$3.44mg \cdot g^{-1}$、$3.01mg \cdot g^{-1}$、$3.67mg \cdot g^{-1}$ 和 $13.37mg \cdot g^{-1}$。

　　7) 金属螯合剂

　　金属螯合剂通常容易与一些过渡区的金属离子形成性质稳定、结构牢固的配位化合物,从而影响金属离子的生物可利用性,并降低生物吸附法及离子交换法的处理效果。Chen 和 Wilson(1997)在利用以大肠杆菌 JM109 为宿主菌在细胞内同时表达汞转运蛋白和金属硫蛋白的基因工程菌处理含汞废水的研究中发现,金属螯合剂 EDTA 的存在基本上不影响微生物细胞对 Hg^{2+} 的富集作用。为此笔者考察了 EDTA 和柠檬酸的存在对本研究中表达镍钴转运蛋白的基因工程菌大肠杆菌 BL21 富集 Ni^{2+} 的影响。

　　实验结果(图 5-95)表明柠檬酸对基因工程菌吸附的影响比 EDTA 的小,这可能是由于柠檬酸可以被微生物作为营养物质利用,不会对 Ni^{2+} 吸附造成太大的影响。当 EDTA 浓度为 $0.5mmol \cdot L^{-1}$ 时,基因工程菌大肠杆菌 BL21 对 Ni^{2+} 的去除率及平衡吸附量下降到原来的一半,到 $1.0mmol \cdot L^{-1}$ 时,菌体对 Ni^{2+} 的去除率几乎为零。本研究中富集 Ni^{2+} 的基因工程菌与 Chen 和 Wilson(1997)富集汞的基因工程菌受 EDTA 的影响不同,可能是由镍转运蛋白与汞转运蛋白之间的差异所造成的。虽然研究表明镍转运蛋白对 Ni^{2+} 的亲和力比汞转运蛋白对 Hg^{2+} 的亲

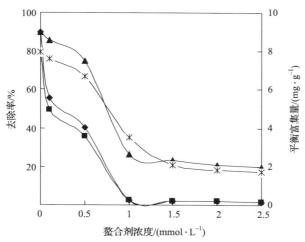

图 5-95　EDTA 和柠檬酸对基因工程菌大肠杆菌 BL21 富集 Ni^{2+} 的影响

和力大得多,但分析可知,可能正是这种亲和力的差异导致镍转运蛋白仅能转运游离的 Ni^{2+},而汞转运蛋白却能同时转运游离的 Hg^{2+} 及 Hg^{2+}-EDTA 的复合物,从而不受 EDTA 存在的影响。

3. 基因工程菌大肠杆菌 BL21 吸附 Ni^{2+} 前后细胞表面官能团变化

基因工程菌大肠杆菌 BL21 吸附 Ni^{2+} 前后的红外光谱如图 5-96 所示,对吸收谱带进行分析,$3410cm^{-1}$ 附近的强宽峰为缔合的—OH 伸缩振动峰,$2927cm^{-1}$ 处为—CH_2—伸缩振动峰,$1650cm^{-1}$ 处为酰胺Ⅰ带(O=CN—H),是 C=O 的伸缩振动,$1543cm^{-1}$ 处的吸收峰为酰胺Ⅱ带,是 N—H 弯曲振动和 C—N 伸缩振动,这两个谱带是蛋白质的特征谱带。$1398cm^{-1}$ 处吸收峰为—COOH 的弯曲振动,$1000\sim1200cm^{-1}$ 为所有已知糖类的特征吸收,$1079cm^{-1}$ 处为糖中 C—O 的伸缩振动。

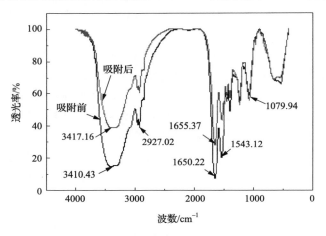

图 5-96　吸附 Ni^{2+} 前后基因工程菌 *E. coli* BL21 的红外光谱图

比较吸附 Ni^{2+} 前后菌体的红外光谱图可知,基因工程菌在吸附 Ni^{2+} 前后,其峰形基本上保持不变,没有出现明显的新吸收峰,表明 Ni^{2+} 并没有破坏菌体细胞本身的结构。基因工程菌大肠杆菌 BL21 吸附 Ni^{2+} 后 $3410cm^{-1}$ 处的吸收峰相对强度减弱,并发生 $7cm^{-1}$ 的位移,表明菌体细胞表面结合 Ni^{2+} 后羟基—OH 的振动峰强度减弱,而 $1079cm^{-1}$ 处 C—O 振动未发生明显变化;$2927cm^{-1}$ 处 CH_2 的吸收峰相对强度减弱;$1650cm^{-1}$ 处酰胺Ⅰ带的吸收峰强度减弱,并发生 $5cm^{-1}$ 的位移,$1543cm^{-1}$ 处酰胺Ⅱ带的吸收峰强度减弱,未发生位移;$1650cm^{-1}$ 处和 $1543cm^{-1}$ 处的吸收峰是蛋白质的特征谱带,说明重金属离子 Ni^{2+} 与胞内的蛋白质发生了结合。综上所述,Ni^{2+} 被细菌细胞吸附后与羟基和酰胺基发生结合,使吸收峰强度减弱并发生位移;蛋白质及含羟基类物质在富集 Ni^{2+} 的过程中起到重要作用。

4. 基因工程菌吸附 Ni^{2+} 稳定性分析

转接 10 次、20 次、30 次、40 次、50 次的工程菌质粒用 NdeI 及 BamHI 进行双酶切,并与原质粒作酶切图谱比较,每个质粒均能切下大小约 1.0kb 和 4.3kb 的基因片段,并与原质粒酶切条带位置一致,说明转接 50 次重组质粒仍保持良好的结构稳定性。

基因工程菌大肠杆菌 BL21 吸附 Ni^{2+} 性能稳定性的实验结果(图 5-97)表明该工程菌的 Ni^{2+} 富集能力具有较好的稳定性,在转接 10 次、20 次、30 次、40 次、50 次的基因工程菌对 Ni^{2+} 的平衡富集量均达到 $8.02mg \cdot g^{-1}$ 以上,溶液中 Ni^{2+} 的去除率均超过 90.2%。

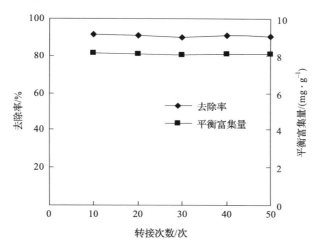

图 5-97　基因工程菌大肠杆菌 BL21 吸附 Ni^{2+} 性能稳定性

5. 基因工程菌-活性污泥联合吸附剂处理含 Ni^{2+} 电镀废水

1) pH

pH 对大肠杆菌 BL21-活性污泥联用处理电镀废水的影响结果如图 5-98(a)所示,在 pH 为 3~7 时,大肠杆菌 BL21-活性污泥对电镀废水中的总 Ni 去除效果较好,总 Ni 去除率达到 83.5% 以上。而在 pH 为 1~2 时,废水中总 Ni 的去除率受到较大影响,去除率下降为原来的 50%。大肠杆菌 BL21-活性污泥联用方法在有效去除电镀废水中 Ni^{2+} 的同时,对废水中其他的重金属离子也有一定的去除效果。在 pH 为 3~7 时,电镀废水中总 Cu、总 Zn 和总 Cr 的去除率最高分别达到 60.4%、75.4% 和 49.8%。

2) 吸附时间

吸附时间对电镀废水处理的影响结果如图 5-98(b)所示，大肠杆菌 BL21-活性污泥联用对废水中总 Ni 及其他重金属的吸附速率较快。在振荡吸附 30min 后，废水中总 Ni 和总 Zn 的去除率分别达到了 68.4% 和 75.3%，完成了总去除率的 85% 以上。而吸附处理 1h 后，废水中总 Ni 去除率增长缓慢，这是由于大肠杆菌 BL21-活性污泥对 Ni^{2+} 的去除包括了胞外吸附和跨膜胞内累积两种作用机制。

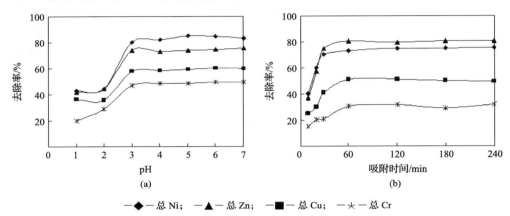

— ◆ — 总 Ni；　— ▲ — 总 Zn；　— ■ — 总 Cu；　— * — 总 Cr

图 5-98　pH 和吸附时间对大肠杆菌 BL21 吸附电镀废水中各重金属的影响

活性污泥可以为微生物吸附剂提供一个稳定的缓冲环境，污泥中的微生物具有一定的解毒能力，从而对吸附产生协同作用；同时曝气也有利于 Ni^{2+} 与吸附菌的充分接触，并为吸附提供充足的溶解氧。这些都有利于大肠杆菌 BL21-活性污泥联合曝气吸附较高浓度含镍电镀废水，并产生较好的处理效果，表 5-19 显示，处理后水样的 pH 为 6.21，色度、COD$_{Cr}$、总 Ni、总 Cr、总 Cu、总 Zn 分别为 5 倍、15.9mg·L^{-1}、4.35mg·L^{-1}、6.8mg·L^{-1}、7.6mg·L^{-1}、0.7mg·L^{-1}，各种重金属去除率分别为 80.0%、52.2%、86.3%、50.8%、62.3%、78.5%。

表 5-19　"大肠杆菌 BL21-活性污泥"对电镀废水处理效果

	pH	浊度	色度/倍	COD$_{Cr}$/(mg·L^{-1})	总 Ni/(mg·L^{-1})	总 Cr/(mg·L^{-1})	总 Cu/(mg·L^{-1})	总 Zn/(mg·L^{-1})
处理前*	4.52	42.7	25	33.10	31.52	13.72	20.40	3.30
处理后	6.21		5	15.85	4.35	6.79	7.64	0.70
去除率/%			80.00	52.17	86.26	50.83	62.31	78.51

* 处理时将实际废水稀释 10 倍

微生物吸附剂对重金属废水处理技术向无毒、无害、无二次污染、高效等方向的发展具有不可低估的作用。如何通过一些生物化学、分子生物学技术研发一系列对某种或多种重金属具有强吸附能力、高选择性和高耐受力的微生物吸附剂成为提高微生物吸附法处理效率的关键。目前,国内外学者的研究工作主要集中在单一优势菌株的筛选和培育方面,利用基因工程技术构建具有高效吸附重金属性能的菌株可明显加快微生物自然驯化过程,同时也是生物强化手段新的发展方向之一。

5.3　固定化微生物吸附剂处理电镀废水

微生物固定化技术是指通过物理或化学手段将游离的微生物固定在限定的空间区域使其保持活性,并可反复利用的一项技术。固定化微生物吸附剂具有细胞密度高、反应速率快、稳定性强、耐毒害能力强、微生物流失少等优点。本节将介绍酵母融合菌 R_{32} 的固定化方法研究;探讨固定化微生物吸附剂的吸附动力学特性;研究填充柱吸附工艺在固定化微生物吸附剂应用中的可行性及影响因素;从而为进一步探索固定化微生物吸附剂稳定性及干燥稳定方法奠定基础。

5.3.1　材料

(1) 微生物吸附剂:酵母融合菌 R_{32}。

(2)电镀废水:采于广州市番禺区某电镀车间,其 pH 为 2.67。废水中铜、铬、镍和锌的含量分别为 1.70mg · L^{-1}、20.62mg · L^{-1}、29.97mg · L^{-1} 和 1.11mg · L^{-1}。

5.3.2　实验方法

1. 海藻酸钠固定化微生物吸附剂

将一定量的海藻酸钠和酵母融合菌 R_{32}(50g · L^{-1})混合后加入蒸馏水,配制成海藻酸钠和酵母融合菌的悬浊液,用注射器在 10cm 高处将悬浊液注入过量的 15%CaCl$_2$ 溶液中(1 L CaCl$_2$ 溶液用于制备 100mL 悬浊液),使菌球在 CaCl$_2$ 溶液中稳定 4h,然后用蒸馏水清洗 3 次,洗净的菌球置于滤纸上吸去表面水分得到固定化吸附剂(含水率约为 95%)。对照组为不包埋酵母融合菌 R_{32} 得到的海藻酸钠小球。海藻酸钠固定化酵母融合菌 R_{32} 吸附剂如图 5-99 所示。

2. 琼脂固定化微生物吸附剂

配制 2%(m/V,100mL 水中加入 2g 琼脂)的琼脂液加热溶解,待溶液冷却至 50℃左右时加入一定量融合菌 R_{32}(50g · L^{-1})混合均匀,待完全凝固后,将琼脂切成边长为 3mm 左右的方块,含水率约为 98%。对照为不包埋酵母融合菌 R_{32} 得到的琼脂方块。琼脂固定化酵母融合菌 R_{32} 吸附剂如图 5-100 所示。

图 5-99　海藻酸钠固定化微生物吸附剂

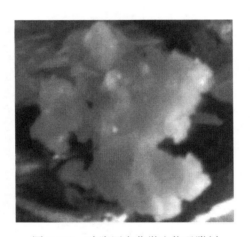

图 5-100　琼脂固定化微生物吸附剂

3. 固定化微生物吸附剂的抗破碎能力及包埋严密性考察

将固定化酵母融合菌 R_{32} 吸附剂加入装有蒸馏水的锥形瓶中,锥形瓶放在转速为 $200r \cdot min^{-1}$ 的快速摇床中振荡一定时间,观察吸附剂的破碎程度及融合菌的溶出情况。

4. 批量吸附实验

按一定的投加量分别将海藻酸钠固定化和琼脂固定化酵母融合菌 R_{32} 投加到装有 $30mg \cdot L^{-1}$ 的含 Cr^{6+} 模拟废水或实际废水的锥形瓶中,锥形瓶置于振荡摇床中 $120r \cdot min^{-1}$ 振荡吸附一定时间。吸附完成后取上清液稀释一定倍数,用原子吸收分光光度法测定各重金属浓度。

5. 填充柱连续吸附实验

分别将海藻酸钠固定化和琼脂固定化酵母融合菌 R_{32} 吸附剂填充入两根 $\Phi 16mm \times 200mm$ 的玻璃柱中制成吸附柱,每根填充柱约填入固定化吸附剂 70g (湿重),填充高度为 120mm。用恒流泵将 15mg·L^{-1}含 Cr^{6+} 模拟废水以一定的流速流过两根串联的填充柱,其流程如图 5-101 所示。

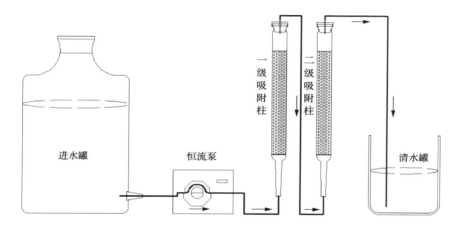

图 5-101 固定化微生物吸附剂填充柱吸附工艺流程图

5.3.3 固定化酵母融合菌 R_{32} 吸附剂处理含铬废水的影响因素

1. 固定化载体

合适的固定化载体应满足:①能较好地将微生物固定于其中,且不损害菌体活性;②有良好的通透性以便微生物吸附剂高效地吸附水中的重金属;③有一定的机械强度、较好的抗破碎性能和稳定性;④对废水的二次污染小及其自身的后续处理操作简单。研究中常用的载体有海藻酸钠、琼脂、聚丙烯酰胺(PAM)、聚乙烯醇(PVA)等。由于 PAM 和 PVA 等有机合成高分子凝胶载体的生物毒性及二次污染情况还不明确,本实验选用海藻酸钠和琼脂两种无毒无害的天然高分子凝胶载体作为研究对象,考察其固定化吸附剂的物理性能及吸附能力,结果分别见表 5-20 和图 5-102。

表 5-20 固定化微生物吸附剂的物理性能对比

固定化载体	载体含量质量浓度/%	形状规则性	破碎率/%	菌体流出情况
海藻酸钠	1	圆形小球上有少量拖尾	<5	很少
	1.5	好	<5	很少
琼脂	2	无定型	>90	严重

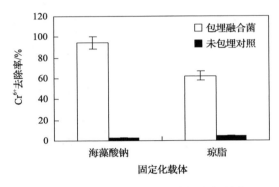

图 5-102 固定化载体对吸附能力的影响

由表 5-20 可见,以 1%或 1.5%的海藻酸钠作为固定化载体时,得到的固定化小球破碎率均<5%,固定化吸附剂稳定,有很少酵母融合菌 R_{32} 流出;从形状规则性角度观察,用 1%的海藻酸钠包埋小球有拖尾现象,当海藻酸钠含量增至 1.5%后规则性表现良好。而以琼脂作为包埋载体时三项物理性能指标均表现不理想。

由图 5-102 可知,固定化载体本身对 Cr^{6+} 的吸附能力均较差,包埋酵母融合菌 R_{32} 后固定化吸附剂对 Cr^{6+} 的吸附能力都有很大提高。以海藻酸钠为载体的固定化吸附剂表现出更高的吸附能力,当固定化酵母融合菌 R_{32} 投加量为 $40g \cdot L^{-1}$,吸附 8h 时,其对 $30mg \cdot L^{-1}$ 的含 Cr^{6+} 模拟废水的去除率可达 94.5%。与前面未固定化处理相比,固定化酵母融合菌 R_{32} 对 Cr^{6+} 的吸附去除能力提升了 10%左右,这是由于海藻酸钠固定化小球具有更松散的结构,这种结构使固定化微生物吸附剂具有良好的通透性,利于 Cr^{6+} 的吸附。

2. 固定化吸附剂投加量

用海藻酸钠含量为 1.5%的固定化融合菌 R_{32} 处理含 $30mg \cdot L^{-1}$ Cr^{6+} 的模拟废水,得到不同吸附剂投加量下 Cr^{6+} 的去除率,结果如图 5-103 所示。由图可见,当固定化酵母融合菌 R_{32} 投加量为 5~10$g \cdot L^{-1}$ 时,Cr^{6+} 的去除率呈对数增长,投加量为 $40g \cdot L^{-1}$(约含 $5g \cdot L^{-1}$ 酵母融合菌 R_{32})时 Cr^{6+} 去除率达 94.5%。对于未包埋酵母融合菌 R_{32} 的对照组,其吸附曲线呈不规则变化,这是由于对照组对 Cr^{6+} 的吸附主要是通过材料表面快速的吸附和解吸动态平衡实现,具有波动性。从实验结果可知,40g·L^{-1}的固定化吸附剂可以很好地处理中低浓度含 Cr^{6+} 废水。

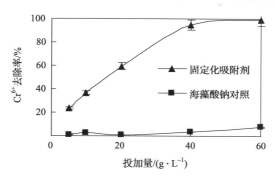

图 5-103　投加量对吸附效果的影响

5.3.4　固定化吸附剂对实际电镀废水的处理

　　将固定化吸附剂用于处理实际电镀废水,不同投加量对实际电镀废水中各金属的去除情况如图 5-104 所示。由图可见,固定化吸附剂对实际电镀废水中各重金属离子都具有一定的吸附能力,特别是对 Cu^{2+} 和 Cr^{6+}。当投加量为 40g·L^{-1}（约含 5g·L^{-1} 酵母融合菌 R$_{32}$）时对 Cu^{2+}、Cr^{6+}、Ni^{2+}、Zn^{2+} 的去除率分别为 100％、90.0％、39.8％和 48.9％,且重金属离子的去除率随固定化吸附剂投加量的增加而增加,当投加量为 50g·L^{-1}（约含 6g·L^{-1} 酵母融合菌 R$_{32}$）时,可以完全去除废水中的 Cu^{2+} 和 Cr^{6+},且对 Ni^{2+} 和 Zn^{2+} 的去除率也分别达到了 48.1％和 61.1％。由此可见,固定化酵母融合菌 R$_{32}$ 吸附剂在电镀废水处理领域具有良好的应用前景。

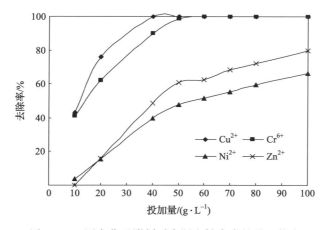

图 5-104　固定化吸附剂对实际电镀废水的处理能力

5.3.5 固定化吸附剂填充柱吸附工艺连续处理含铬废水

固定化吸附剂填充柱吸附工艺具有设备简单、吸附后无需固液分离等优点。将含 Cr^{6+} 模拟废水以一定的流速流经填充柱所得突破曲线如图 5-105 所示。

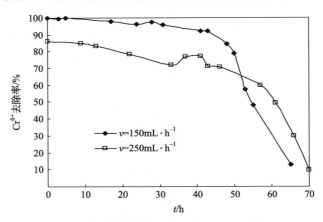

图 5-105　不同流速下填充柱的突破曲线

由图 5-105 可见,固定化吸附剂填充柱对含 Cr^{6+} 模拟废水的处理效果良好,流速对 Cr^{6+} 去除率有较大影响,当流速为 150mL·h^{-1} 时,填充柱的突破点在吸附 48h 时达到,在前 48h 填充柱对 Cr^{6+} 的去除率均在 90% 以上。当流速增加到 250mL·h^{-1} 时,出水水质有所降低,填充柱在吸附的前 46h 对 Cr^{6+} 的去除率为 70.1%~86.2%,反应 46h 后由于吸附达到饱和,吸附能力迅速下降。由流速和突破时间计算得到,当流速为 150mL·h^{-1} 和 250mL·h^{-1} 时,填充柱对含 Cr^{6+} 模拟废水的一次稳定处理量可分别达 7.2 L 和 11.5 L。由此可见,填充柱吸附工艺在固定化吸附剂的实际应用中有很好的发展前景,且延长水力停留时间可提高出水水质。

资源的枯竭、环境的恶化对我国的经济可持续发展构成了严重威胁。一方面,许多重金属(如 Pb、Hg 和 Zn)的存在指数(世界储量和世界生产水平的比率)很小,价格越来越高。另一方面,与废水一起排放的有毒重金属污染着环境,对人类造成严重的危害。利用微生物吸附剂吸附/回收废水中金属离子作为一种废水生物处理技术是目前国内外研究较多的一种治理重金属污染的新方法,因其特有的优点而被推广应用。自 20 世纪 90 年代开始,世界少数国家如美国、俄罗斯、日本等国采用微生物吸附法处理电镀废水已取得成效,并开始在工业上初步应用。微生物在废水处理方面的应用前景十分广阔,除可用来处理废水和回收水中的金属外,还可以用来处理有机污染物及放射性废水,甚至可以用来处理回收海水中的金属。所以对微生物吸附金属的研究不仅具有重要的理论意义,而且有广阔的应用前景,此方面的深入研究无疑具有很高的经济价值和社会效益。

第6章 微生物吸附法的应用前景

6.1 微生物吸附法回收贵金属

贵金属具有独特的物理化学特性,作为催化剂广泛应用于工业、农业和医疗。常见的贵金属包括锂(Li)、铯(Cs)、铷(Rb)、金(Au)、铂(Pt)、钯(Pd)、银(Ag)等。由于贵金属的有限性及可用性,从废水中回收这些金属具有较高的经济价值。目前常用于回收废水中贵金属的工业循环利用方法包括热法冶炼和湿法冶炼。用这些回收方法处理低浓度贵金属废水费用昂贵,需要大量的劳力和时间,而且容易造成二次污染。相比之下,微生物吸附法是非常有发展前途的贵金属回收技术,即使是失活菌体也能有效吸附重金属,而且微生物来源广泛,相对化学药剂更为便宜,可以大规模发酵培养。微生物吸附是一个独立代谢的过程,不同的微生物种类对不同的金属离子有特殊亲缘性。与传统处理方法相比,微生物吸附法应用于治理贵金属污染具有选择性广、运行费用低、不会产生二次污染、利于低浓度贵金属回收等优势。细菌、真菌及一些细胞提取物均可作为微生物吸附剂应用于贵金属回收。

6.1.1 物理化学法

常用的物理化学方法包括化学沉淀法 、氧化还原法 、电解法、离子交换法、膜分离法、活性炭吸附法、溶剂萃取法等。例如,废水中银的回收方法包括沉淀法、离子交换法、氧化还原法、电解法。溶剂萃取法是传统的铂回收法,离子交换法、膜分离法和吸附法也应用于废水中铂的回收,其中,吸附法能有效地回收低浓度的铂。尽管物理化学方法操作简单、回收效率高,但也存在不足,主要有:①大部分物理化学方法不能有效地回收低浓度贵金属。例如,当金属离子浓度为 $1\sim100\text{mg}\cdot\text{L}^{-1}$ 时,化学沉淀法和电解法不适用;②化学沉淀法、离子交换法、活性炭吸附法、电解法均容易造成二次污染;③离子交换法、膜分离法、活性炭吸附法处理费用相对较昂贵,其中活性炭使用寿命短,再生利用成本较高。

6.1.2 微生物吸附法

微生物吸附法回收贵金属是利用微生物体及其衍生物对废水中贵金属离子的吸附作用积累贵金属,之后通过解吸达到回收贵金属的目的。能够吸附贵金属及其他污染物的微生物及其衍生物称为微生物吸附剂。

　　微生物吸附法可以进行原位回收贵金属,不需要复杂的工业过程。最初鼓励发展微生物吸附法是因为吸附剂廉价,对贵金属的处理效率高(尤其是处理低浓度废水)、吸附剂再生能力强、吸附和脱附速度快、无二次残留物及吸附回收的贵金属能补偿废水处理的费用。因此,近年来,微生物吸附法成为回收贵金属技术的研究热点,是工业生产中回收贵金属最有前景的技术方法。

　　微生物对贵金属的吸附作用包括胞外聚集、细胞表面吸附和胞内积累。微生物产生的胞外多糖、胞外蛋白等在菌体胞外聚集中发挥重要作用,且通常当金属离子浓度较低时,胞外聚集的效果更好。细胞表面吸附作用主要包括络合作用和离子交换作用。微生物细胞表面含有巯基、羟基、羧基、咪唑基、氨基、胍基、亚氨基等活性基团,这些基团中的 N、O、P、S 等均可提供孤对电子与贵金属离子在细胞表面形成络合物或螯合物,使溶液中的金属离子被吸附。研究发现磁螺菌(*Magnetosprillum gryphiswaldense*)细胞壁能够络合大量的 Au^{3+}、Ag^+(Li et al.,2013)。离子交换作用是指与细胞物质结合的离子如 K^+、Mg^{2+} 等被结合能力更强的贵金属离子代替的过程。胞内积累金属的过程首先是通过物理、化学作用把金属吸附到细胞表面,然后通过主动运输转运到胞内。微生物吸附的机理取决于微生物吸附剂的特性,不同微生物细胞主要组成成分的差异导致了它们吸附机理的不同,溶液中贵金属离子的存在状态在一定程度上也影响着微生物吸附。

　　微生物吸附通常是一个独立代谢过程,即使微生物失活,它们仍然可以通过细胞表面的官能团吸附溶液中的贵金属,而且吸附速度很快。常见的应用于贵金属吸附的微生物吸附剂包括真菌、细菌、蛋白质。

　　1. 真菌类微生物吸附剂

　　真菌类微生物具有菌丝体粗大、吸附后易于分离、吸附量大等特点,这使其更有利于被制备成微生物吸附剂,目前对真菌吸附剂的相关研究和应用较广泛。真菌的细胞壁由甘露聚糖、葡聚糖、几丁质、纤维素和蛋白质等成分组成,这些物质带有较强的负电荷,能吸附金属阳离子。因此真菌吸附剂可以有效地从工业废水中回收贵金属。实际上,重金属废水通常成分复杂,含有多种贵金属离子。真菌不仅能够有效地吸附某一种金属,而且很多研究也发现,同一类真菌可以对多种不同种类的贵金属具有吸附效果。

　　目前用来回收 Au、Ag、Pt 和 Pd 等贵金属的真菌吸附剂,常见的有黑曲霉、芽枝霉菌(*Cladosporium cladosporioides*)、肉色拟层孔菌(*Fomitopsis carnea*)(Das N and Das D,2013)、产黄青霉(*Penicillium chrysogenum*)(Niu and Volesky,2000)、淡紫色拟青霉(*Paecilomyces lilacinus*)(Ou et al.,2011)、牡蛎菇(*Pleurotus platypus*)(Das et al.,2010)、根霉菌(*Rhizopus arrhizus*)(Das et al.,2010)、链丝菌(*Streptomyces erythraeus*)(Savvaidis,1998)、酵母菌(Simmons and

Singleton，1996)，见表 6-1。研究表明,黑曲霉、鲁氏毛霉、根霉菌对 Au 具有较好的吸附效果(Das N and Das D，2013)，而固定在聚乙烯醇上的肉色拟层孔(*Fomitopsis carnea*)菌丝体对 Au 的吸附量达到 94mg · g^{-1}。Simmons 和 Singleton (1996)利用酵母菌吸附 Ag^+，发现培养 96h 的菌体对 Ag^+ 的吸附量是培养 24h 菌体吸附量的一半(分别为 0.187mol · g^{-1} 干重和 0.387mol · g^{-1} 干重)，添加适量的赖氨酸(0～5.0mmol · L^{-1})可以促进菌体对 Ag^+ 的吸附。另外，Guibal 等 (1999)研究发现酵母菌对 Pt 和 Pd 的吸附主要是通过细胞的几丁聚糖。

表 6-1　常用于贵金属吸附的微生物吸附剂及其吸附量比较　　　(单位：nmol · g^{-1})

微生物吸附剂种类		Au	Pt	Pd	Ag	参考文献
真菌类	酿酒酵母	0.028			0.556	Simmons and Singleton.，1996
	黑曲霉	1			0.9	Das N and Das D，2013
	牙枝霉菌	0.5			0.6	Das N and Das D，2013
	肉色拟层孔菌	0.48			0.035	Das N and Das D，2013
	产黄青霉	0.014				Niu and Volesky，2000
	淡紫色拟青霉				0.943	Ou et al.，2011
	牡蛎菇				0.433	Das N and Das D，2010
	少根根霉	0.8				Das N and Das D，2013
	链丝菌	0.03				Savvaidis，1998
细菌类	枯草牙孢杆菌	0.02				Niu et al.，1999
	蜡状芽胞杆菌			0.85		Li et al.，2011
	棒状杆菌属			3.289		Zhang et al.，2005
	脱硫弧菌属		0.32	1.2		de Vargas et al.，2004
	脱磷弧菌属		0.17	1		de Vargas et al.，2004
	磁螺菌	0.081				Li et al.，2013

2. 细菌类微生物吸附剂

许多研究表明细菌及其产物对溶解态的金属离子有很强的吸附能力。细菌细胞通过一些官能团[包括羟基、羰基(酮)、羧酸盐、二氧化氮、一氧化氮、巯基(硫醇)、磺酸盐、硫醚、氨基、仲胺、酰胺、亚胺、咪唑、磷酸酯和磷酸二酯]将金属离子吸附到细胞表面，然后通过新陈代谢作用促使金属离子在细胞内积累。

如表 6-1 所示，芽孢杆菌属(Niu and Volesky，1999；Li et al.，2011)、棒状杆菌菌属(*Coryne bacterium* sp.)(Zhang et al.，2005)、脱硫弧菌属(*Desulfovibrio* sp.)(de Vargas et al.，2004)、磁螺菌属(*Magnetospirillum* sp.)(Li et al.，2013)对贵金属 Au、Ag、Pt 和 Pd 均具有较高的吸附量。有研究表明,用地衣芽孢杆菌

吸附 Pd^{2+} 45min 后,吸附量可达224.8mg·g^{-1}。Tsuruta(2005)研究发现革兰氏阴性菌,如醋酸钙不动杆菌(*Acinetobacter calcoaceticus*)、草生欧文菌(*Erwinia herbicola*)、枯草芽孢杆菌对 Au 具有较高的吸附率,其中枯草芽孢杆菌通过新陈代谢将 Au 积累在细胞内。

3. 蛋白质类微生物吸附剂

微生物蛋白质富含多种活性基团如羟基、氨基、羧基,可与多种金属离子发生共价结合、络合等反应。常见的金属结合蛋白如金属硫蛋白、汞离子结合蛋白(MerP)是强效的微生物吸附剂。金属硫蛋白通常存在于真核细胞中,分子质量较低(6~7 kDa),是富含半胱氨酸的短肽,可以通过转录进行生物合成,能有效吸附 Zn、Hg、Cu、Au、Ag、Co、Ni、Bi 和 Pt(Das N and Das D.,2013)。而牛血清蛋白(BSA)被证实对 Au 和 Pd 具有较强的吸附能力。这些蛋白质对贵金属的吸附能力比微生物更强,选择性更高,但是制备和处理费用昂贵,而且蛋白质的结构对所处的环境包括温度和 pH 非常敏感,以至于吸附过程非常不稳定。目前利用蛋白质作为微生物吸附剂的应用还较少。

另外,几丁聚糖(如聚葡萄糖胺)作为一种无毒、亲水、可生物降解的高分子化合物对金属离子也具有吸附作用,可以通过与其他官能团如硫脲、红氨酸、赖氨酸形成壳聚糖树脂促进其对金属离子的吸附能力。当几丁聚糖与赖氨酸结合时,对 Pt^{4+}、Pd^{2+}、Au^{3+} 的最大吸附量分别达到 129.36mg·g^{-1}(pH=1.0)、109.47mg·g^{-1}(pH=2.0) 和 70.34mg·g^{-1}(pH=2.0)(Das et al.,2010)。

6.1.3　贵金属微生物吸附的影响因素

影响微生物吸附贵金属的主要因素包括溶液 pH、温度、生物量、溶液离子强度、金属离子初始浓度等。

1. 溶液 pH

在贵金属回收过程中,溶液 pH 关系到金属离子的存在形态,pH 不仅影响金属络合和离解位点,还影响靶金属的有机和无机配体及氧化还原电位。

Pethkar 等的研究发现(2001),在酸性条件(pH=1~5)下,芽枝霉菌对 Au^{3+} 的最高吸附率达到 80%,在 pH 为 3.9 时吸附量最大;通过分析吸附剂表面的 Zeta 电位发现,pH 为 1.85 时,菌体表面电荷反转,对 Au^{3+} 的吸附产生抑制作用,使吸附量下降;当 pH 高于 4 时,Au^{3+} 形成氢氧络合物,也导致吸附量下降。Lin Z 等(2005)利用酿酒酵母吸附 Au^{3+},发现 pH 为 5 时吸附率最高。这说明不同的微生物种类对金属离子吸附的最佳 pH 不同。

2. 温度

很多研究表明,溶液温度是影响微生物吸附过程的重要因素,大部分微生物吸附过程的最佳温度范围是 20～35℃。利用趋磁细菌吸附 Au^{3+} 和 Cu^{2+},发现在温度范围为 10～35℃时,MTB 能有效地吸附 Au^{3+} 和 Cu^{2+},当温度为 15～20℃时,菌体对金属的吸附量随着温度的升高而增加,而当温度为 25～35℃时,金属离子吸附量反而随着温度的升高而缓慢下降(Song et al.,2007)。Fujiwara 等(2007)利用与赖氨酸结合的几丁聚糖作为吸附剂,研究温度对其吸附 Pt^{4+}、Pd^{2+}、Au^{3+} 的影响,发现各金属吸附量均随着温度的升高而下降,这主要是因为几丁聚糖对 Pt^{4+}、Pd^{2+}、Au^{3+} 的吸附过程是放热过程。

3. 生物量

生物量显著地影响微生物吸附剂的吸附过程。菌体对贵金属离子的吸附量随着生物量的增加而增加,这是因为生物量增大可以有效地增加金属离子的结合位点。Song 等(2007)研究趋磁细菌对 Au^{3+} 和 Cu^{2+} 的吸附,发现金属的吸附量随着生物量的增加($2.0～12.0g \cdot L^{-1}$,干重)而上升。但当生物量达到一定值后,如果继续增加并不能使金属的吸附量持续增大,反而会使菌体对金属的吸附量下降。Gadd 等(1988)的研究发现,生物量的增加会造成细胞有效结合位点之间的干扰,导致细胞对金属离子吸附量的下降。

4. 溶液离子强度

另一个影响微生物吸附贵金属的重要参数是溶液的离子强度。溶液中离子的浓度越大,离子所带的电荷数目越多,各种离子之间的作用越强,离子强度越大,从而导致离子之间的吸附竞争、金属活性的改变,这些均可能影响吸附过程。一些无机阴离子如氯离子,容易与金属离子形成络合物,改变金属离子的活性,抑制其生物吸附。在氯离子含量高的水溶液中,过剩的氯离子会使偏酸性的氯离子与金属离子竞争,阻止废水中金属离子的吸附去除。

5. 金属离子初始浓度

金属离子初始浓度会影响吸附过程是因为当金属离子初始浓度较低时,金属离子的最初物质的量与吸附有效表面积的比值低,造成只有一部分菌体发挥吸附作用,因此适当的增加金属离子浓度可以促进其吸附量。但是当金属离子浓度过高时,可用于吸附的结合位点相对于金属离子的物质的量就会变少,不利于金属的吸附去除。研究表明,微生物对 Au^{3+}、Pt^{4+} 和 Pd^{2+} 的吸附量随着金属离子初始浓度的增加而增加,但吸附率却下降(Das et al.,2010),这是因为菌体细胞可用的结合位点有限,对金属离子的吸附量一定,增加金属离子浓度反而会导致吸附率的下降。

6.1.4　微生物吸附剂中贵金属的解吸

解吸是微生物吸附法回收贵金属非常重要的一步。微生物细胞吸附重金属后,有多种方法可以将重金属从微生物细胞中解吸下来,化学法解吸是较常用的方法之一。

化学解吸最重要的就是选择合适的解吸剂,这由微生物吸附剂特性和吸附机理决定。解吸剂必须满足对微生物无害、价格便宜、属于环境友好型、能够高效回收贵金属。对于菌体细胞表面富集的金属离子,由于解吸剂中含有的大量氢离子、金属离子或者络合物可以与吸附的金属离子竞争吸附位点,从而把已吸附的贵金属离子从吸附剂上洗脱下来;对于细胞内积累的金属离子,解吸剂可以通过营造不利于菌体生长的环境而导致菌体对体内金属离子进行外流运输而脱附。通过这两种机制的联合作用达到贵金属离子的解吸、回收和吸附剂的再生。

常用的解吸剂主要有酸碱、络合物等。解吸剂的种类、浓度与解吸时间均会影响解吸效果。Ma 等(2006)将 $0.1mol \cdot L^{-1}$ HCl、$1.0mol \cdot L^{-1}$ HCl、$0.1mol \cdot L^{-1}$ EDTA、$0.1mol \cdot L^{-1}$ 硫脲$+1.0mol \cdot L^{-1}$ HCl 作为微生物吸附 Pt^{4+} 和 Pd^{2+} 后的解吸剂,发现强酸性的硫脲抑制 Pt^{4+} 和 Pd^{2+} 的解吸,$0.1mol \cdot L^{-1}$ EDTA 的解吸效果较好,但是 $0.1mol \cdot L^{-1}$ EDTA 为解吸剂时,Pd^{2+} 的解吸率只有 58.4%,而 Pt^{4+} 的解吸率高达 90.7%。可见,同一种解吸剂并不是适用于所有的贵金属回收,因此,在生产实践中要根据实际情况合理地选择最佳的解吸剂。

贵金属的微生物吸附在最近几年受到国内外学者广泛关注,与传统处理方法相比,微生物吸附法回收贵金属具有很多优点,包括处理成本低、金属吸附率高、选择性好、技术需要低、再生能力强、吸附剂回收利用率高等。

虽然关于微生物吸附机制的研究为开展微生物吸附回收贵金属提供了科学依据,但目前该项技术尚处于实验室研究阶段,大规模利用微生物吸附剂处理贵金属废水的生产应用还很少,这是多方面的因素共同限制起作用的。因此,为实现微生物吸附法处理回收贵金属的实际生产应用,今后有待于进一步加强以下几方面的研究。

(1) 利用现代分析手段研究贵金属在细胞内的沉积部位和状态、贵金属与细胞特定官能团结合的能量变化、官能团结构和特性,以期达到改进吸附剂性能和提高吸附量的目的。

(2) 加强对基因重组技术、原生质体融合技术构建"超级工程菌"及新型菌种的重视和研究,选择对贵金属吸附量大、平衡时间短的菌种应用于工业化生产。

(3) 开发新的高效固定化生物反应器,以期获得不同类型的反应器和吸附-解吸工艺的特征参数,建立在微生物技术基础上的高效处理/回收贵金属工艺,最大限度地提高微生物吸附剂吸附-解吸的效率。

（4）研究开发可以高效回收吸附剂上贵金属的解吸剂,研发低成本的微生物吸附剂再生技术方法,从而为进一步将微生物吸附法应用于大规模的贵金属回收工业化生产奠定基础。

6.2　放射性元素的微生物吸附

放射性元素(或放射性核素)能够自发地从不稳定的原子核内部放出粒子或射线(如 α 射线、β 射线、γ 射线等),同时释放出能量,最终衰变形成稳定的、停止放射的元素。常见的有铀(^{238}U 和 ^{235}U)、钍(^{232}Th)、镭(^{226}Ra)、钚(^{239}Pu)、铯(^{137}Cs)及其放射性元素。放射性元素广泛应用于军事、能源、工业、农业、医学及其他科学的研究,而在整个开发利用过程中伴随产生的放射性废气、废液和固态废弃物的数量也越来越多,对环境造成的危害越来越大,引起人们的关注。在放射性"三废"中,放射性废水所占的比例相当大,在一些核研究或核工业生产机构如核电站、铀钍的湿法冶金厂、医院、放射性元素试验堆及生产堆等,均会产生和排放大量的放射性废水,因此,对放射性废水的安全处置尤其重要。

6.2.1　物理化学法

目前传统放射性废水的处理方法从物理化学法为主,包括化学沉淀法、离子交换法、电渗析法、反渗透法、蒸发浓缩法等。化学沉淀法净化放射性废水是最常用而又简便的方法,如用石灰沉淀含 U 及其他金属元素的废水效果十分显著。离子交换法选择性较强,一般只能处理单一的污染物,最大的优点是操作简单、管理方便。含盐较高的放射性废水通常先用电渗析法将盐的浓度降低至足够低的程度,然后再结合其他处理方法除去放射性物质(周书葵等,2011)。反渗透法在浓缩低放射性废水时不会引起相的变化,能量利用率和处理效率较高。但物理化学法容易造成二次污染,对放射性元素的回收率低。

6.2.2　植物修复法

放射性废水的主要去除对象是具有放射性的金属元素,当今常用于处理放射性废水的生物法有植物修复法和微生物吸附法。植物修复法是利用水生植物富集去除放射性废水中有害物质的一种原位处置方法,包括根际过滤、植物萃取、植物固化、植物蒸发等技术。有研究表明(魏广芝和徐乐晶,2007),水体中的 U 能够富集在植物根部。凤眼莲、破铜钱等是具有发达的纤维状根系和高生物产量的水生植物,能够在水中有效地去除放射性元素。Saleh(2012)利用凤眼莲(*Eichhornia* crassipes)吸附^{137}Cs 和^{60}Co,研究结果发现,在 pH 为 4.9 时,凤眼莲对^{137}Cs 和^{60}Co 的最大吸附率分别为 85%和 96.4%,同时发现光照是影响植物活性及对放射性元素耐受性最大的因素。Chakraborty 等(2007)也发现罗勒(*Ocimum basilicum*)对^{137}Cs 和^{90}Sr 具有较好的吸附率,其吸附过程主要受 pH 和共存离子的影响,酸性条件和 Na$^+$、K$^+$ 会导致^{137}Cs 和^{90}Sr 的吸附率降低。这种方法处理费用低、应用材料丰富,但修复周期较长,同时造成放射性元素的生物积累。

6.2.3　微生物吸附法

微生物吸附法是处理放射性废水、去除水体中放射性元素行之有效的方法。不管是活体微生物还是死体细胞,微生物细胞表面都具有丰富的官能团如羧基、羟基、磷酸基等,能够与放射性元素相结合(Sar et al.,2004)。微生物不能降解和破坏放射性元素,但可以通过改变它们的化学或物理特性而影响放射性元素在环境中的迁移与转化。通过微生物的吸附富集作用可以实现放射性废水的减量化目标。

微生物首先通过物理化学作用将放射性元素吸附在细胞表面,然后通过新陈代谢作用使放射性元素在细胞内积累。例如,假单胞菌细胞表面首先吸附 U、Ra 和 Cs,此过程不需要依靠菌体的新陈代谢,之后 U、Ra 和 Cs 通过酶促反应在假单胞菌细胞内积累,用显微镜可观察到这些放射性元素在细胞内形成稠密的胞内沉积物(周书葵等,2011)。另外,微生物分泌的胞外高分子物质如多糖、核酸、蛋白质和几丁质等可以同放射性金属元素之间产生络合作用,这些聚合物也可以通过吸附作用将溶解态的放射性元素固定。

与其他微生物相比,真菌吸附剂具有显著的优势,可用的真菌种类较多,真菌包括单细胞和丝状体,可以在廉价的培养基中生长且易于收获。研究发现,少根根霉、青霉菌(*Penicillium* spp.)、烟曲霉(*Aspergillus fumigatus*)可以吸附放射性元素 Th,但是吸附量非常低,其中烟曲霉对 Th 的最大吸附率只有 37%(Bhainsa and D'souza,2009)。废水初始 pH、接触时间、放射性元素初始浓度、吸附剂生物量等均会影响真菌对放射性元素的吸附。与真菌相比,细菌对放射性元素的吸附率更高。例如,芽孢杆菌 dwc-2 在 pH 为 3.0 时对 10mg · L^{-1}U 的吸附率达到 60%(Li X L et al.,2014)。这是由于细菌细胞表面带有负电荷,能够将放射性元素快速地吸附到表面。有研究表明,少根根霉、产黄青霉等均能有效吸附放射性元素(Tsezos et al.,1982,1983)。

目前关于微生物吸附放射性元素的研究中,对于 U、Cs、Th、Ra 和 Pu 的吸附研究较深入,因此,我们以微生物对 U 和 Cs 的吸附为例,介绍微生物吸附剂对放射性元素的吸附特性。

1. U 的微生物吸附

U 的半衰期很长,长期存在于环境中,当 pH $<$ 6.5 时,U 以 UO_2^{2+} 和羟基配合物的形态存在;当 pH $>$ 6.5 时,U 则主要以碳酸铀酰络合物的形态存在。目前有很多研究者利用酿酒酵母对低浓度的 U 进行生物吸附和生物积累,Popa 等(2003)发现酿酒酵母对 U 的最大吸附量达到 $8.75mmol \cdot g^{-1}$(干重)。另外有研究指出,酿酒酵母和铜绿假单胞菌细胞均能快速吸附 U。酿酒酵母能将 U 吸附在细胞表面,吸附的速度与程度取决于 pH、温度、某些阳离子和阴离子的干扰等。铜绿假单胞菌能在细胞内积累 U 且速度很快($<10s$),积累效果与环境因素无关。这两种菌吸附 U 的量均可达细胞干重的 10%~15%。在透射电子显微镜下可见,酿酒酵母体系中 32%的细胞有 U 积累,而铜绿假单胞菌体系中 44%的细胞有 U 积累(周书葵等,2011)。酿酒酵母细胞经化学预处理后吸附 U 的速度加快,吸附饱和后,利用化学试剂如 HNO_3、H_2SO_4、HCl 等可以从酿酒酵母细胞中解吸/浓缩 U,完成解吸再生后的酿酒酵母可再次作为微生物吸附剂(Liu et al.,2010)。

Li 等(2014)利用从低浓度 U 的放射性废物中筛选获得的芽孢杆菌 dwc-2 对 U 进行吸附,在 12h 达到吸附平衡,吸附量达到 $6.30mg \cdot g^{-1}$(干重),同时利用透射电子显微镜观察发现,U 可以在细胞内积累。傅里叶变换红外光谱分析显示,芽孢杆菌 dwc-2 细胞表面磷酸基、羧基、酰胺基都能够与 U 结合。细胞表面的磷酸基和羧基是主要的 U 结合键,磷酸基、羧基与 U 结合能够形成稳定的磷酸铀和羧基铀络合物。另外,研究证实在芽孢杆菌 dwc-2 对 U 的吸附过程中,离子交换具有重要的作用。随着细胞内 K^+ 和 Mg^{2+} 浓度下降,U 被细胞吸附,已有很多研究指出细胞释放 K 可以促进金属离子 U 的吸附,从而维持穿过细胞膜的离子平衡。Merroun 等(2002)的研究结果也证明了离子交换在微生物细胞对 U 的吸附过程中至关重要,细胞内 P 的释放促进细胞对 U 的吸附,且进一步提高细胞对金属离子 U 的耐受力。

2. Cs 的微生物吸附

元素 Cs 裂变时放出 γ 射线,半衰期长达 30a。Cs 具有高水溶性,容易在食物链中传递积累,最后到达人体。研究表明,红冬孢酵母(*Rhodosporidium fluviale*)对 Cs 的吸附是非常快速的过程,pH、吸附剂生物量、接触时间和 Cs 离子初始浓度都会影响微生物对 Cs 的吸附。很多研究表明,pH 是非常重要的影响因素,pH$>$5 时,Cs 吸附率随着 pH 的上升而增加,因为红冬孢酵母细胞表面带负电,通过静电吸附作用将 Cs 吸引到细胞表面。在较高 pH 条件下,细胞表面负电荷增多,使 Cs 和菌体的静电吸引增强;在较低的 pH 时,细胞表面负电荷减弱,正电荷增强,细胞对 Cs 的吸附率下降(Lan et al.,2014)。另外有研究证实,红冬孢酵母对 Cs 的吸附机制主要包括表面吸附和胞内积累两部分,透射电子显微镜观察结果显示大部分 Cs 会在菌体细胞内积累,少部分积累在细胞表面。红冬孢酵母首先通过细胞表面的磷酸基、羧基、酰胺基等吸附 Cs,但 Cs 离子是非常弱的路易斯酸,较难与细胞表面的官能团结合,所以 Cs 离子通过细胞膜进入细胞内,只有少部分吸附在细胞表面。同时研究证明了 Cs 离子进入细胞内是通过细胞膜的 K^+ 通道,胞内 K^+ 的释放促进细胞对 Cs 的吸附,这也说明离子交换在红冬孢酵母吸附放射性元素 Cs 中具有重要的作用。

不仅微生物对 Cs 具有吸附作用,其产生的胞外分泌物对 Cs 同样具有吸附作用。Mao 等(2011)利用荧光假单胞菌(*Pseudomonas fluorescen*)产生的胞外聚合物(PFC02)吸附 Cs,证明其最佳 pH 为 8.0,在 25℃时 PFC02 对 Cs 的吸附量为 32.63mg·g^{-1},这个吸附过程只有化学作用,PFC02 通过表面官能团包括羟基、羧基、羰基、磺酸基与金属离子结合。

通常利用 HNO_3、H_2SO_4、HCl、柠檬酸、EDTA 等作为 Cs 解吸剂。例如,利用 1.0mol·L^{-1} HNO_3 作为胞外聚合物 PFC02 释放 Cs 的解吸剂,回收率可以达到 99.5%。利用 2.0mol·L^{-1} HNO_3 作为红冬孢酵母释放 Cs 的解吸剂,其回收率为 82.6%,远高于利用柠檬酸和 EDTA 作为解吸剂的回收率(Lan et al.,2014)。

微生物吸附法处理放射性废水正日益引起人们的关注,利用微生物吸附剂处理存在于废水中的铀、铯、钍、镭等放射性元素,效率高,成本低,而且没有二次污染。目前,已发现多种对辐射有极度耐受能力且能高效积累放射性元素的微生物,多项研究结果均表明微生物吸附放射性元素具有良好的应用前景。不过,目前的研究还大多只停留在微生物对放射性元素的吸附性能方面,且筛选的微生物菌种对放射性核素的吸附率仍相对较低。因此,今后的研究应集中在研发对放射性元素吸附量高、吸附和解吸速度快的微生物吸附剂,以及更深入地揭示微生物对放射性元素的吸附和耐受机理等方面。

6.3　微生物吸附法在染料废水处理中的应用

6.3.1　染料废水处理发展现状

染料废水是主要的有毒有害工业废水之一,主要来源于染料及染料中间体生产行业,由各种产品和中间体结晶的母液、生产过程中流失的物料及冲刷地面的污水等组成。随着染料工业的不断扩大,其生产废水的治理也成为一大难点。根据美国 C.I.(Color Index)统计,目前使用的染料已有数万种之多。我国是染料生产大国,且纺织印染工业发展迅速,这使得染料的产量和需求量逐年增加。

根据染料的不同特性对染料进行分类,按化学结构染料可分为:偶氮染料、蒽醌染料、靛旋染料、硫化染料、菁染料、三芳基甲烷染料、杂环染料;按染料作用特性可分为:直接染料、硫化染料、还原染料、酸性染料、酸性络合染料、反应性染料、冰染料、氧化染料、分散染料、碱性染料;在环境工程领域经常是根据染料分子在水溶液中解离出来的离子态而分为:①阴离子染料,如直接染料、酸性染料;②阳离子染料,如碱性染料;③非离子型染料,如分散染料。离子型和非离子型染料中的发色基团大多都是含氮基团或者是蒽醌类,含氮基团中氮键的还原断裂容易在废水中形成具有毒性的胺,而蒽醌类的染料由于其中的芳香结构很难被降解,从而使这类染料废水更难脱色。另外一类用得较多的活性染料是典型的发色基团中含有氮键的染料,发色基团和各种活性基团相连接,如烟磺基团、二氯均三嗪活性基团、乙烯砜基等,这类染料在染色和印花过程中,染料的活性基团与纤维分子形成共价键结合,使染料和纤维形成一个整体。由于该类染料具有色泽鲜艳、水溶性好、应用技术简单等优点,被广泛应用于印染工业。然而,含有这些水溶性活性染料的印染废水也是目前工业上较难处理的废水之一,传统的水处理工艺对这类染料的处理效果并不理想。而碱性染料,由于其色泽非常鲜艳,水中碱性染料浓度即使很低时,水体的色度也非常高。分散染料在溶液中不以离子形式存在,且大多具有生物积累性,化学结构稳定,生物可降解性差,因此,传统的水处理工艺对这类分散染料的去除效果也很差。同时大多数的染料都含有重金属,如铬、铅、汞等,这使这类染料废水具有较高毒害性。

一般染料废水的 COD_{Cr} 很高,而 BOD/COD 值较小,同时可生化性差、色度高、酸碱性强、含盐量高、组分复杂、毒性强,再加上现在的染料正朝着抗光解、抗热及抗生物氧化方向发展,从而使其废水的处理难度加大。目前对染料废水的处理方法可归纳为化学法、物理法及生化法,其中包括了超滤膜脱色法、离子交换法、超临界水氧化法、高压脉冲电解法、电化学氧化法、光催化氧化法等。表 6-2 列出了

表 6-2　染料废水常见传统处理方法及存在问题

传统方法		存在问题
物理法	物理吸附法	吸附剂再生困难、物理化学稳定性差、处理费用较高。对于浓度大的废水,吸附量有限,去除效果不是很理想
	混凝沉淀法	不能去除水溶性染料中相对分子质量小的不容易形成胶体的部分酸性染料、活性染料、金属络合染料及阳离子染料
	萃取法	运行成本高,易产生二次污染
	膜分离法	膜的性能尚不稳定、膜孔易堵塞、膜系统的成本较高、使用寿命有限
	浓缩法	能耗很高,在染料废水的处理中使用得较少
化学法	氧化法	药剂消耗量大,运行成本较高
	电化学法	电耗较高,电极损耗大

染料废水常见传统处理方法及存在的主要问题。目前我国对这一类有毒有害工业废水是严禁直接排放的,在环境监管越来越严的今天,能够高效、低成本处理这类染料废水的微生物吸附法将发挥越来越重要的作用。

6.3.2　微生物吸附剂在染料废水处理中的应用

生物强化技术是通过向废水处理系统中投加具有特殊功能的优势菌种或采用基因重组技术选育的高效工程菌与废水中的自然菌群协同作用,来提高处理系统对有害物质的去除能力,优化系统的稳定性能,近年来已得到广泛的研究和应用。

微生物吸附剂的应用是当前染料废水生化处理技术的主要发展方向之一。近几年已有大量报道,某些微生物如细菌、酵母菌、丝状真菌、放线菌和藻类等可以通过吸附和降解达到去除废水中的重金属、染料分子等有害污染物的目的。

1. 微生物吸附剂的开发

1) 细菌类

很多细菌能够对染料废水进行有效降解和脱色,包括气单胞菌属(*Aeromonas* sp.)、假单胞菌属(*Pseudomonas* sp.)、芽孢杆菌属(*Bacillus* sp.)、红球菌属(*Rhodococcus* sp.)、志贺菌属(*Shigella* sp)和克雷伯氏菌属(*Klebsiella* sp.)。这些细菌多为好氧生长,但在厌氧条件下可以产生偶氮还原酶,表现出较大的脱色活性(陈文华等,2014)。细菌在厌氧条件下产生的偶氮还原酶具有较低的底物专一性,能够还原染料分子中高亲电子的偶氮键而产生无色的芳香胺。虽然这些芳香胺对厌氧矿化产生抑制作用,且在环境中滞留对动物有毒害性和致突变性,不过系统中同时还存在一些好氧细菌,它们能以这些芳香胺作为碳源将其彻底矿化,从而达到净化废水的目的。

影响细菌对染料脱色的因素很多,为了确定最优的调控参数,更好地指导生产实践,通常采用传统的单因素实验优化脱色条件,但该方法耗时耗力,且很难获得最优操作条件。统计学方法作为一种新的优化操作参数的手段,不仅可以用最少的实验组获得最优操作参数,而且可以对操作因素间的交互作用进行研究,因此,越来越多地受到环境工作者的青睐。

2) 真菌类

近年来,真菌在染料废水脱色中的作用受到广泛关注。目前报道的具有脱色能力的真菌多达几十种,并且对多种染料都有效果,主要包括偶氮染料、蒽醌染料及二苯乙烯染料等。脱色机制可分为吸附脱色和降解脱色。

大多数真菌菌体呈丝状,用于染料吸附后容易与水溶液分离用以回收染料和进行再生,而且很多工业发酵产生的废菌体可以直接用来作为吸附材料,因而相对于细菌染料吸附剂来说更受关注。真菌吸附剂对染料结构的选择性较小,同一种真菌可对多种染料进行吸附脱色,且吸附速度快。真菌吸附剂既可以是活细胞也可以是死体细胞,其中死体细胞在吸附脱色过程中不涉及细胞酶的产生和活性,因而不依赖于废水特性、底物性质、营养供给等环境因素。由于真菌的死体细胞主要通过吸附、沉积、离子交换等物化作用去除染料分子,真菌的吸附脱色可以不依赖于菌体培养,且对染料结构的选择性小。利用死体细胞作为吸附材料不仅脱色效率较高,而且便于储藏和工艺控制,但如何解决染料的解吸及吸附材料再生的问题是该领域的重要研究方向。

目前利用真菌吸附剂处理染料废水存在的问题是,菌体能同时降解的染料种类仍较有限,吸附剂的低成本培养制备和产酶特性还无法实现工业化生产。因此研发对多种染料有吸附/降解作用的多效吸附剂及低成本的高效吸附剂制备生产工艺将成为真菌吸附剂今后研究的重点和难点。

3）藻类

某些藻类如普通小球藻(*Chlorella vulgaris*)、蛋白核小球藻(*Chlorella pyrenoidosa*)、斜生栅藻(*Scenedesmus obliquus*)、颤藻(*Oscillatoria*)等,不仅能通过光合作用为好氧菌输送氧气,本身还能够脱色降解偶氮染料,甚至将其最终矿化成简单的无机化合物或 CO_2。Mohan 等(2002)报道了水绵属绿藻可脱色降解染料活性黄 22,提出藻类的脱色降解效果与染料结构、藻的种类有关。根据目前文献报道,藻类对染料的脱色降解机制主要包括生物吸附、生物降解、生物混凝三种。Saratal 等(2011)的研究表明,藻类能够利用偶氮还原酶作用于偶氮染料的偶氮双键,使其断裂形成芳香胺类中间产物,并可以进一步降解芳香胺为简单化合物或 CO_2,这一系列过程与细菌对偶氮化合物的降解机制相似。

利用藻类对染料废水进行脱色具有无二次污染、利用完全的优点,是实现绿色生产的有效途径之一,具有较好的发展前景,但是一般脱色周期较长,且对于环境有一定的要求,这也限制其开发应用,因此,开发脱色周期短的高效藻种成为今后研究的热点。

4）基因工程菌

芳香族有机化合物染料是一类难降解的持久性有机污染物,虽然目前已筛选出多种具有降解功效的微生物菌株,但这些微生物降解效率普遍较低,对处理环境要求较高,繁殖速度缓慢,处理效果难以达到预期效果。而且有些菌株对染料降解具有较强的选择性和专一性,不能满足成分复杂工业废水处理的广谱性要求。因此,通过人工育种,选育对多种染料具有高效去除效果且性能稳定的工程菌将是利用微生物吸附剂处理染料废水的一个重要研发方向。

目前,国内外已有大量关于利用分子生物技术构建高效基因工程菌,用于蒽醌染料废水脱色处理的文献报道。一般是通过将具有降解功效基因片段转入繁殖力强和适应性能好的受体菌株或将决定降解各种染料化合物的基因克隆到同一菌株内,构建出高效基因工程菌,以实现彻底降解染料污染物的目的。

2. 微生物吸附剂处理染料废水的作用机理

一般认为,微生物吸附剂处理染料废水是由两种机理共同起作用,即生物吸附和降解脱色。

1) 生物吸附

生物吸附过程中,染料分子和菌体之间可以存在各种作用力,如范德华力、氢键、偶极间力、疏水键、配位基交换和化学键等。各种作用力所释放的热是不同的,作用力越强,放出的吸附热越大。在吸附过程中,由哪一种作用力起主导作用主要取决于具体的菌剂种类和染料特性,以及吸附作用过程的环境条件。

本课题组已有研究表明,活性菌体对有机化合物的吸附包括表面吸附和菌体内部吸附。而固定化的菌体和死体细胞对染料的吸附更多的是表面吸附,能够进入细胞中的量相对较少。

2) 降解脱色

降解脱色的过程可分为两步:一是染料分子首先吸附到菌体上,然后部分透过细胞膜进入细胞内;二是利用微生物体内的各种酶催化氧化还原染料分子,破坏染料分子不饱和共轭体系,从而达到脱色的目的。代谢中间产物又进一步氧化还原分解并最终矿化为二氧化碳和水,或转化为微生物所需的营养物质,形成新的细胞原生质。

目前应用的染料大多是人工合成的大分子化合物,品种多,结构复杂。从发色机理上讲,所有染料分子都包含一个或多个不饱和结构的发色基团,该基团引入共轭体系后能参与共轭作用,使共轭体系中 π 电子流动性增加,结果是分子激发能降低,主要是缩小了电子由非键轨道或 π 成键轨道跃迁至 π 反键轨道的能量。染料中主要的发色基团有偶氮基、亚硝基、硝基、氧化偶氮基、硫代羰基等。另外,染料分子中还含有助色团,其特点是含有未共用电子对的原子,作用原理与发色基团类似。染料废水的脱色也就是要破坏其所含染料分子的发色基团,而降解则需要将染料分子破坏为小分子,并且最终无机化。

染料的分子结构对其微生物降解有非常大的影响,染料种类不同其降解途径也不同。环境中的 pH、温度、含碳量和含氮量都会对染料降解效果产生影响。而且染料初始浓度也是关系到微生物降解性能的关键因素,一般染料浓度越高,毒性越大,对微生物的活性抑制作用越明显。

3. 微生物吸附剂处理染料废水的发展历程及趋势

利用微生物吸附法处理染料废水在美国、德国、日本和中国等国家都已被采用。据文献报道,最初对于染料分解菌的研究是始于肠内厌氧菌对偶氮染料的降解,其是 1977 年由 Horitsu 分离获得的。

在细菌类的染料微生物吸附剂研究中,以偶氮和蒽醌染料的微生物吸附/降解脱色研究最为广泛。Xu 等(2006)从印染废水处理厂的活性污泥中分离出一株脱色希瓦氏菌(*Shewanella decolorationis*)S12 菌株,该菌株在 pH 为中性、温度为 30~37℃、厌氧条件下,15h 内对 50mg·L^{-1}的蒽醌染料活性艳蓝 K-GR 的脱色率达到 99% 以上;Khalid 等(2008)从 288 株偶氮染料降解菌中筛选出 6 株高效偶氮染料降解菌,其中菌株腐败希瓦氏菌(*Shewanella putrefaciens*)在静止条件下可以在 4h 内对 50mg·L^{-1}的酸性红 88 和直接红 81 完全脱色,在 6h 内对活性黑 5 完全脱色,在 8h 内对分散橙 3 完全脱色,研究结果指出,这些高效降解脱色菌株对实现染料废水有效处理具有强大的发展潜力。

真菌的降解底物广谱性和对底物毒性、高耐受性等特性使其在染料废水处理中具有特殊的应用价值。在研究其降解机理、降解效果的同时,国内外也开展模拟工业生产实践,研究真菌对实际染料废水的处理工艺。英国利兹大学采用 3 种流化床装置进行染料废水的脱色试验,白腐真菌可对流化床中橙黄Ⅱ进行连续脱色,反应器中菌体在 1d 时间内对 1000mg·L^{-1}橙黄Ⅱ脱色率达 97%。且白腐真菌可对含多种分散染料的废水具有较好的生化降解效果,使处理后染料废水的 COD 有明显下降。研究中发现,各种真菌吸附剂对废水各种水质表现出较强的适应性,在恶劣环境下也能发挥有效的去除作用。目前,大部分的真菌降解脱色染料废水的实验还只是在小型反应器中进行,但也有研究者尝试着在 200L 的高密度聚乙烯反应器中让白腐真菌生长在尼龙网填料上进行染料脱色降解的中试实验,结果发现初始浓度为 500mg·L^{-1}的雷吗唑亮蓝 R 在 24h 内脱色率达到 80%,这说明真菌菌剂用于处理染料废水在实际生产应用中具有可行性。

近年来,在基因工程菌的选育上也有很多研究突破。南开大学科研人员在用生物技术处理染料废水的研究中,利用筛选分离出的两株具有生物絮凝作用和对蒽醌染料及其中间体具有生物降解作用的高效菌株,通过基因工程技术把降解菌的关键基因片段转入絮凝菌体内,获得一株具有絮凝和降解双功能的高效基因工程菌并应用于染料废水的处理。另外,宋文华等(1999)对分离到的两株蒽醌染料脱色优势菌 ND1 和 ND2 的脱色基因进行初步定位,结果发现,这两株菌降解染料的能力都由质粒控制。杜翠红等(2005)从蒽醌型染料中间体溴胺酸生产车间排污口的污泥中筛选到一株能以溴胺酸为唯一碳、氮源的假单胞菌,然后从该菌株降解性质粒或染色体中获得目的基因片段,将其与适当的载体连接后转入受体菌中,选育出具有高效脱色功效的工程菌。

随着染料工业的发展,染料废水水质也越来越复杂,采用传统的处理方法一般难以达到排放标准,因此,开发高效、廉价、环保的微生物吸附剂及处理染料废水的技术工艺将是今后染料废水处理技术的研究重点。对微生物吸附剂吸附染料的反应动力学和热力学特性的深入探讨,揭示微生物吸附规律;利用现代分析手段研究染料在微生物细胞内的沉积部位和状态,染料分子与细胞特定官能团结合的能量变化及官能团结构和特性,达到改进微生物吸附性能和提高吸附量的目的;研究多种微生物混合处理复杂染料的作用机理及其吸附动力学;研发选育能够在简单、廉价培养基中生长,并且具有高吸附量的特效工程菌等,这些方面的研究将为利用微生物吸附剂处理染料废水的工业化生产应用提供理论基础。

必须强调的是染料废水生物处理是一门涉及多学科的技术,对其深入研究需要综合运用环境工程学、微生物学、仪器分析学和分子生物学等多门类知识,相信随着微生物吸附/降解机制研究的深入及这些学科的发展,微生物吸附剂将会有更大的利用发展空间,在治理染料废水中发挥更大的作用。

6.4　有机金属化合物的微生物吸附

有机金属化合物又称金属有机化合物。一般指烷基(包括甲基、乙基、丙基、丁基等)或芳香基(苯基等)等烃基与金属离子结合形成的化合物,以及碳元素与金属离子直接结合的物质的总称。大多数的烃基能与锂、钠、镁、钙、锌、镉、汞、铍、铝、锡、铅等金属形成较稳定的有机金属化合物。有机金属化合物大体上可分为烷基金属化合物和芳香基金属化合物两大类。其中烷基金属化合物如甲基汞化合物、四乙基铅、三丁基锡等,芳香基金属化合物如苯基汞盐、三苯基锡等,还有用作汽油抗爆剂的有机锰化合物,如三羰基环戊二烯锰等,均是对环境影响较大的有机金属化合物。这些物质大部分为人工合成,但自然界中的铅、汞、镉、锡等金属也会自发地发生甲基化(或烷基化),最典型的就是无机汞转化为甲基汞,从而使得这些金属的理化特性以及毒性发生了变化。

6.4.1　有机金属化合物特性及环境行为效应

1. 化学毒性和生物毒性

有机金属化合物不仅具有有机化合物的化学毒性,而且大多与重金属相结合,这样使得其化学毒性比单一的有机化合物和重金属都要高。一般有机金属化合物都具有脂溶性,比无机金属更容易透过生物膜,可以经肠壁吸收,进入脑血管和胎盘等部位积累,因此,具有很强的生物毒性。烷基金属化合物容易引起中枢神经的障碍。在体内,以肝脏等器官为主的微粒体药物代谢酶系可以使有机金属化合物脱去烷基和芳香基,最终变成无机金属离子。

以有机锡化合物(organotin compounds,OTC)为例,OTC 对海洋生物、哺乳动物以及人体具有高毒或中等毒性,其毒性及毒作用靶器官与其形态有关。烷基锡化合物中三烷基锡毒性较二烷基锡约大 10 倍,其中以三乙基锡化物及三甲基锡化物毒性最大。四烷基锡在体内发生去甲基化,转化为三烷基锡,因此,其毒性作用与相应的三烷基锡化合物相似,但发病较慢,各种形态的有机锡化合物毒性大小顺序为 $R_4Sn = R_3SnX > R_2SnX_2 > RSnX_3 > SnX_4$。

2. 有机锡使用及污染现状

20 多年来,环境中特别是海洋环境中有机锡的污染问题已引起世界各国政府和环境保护组织的普遍重视。早在 1974 年,联合国海洋污染防治公约就将有机锡列入优先控制的灰名单。1976 年的莱茵公约又把 5 种毒性特别大的有机锡化合物列入必须严格控制的黑名单。英国、法国、美国、德国、加拿大、日本、西班牙、新西兰等国都曾发生过沿海、河流域中有机锡排放造成严重生物污染的事件,许多政府纷纷采取措施禁止含三丁基锡、三苯基锡等有机锡的涂料用作船舶防污涂料(Chau et al.,1997;江桂斌,2001)。早在 20 世纪 70 年代末,法国的阿卡琼湾(Arcachon)的太平洋牡蛎人工养殖业曾因三丁基锡的污染而一度陷于瘫痪。1982 年1 月,法国政府在对海洋贝类养殖场有机锡污染调查研究的基础上,率先颁布了禁止长度短于 25 米的船只使用有机锡化合物防污涂料的规定,其他种类船只使用的防污涂料的有机锡含量限定在 3%以下。在美国,海洋环境中丁基锡的污染也得到国会和环境保护局的重视,先后对圣地亚哥湾等进行了较大规模调查,并从1988 年起禁止海军所有舰只使用有机锡防污涂料。英国政府也制定并从 1987 年开始执行有关限制有机锡使用的法规。此后,澳大利亚和加拿大于 1989 年,荷兰、瑞士和日本于 1990 年,丹麦于 1991 年,香港于 1992 年分别制定和实施了限制三丁基锡使用的政策法规,这些法规规定的有机锡环境目标浓度大致为 $8\sim40ng \cdot L^{-1}$,起到了一定的控制三丁基锡污染的作用。但由于这种化合物可以在环境中长期滞留。例如,在底泥上层有机锡的分解时间约为 135d,在下层约为 500d,而在海底深层有机锡可能长期残留。因此,西方国家在限制使用三丁基锡近 10 余年后的今天,海水底泥中三丁基锡的含量仍无明显下降。目前,在加拿大安大略湖底泥、欧洲莱茵河、荷兰鹿特丹港湾和比利时安特卫普港湾、美国圣地亚哥海湾、加利福尼亚沿海、密执安湖等许多地区依然存在着比较严重的有机锡污染。

近几年,我国港口水域有机锡污染问题相当严重。特别是近海、港湾和内河港口,有机锡的污染可能是造成鱼类、甲壳类和软体类、水生生物及藻类污染的主要因素之一。由于重视不够,早前我国对有机锡污染的研究不多,到目前为止,我国尚缺少有机锡污染的第一手资料。根据江桂斌(2001)等在大连、天津、青岛、北海、秦皇岛、烟台、长江、黄河、滇池、白洋淀、太湖、济南、北京等地的采样测定,发现采样点毫无例外地存在着有机锡污染,其中海水中三丁基锡及其降解产物二丁基锡和一丁基锡的浓度范围平均值分别为:三丁基锡(TBT)为 93.8ng·L^{-1}、二丁基锡(DBT)为 28.1ng·L^{-1}、一丁基锡(MBT)为 102.3ng·L^{-1}。这些监测数据远远高于西方国家规定的残留标准。另一方面,随着我国经济的发展,有机锡作为塑料工业产品稳定剂、催化剂及农业生产中用于制造各种类型的杀虫剂及用于木材保护等应用日趋增多,这些化合物存在着对生物不良遗传影响的加合性,严重地影响人体健康,将给生态环境尤其水生生态系统造成难以修复的长期破坏。

6.4.2 有机金属化合物的微生物修复

1. 作用机理

近年来,微生物吸附/降解法成为环境有机金属化合物修复的研究热点。以有机锡为例,微生物对有机锡的吸附过程首先是通过物理、化学作用把有机锡吸附到细胞表面,然后通过新陈代谢作用将有机锡转运到胞内进行降解。微生物细胞表面含有羟基、羧基、磷酸盐等活性基团,当有机锡与细胞接触时,有机锡首先与细胞表面的活性基团结合,其特点是快速、可逆、不依赖于能量代谢。在细胞内,通过微生物脱烷基作用再将其转化为毒性较低的低烷基化合物,或无机锡化合物。Cruz等(2007)的研究发现,从受有机锡污染地区分离筛选出的维氏气单胞菌(*Aeromonas veronii*)对 TBT 具有降解作用,可以利用 TBT 作为碳源将其降解为低毒化合物,如 DBT 和 MBT。黄捷等(2014)利用苏云金芽孢杆菌(*Bacillus thuringiensis*)降解三苯基锡(TPhT),发现 TPhT 的微生物降解过程始于苯环裂解,TPhT中各苯环的开环反应可以单独进行,也可同步发生,进而产生二苯基锡(DPhT)、一苯基锡(MPhT)和无机锡。具体的 TBT 和 TPhT 解毒过程如图 6-1 和图 6-2所示。

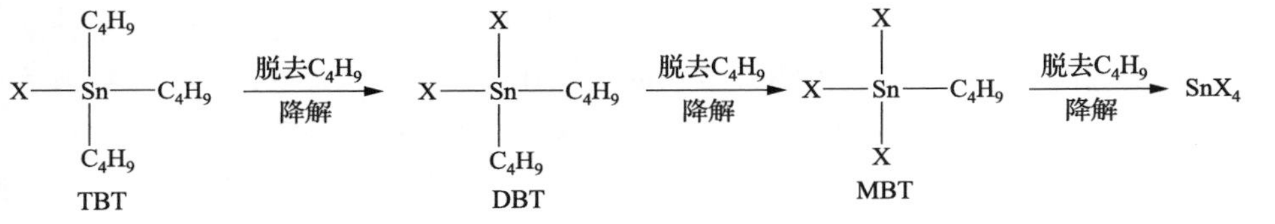

图 6-1 微生物对三丁基锡的解毒过程(蒋以元等,2006)

X 代表 Cl、OH、P 等

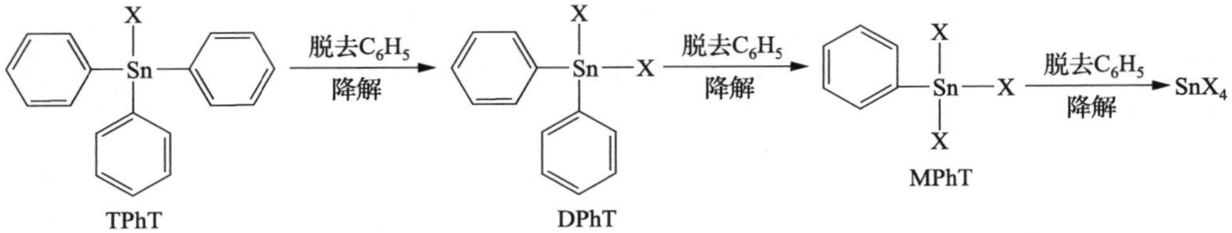

图 6-2 微生物对三苯基锡的解毒过程(佟瑶,2001)

X 代表 Cl、OH、P 等

2. 研究进展

研究报道,微藻类在一定条件下对 TBT 有不同程度的吸附作用。本课题组近年来对 TPhT 的生物吸附与降解做了较多研究,发现克雷伯氏菌(*Klebsiella pneumohiae*)、苏云金芽孢杆菌、球形红假单胞菌(*Rhodopseudomonos spheroids*)等均对 TPhT 有较好的吸附/降解效果(叶锦韶等,2009)。

陈烁娜等(2011)利用实验室筛选驯化保藏的球形红假单胞菌 X-5 进行 TPhT 的微生物降解实验,发现菌体的降解过程主要是通过菌体快速吸附,TPhT 进入细胞内,利用胞内酶进行初步降解,之后菌体将 TPhT 及其中间产物返回到细胞外,靠胞外酶进一步降解;24h 内菌体产生的胞外酶对 TPhT 的降解率达到 71.6%。叶锦韶等(2013)通过菌种筛选分离得到一株对 TPhT 有良好吸附/降解效果的菌株,鉴定为克雷伯氏菌,研究证明其对 TPhT 有良好的吸附/降解效果,$0.3 \sim 3.0 g \cdot L^{-1}$菌体在 2.0h 内对 $3mg \cdot L^{-1}$ TPhT 的吸附率超过 70%,最高可达 97.9%,并得出该菌对 TPhT 的吸附/降解过程包括了 TPhT 的细胞表面吸附、体内外双向运输和体内降解过程;综合 GC-MS 和 XPS 分析结果发现,TPhT 降解过程中会产生 DPhT 和 MPhT,并最终形成无机 Sn^{4+}。另外,他们还研究发现短芽孢杆菌(*Brevibacillus brevis*)对 $0.5mg \cdot L^{-1}$ TPhT 降解率为 80%,其吸附/降解的最佳 pH 为 $6.0 \sim 7.5$,同时发现 *B. brevis* 对 TPhT 的去除过程包括表面吸附、运输和胞内降解;*B. brevis* 细胞表面在 1h 内可以吸附 97% 的 TPhT(Ye J S et al.,2014)。Gao 等(2014)还利用嗜麦芽窄食单胞菌对 TPhT 进行吸附/降解性能研究,结果证实该菌对 TPhT 也有吸附/降解效果,其过程包括细胞表面的快速吸附、胞内积累和体内降解,菌体细胞表面可以在 12h 内吸附溶液中 43.7% 的 TPhT,TPhT 在胞内降解过程中被转化成低毒的 DPhT 和 MPhT。同时发现嗜麦芽窄食单胞菌吸附/降解 TPhT 的过程中,菌体利用死细胞或细胞破裂释放出来的离子、蛋白质、糖类等维持生长代谢。

6.5　毒害性有机污染物的微生物吸附

毒害性有机污染物是一类存在于环境中、可通过生物食物链(网)累积、并对人类健康造成有害影响的有机化学物质。它具备高毒性、持久性、生物积累性、亲脂憎水性和流动性大等特点。主要包括卤代有机污染物、烃类化合物、偶氮染料和表面活性剂等。

有关微生物材料对重金属、染料、农药等物质的生物吸附作用已有大量报道,而关于微生物吸附毒害性有机污染物的研究起步较晚,如图 6-3 所示,对生物吸附和利用生物吸附处理重金属污染的研究报道在 2000 年有明显的增加,而对利用生物吸附处理毒害性有机污染物的研究到 2013 年的研究报道数仍不超过 40 篇,其中对于多环芳烃(polycyclic aromatic hydrocarbons,PAHs)、多氯联苯(polychlorinated biphenyls,PCBs)等毒害性有机污染物的微生物吸附研究则更加稀少。现阶段,国内外对于微生物吸附的研究大多集中在寻找廉价高效的吸附材料及其改性、探讨微生物吸附的机制和影响因素等方面。微生物吸附是一个自发的过程(Chen et al.,2010),可在短期内快速地去除介质中的持久性有机污染物(persistent organic pollutants,POPs)。现有研究已发现细菌、真菌、藻类等微生物(Colak et al.,2009),以及卵磷脂、胞外聚合物、活性污泥等微生物材料都对 PAHs 等毒害性有机污染物有较强的吸附作用(Li et al.,2010)。微生物吸附在去除水中 PAHs 等毒害性有机污染物的研究和应用方面具有巨大的潜力。

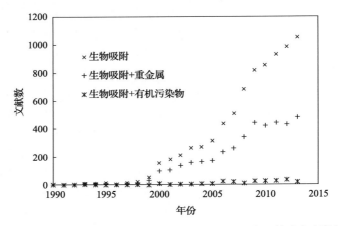

图 6-3　1990～2013 年间 the ISI Web of Science 中已搜索文章数量

一般地,毒害性有机污染物的分类如图 6-4 所示。

6.5.1　环境中毒害性有机污染物的去除

目前,去除环境中毒害性有机污染物的方法主要有化学和生物技术。其中,化学法有化学混凝沉淀及浮选、溶剂萃取及硅胶吸附和铁氧化等;而生物法则包括了生物吸附、生物絮凝和生物降解等。

与传统的物理、化学技术相比,生物技术具有一定的优势:去除率较高,投资和维护的成本较低且耗能小,基本不会造成生态环境的二次污染。此外,生物吸附作为毒害性有机污染物被微生物降解的第一步,在彻底去除毒害性有机污染物的过程中至关重要。因此,微生物吸附法作为生物技术的一种,在去除有机污染物过程中具有较好的应用前景。

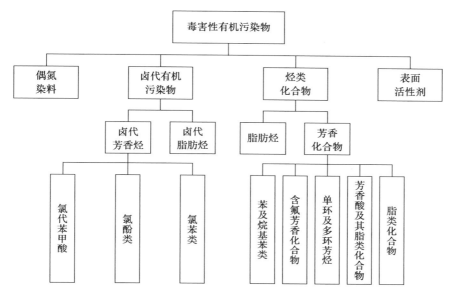

图 6-4　常见毒害性有机污染物的分类

6.5.2　吸附材料

　　凡具有吸附、去除毒害性有机污染物能力的微生物体均可以被用作微生物吸附剂。这些微生物吸附剂可以是具有生物活性的细胞,也可以是死体细胞。一般地,大多数微生物具有降解自然产生的有机化合物(如果胶物质、木质纤维素等)的代谢机制,从而保持地球有机碳的平衡,因此,被用作吸附毒害性有机污染物的微生物吸附剂中活性菌体更有优势,因其可以通过自身的代谢,将吸附到体内的毒害性有机污染物进行分解,进而去除这些污染物。

　　有研究报道称,当溶液 pH 为 5.4 时,分枝杆菌(*Mycobacterium chlorphenolicum*)对五氯酚的吸附完全不可逆(Brandt et al.,1997);而环境中分离获得的酿酒酵母的野生菌株对 4-乙基苯酚就具有吸附效果(Pradelles et al.,2008)。除了微生物可以利用毒害性有机污染物作为碳源、能源而去除毒害性有机污染物外,壳聚糖对重金属、有机化合物等多种污染物都有很强的吸附性能,被认为是最有潜力的生物吸附材料之一。其他的生物衍生物,如 Dohse 和 Lion(1994)研究了 28 种胞外聚合物(extracellular polymeric substance,EPS)对菲的吸附作用,发现其中 24 种都能吸附菲。

6.5.3　毒害性有机污染物微生物吸附机理

　　微生物吸附的机理相当复杂,目前为止并没有明确完整的定论。将毒害性有机污染物分成非极性有机污染物、离子化有机污染物和可离子化有机污染物分别进行讨论,常认为微生物对毒害性有机污染物的吸附机理有以下三种。

1. 非极性有机污染物

非极性有机污染物在水中溶解度较低,不发生电离,呈电中性,典型代表为PAHs,还有一些含氯有机物如 PCBs 等。这些物质有较强的疏水性,且其辛醇-水分配系数随分子质量的增加而增大,因此,分配作用是其生物吸附的主要机制。

2. 离子化有机污染物

离子化有机污染物在水中的溶解度较大,且能在水中发生电离,呈现出一定的弱碱性和/或弱酸性,酸性染料、碱性染料、酚类、敌百虫等是典型的离子化有机污染物。由于这些特性,在这些极性有机污染物微生物吸附过程中官能团作用、静电作用、氢键作用和离子交换等机制发挥了重要作用。Han and Yun(2007)利用废弃生物质吸附染料,实验结果显示染料结合到生物吸附剂的主要机制是生物体结合位点上伯胺基($-NH_2$)起作用;但同时,生物质化学分析、红外光谱及滴定电位测试的结果显示,细胞表面的羧基、磷酸基对染料分子有排斥作用,从而阻碍染料分子与吸附剂结合。

3. 可离子化有机污染物

相比于非极性和离子化有机污染物,可离子化有机污染物的结构更加复杂,且种类繁多,其亲水性在两者之间,有些能在溶液中发生电离呈现一定的酸碱性,但其电离能力有限。总体而言,弱极性有机污染物虽具有亲水官能团但其疏水性依旧很强,在生物吸附的过程中将会表现出分配作用和表面吸附的共同作用。氯酚类是弱极性有机污染物最典型的代表,还包括有机氯农药、硝基化合物等。Juhasz和 Naidu(2000)报道了枝孢属菌(*Cladosporium strain*,AJR[3]18501)对 p,p'-DDT有生物吸附作用,且发现 pH 对吸附的影响很小,指出离子交换不是其吸附的主要机制,范德华力、化学键合、氢键或配位等作用可能参与其中。

另外,由于很多的毒害性有机污染物生物毒性大,难以降解,效率也低,因此,根据吸附的机制,可以开发用死体细胞进行吸附,达到快速去除的效果。活体的吸附缓慢且受污染物浓度、微生物代谢活动、对污染物的趋避行为等影响,活体细胞的吸附与生物降解和生物积累有关。而死体细胞的吸附与有机污染物分子大小等有关。Bayramoğlu 等(2007)通过研究变色栓菌(*Trametes versicolor*)吸附染料直接蓝 1 和直接蓝 128,发现吸附剂对小分子的染料较大分子的染料的吸附亲和力更强,表明生物吸附的作用与污染物的分子大小有关。探明微生物吸附机理,对在实际生产中大规模地应用微生物吸附剂去除毒害性有机污染物的意义重大。

6.5.4　国内外研究现状

1. 卤代有机化合物的微生物吸附

长期以来环境中难降解有毒有害有机化合物的处理是环境污染治理的难点，典型代表有氯酚类芳香化合物。美国环境保护局(USEPA)在 1977 年颁布的"清洁水法"修正案中明确规定了 65 类 129 种优先污染物，其中约 70 种为氯代有机物，包括了 11 种酚，其中典型的有 2-氯酚、2,4,6-三氯酚、2,4-二氯酚、对氯间甲氯酚、五氯酚。欧洲议会在 2001 年通过了第 2455/2001/EC 号欧洲决议，氯酚类化合物被列为优先控制有毒污染物。世界卫生组织正式认定 2,4,6-三氯酚、2,4,5-三氯酚、五氯酚等为有致癌性的可疑化合物。大部分氯酚类物质毒性大，难以被生物降解，具有"三致"(致癌、致畸、致突变)效应，在环境中长期残留且降解周期长，很难从环境中除去。例如，五氯苯酚在氧气充足的水中，半衰期可达 3~5 个月，而在土壤沉积物里可达几年甚至十几年。

1) 卤代苯甲酸的微生物吸附

氯代苯甲酸是一种重要的有机化合物，广泛用于有机合成的中间体、农药、医药、防腐剂及染料、涂料工业。由于氯原子的引入，导致苯环结构的改变，氯代苯甲酸难以降解，同时其具有较好的水溶性，易进入自然环境，对人体健康造成严重的影响，对生态系统构成威胁。

陈炳稔等(2004)采用交联壳聚糖研究了其对苯甲酸及其衍生物的吸附，结果显示吸附能力顺序为对硝基苯甲酸＞苯甲酸＞对氯苯甲酸＞对羟基苯甲酸。其中，氯代苯甲酸的吸附有两种形式：一种是电离的 H^+ 先质子化交联壳聚糖上的 $-NH_2$ 形成 $-NH_3^+$，再通过静电力作用对酸根进行吸附；另一种为对分子进行直接吸附，有一定的配位性质。

2) 氯酚类的微生物吸附

氯酚是由酚的环状结构加上不等数目的氯原子所组成的化合物。根据氯代原子的多少，可以分为一氯苯酚(三种同分异构体)、二氯苯酚(六种同分异构体)、三氯苯酚(六种同分异构体)、四氯苯酚(三种同分异构体)和五氯酚。氯酚会对水生生物产生毒害作用。当其在淡水或海洋中的浓度达 $1~10\mu g \cdot L^{-1}$ 时，便会对水生生物产生急性毒害作用。氯酚是环境内分泌干扰物，能对各种生物及人体生殖系统造成毒害影响。

氯酚类属于可离子化的物质，其吸附机制比极性和非极性有机污染物复杂。Wu 和 Yu(2006)研究发现，苯酚和氯酚在黄孢原毛平革菌(*Phanerochaete*)菌体上的吸附量大小为：苯酚≪2-氯酚(2-CP)＜4-氯酚(4-CP)≪2,4-二氯酚(2,4-DCP)，即吸附量与溶解度呈负相关，与辛醇-水分配系数呈正相关，这是因为分配作用主导了酚类化合物在真菌体上的生物吸附。Aksu 等(2005)则表示,在苯酚和乙氯酚的微生物吸附过程中,细胞壁上的甲壳素、酸性多糖、脂类、氨基酸和其他胞外物质会与有机污染物发生作用,指出酚类化合物和生物吸附材料表面官能团存在电子受体和供体的关系。

3) 氯苯类的微生物吸附

氯苯类化合物属中度挥发的有机污染物,其在油画、假漆、脱漆剂、杀虫剂、建材和家具等产品中都会大范围地散发出来,包括氯苯、二氯苯、三氯苯、四氯苯、五氯苯和六氯苯,共有 12 种同系物。这些化学物一般都具有强烈的气味,对人体皮肤、结膜和呼吸器官产生刺激。

氯苯类物质具有很强的疏水性,微生物吸附过程主要受分配的影响。Ju 等(1997)在林丹(六氯环己烷,γ-HCB)的微生物吸附实验中发现,吸附过程同时存在疏水作用力和范德华力的作用,表明污染物的分配不同,其吸附量也不同。

2. 多环芳香烃类化合物的微生物吸附

多环芳香烃是一种由两个或两个以上的苯环以线形排列、弯接或簇聚方式构成的有机污染物,产生于化石燃料、有机化合物、气体、木制品及废物的不完全燃烧,具有毒害性、生物蓄积性、半挥发性,是环境中的持久性污染物。丁洁(2012)研究了白腐真菌对菲、芘的吸附-脱附,发现白腐真菌对 PAHs 的生物吸附和脱附都是受分配作用控制的,吸附和脱附过程完全可逆,且分配系数与菲、芘的辛醇-水分配系数(Kow 值)呈正相关,与白腐真菌的极性指数呈负相关。Chen B L 等(2010)考察了白腐真菌死体对萘、苊、芴、菲、芘等五种 PAHs 的等温吸附,发现其由分配作用所控制。

总的来说,多环芳香烃类化合物的微生物吸附主要以分配作用为主,在不同的影响因素下表现出可逆或不可逆的过程。

6.5.5　毒害性有机污染物微生物吸附的影响因素

微生物吸附的影响因素很多,包括微生物的种类、毒害性有机污染物的种类、pH、温度、时间、共存离子浓度等。Rao 和 Viraraghavan(2002)用曲霉菌吸附苯酚,结果发现 pH 低于 3 时,带负电的苯酚离子与带正电的菌体表面相结合,未电离的苯酚分子则因物理作用而被吸附;pH 继续增大时,OH$^-$ 会与苯酚离子竞争吸附位点,直到 pH=10 时,吸附作用可忽略。O'Mahony 等(2002)研究了 Cd^{2+} 浓度对根霉菌吸附活性染料的影响,结果显示当 Cd^{2+} 浓度为 100mg·L^{-1} 时,Cd^{2+} 浓度对根霉菌吸附活性染料并没有显著影响。

作为环境介质中重要的组成成员之一,微生物几乎参与了每一个环境过程,特别是生物-物理-化学的耦合过程。微生物吸附和微生物降解是微生物对毒害性有机污染物最重要的两种作用,在毒害性有机污染物的迁移转化及修复过程中起关键作用,但微生物吸附的作用却常常被忽略。近几年的大量研究成果已证实,微生物对毒害性有机污染物具有强吸附作用,能够扮演"储藏室"的作用,可快速去除环境中的毒害性有机污染物。尤其,针对具有强生物毒性的有机污染物,对修复生物活性(包括微生物和植物)表现出强抑制作用或代谢干扰作用,但利用微生物死体细胞的优越吸附特性却能有效地解决这些难题,这对有效去除和修复环境中的高毒害性有机污染物具有明显的优势和广阔的应用前景。

6.6　微生物吸附与环境微量元素的检测

微量元素又称痕量元素,一般是指在黏土矿物、土壤及动植物体等系统中含量低于 0.1% 的化学元素。环境中微量元素的分布最典型的特点是其分布不均,区域性差异大。不同地域的微量元素是丰富还是缺乏,主要取决于该地域的环境因素及人们的生活方式。土壤环境中的微量元素主要来自于成土母质,其含量差异与成土母质、成土过程和抗风化有着密切的联系。土壤环境中的微量元素可通过植物吸收或随地下水的流动而发生迁移转化,其含量变化会影响到该区域的植物生长和周围水体环境的质量。自然水体一般都含有供给系统中生物体生长繁殖所需的微量元素,如铁、锌、锰等。一旦水体环境中的某种微量元素缺乏或者过量,都会直接或者间接地影响到各种水生生物的正常生长,甚至致病死亡。环境中微量元素的含量与该区域的生物包括人类的健康有着密切的联系,及时监测环境中微量元素的含量变化是保证环境质量和人体健康的必要需求。但微量元素在环境中的含量较低,难以满足常规监测分析方法的检出限,这就给环境中微量元素的监测分析带来困难。但利用微生物吸附剂,可以快速高效地富集水体或土壤中的微量金属,从而提高测试样品的分析浓度,这就使得环境中微量金属元素的监测成为可能。

6.6.1　利用微生物吸附进行环境中微量金属元素检测的前处理

近几年,环境监测和现代分析技术快速发展,各种新型检测分析设备不断被推出并广泛应用于食品、环境、医学等领域,其中用于分析微量金属元素的技术方法主要有分光光度法、原子吸收法、色谱法、电感耦合等离子体原子发射光谱法(ICP-AES)和电感耦合等离子体质谱法(ICP-MS)等,但越精密的分析仪器,其样品前处理的要求就越高。复杂的前处理工序及环境样品中微量金属元素难以提取的特性,让实时快速检测环境中微量元素含量和分布难以实现。而近些年来,不少国内外研究表明,微生物能够有效吸附富集环境中的微量元素,尤其是微量金属元素。Bakatula 等(2014)利用从矿山周边水体中分离的藻类吸附微量金属元素的研究发现,丝状绿藻(*Oedogonium* sp.)能够有效吸附水体中的铜、钴、铬、铁、汞、锌等微量金属元素,吸附率最高可达到 90% 以上,表明丝状绿藻对环境中微量金属具有较强的富集能力。Moon and Peacock(2011)在枯草芽孢杆菌吸附低浓度铜离子过程中的热力学模型研究中发现,在 pH>5 时,利用 0.09g·L^{-1}(干重)枯草芽孢杆菌处理浓度为 0.07mmol·L^{-1} 的 $Cu(NO_3)_2$ 溶液 2d 后,Cu^{2+} 的吸附能够达到 85% 以上。Yin 等(2008a)在研究酵母融合菌(fused yeast from *Candida tropicalis* and *Candida lipolytica*)吸附水体中低浓度镉、镍离子的作用机理时发现,投加 25g·L^{-1}菌体(含水率为 85.71%)作用于 0.351mmol·L^{-1} 的 $NiCl_2$ 溶液 30min 后,Ni^{2+} 的吸附率可达到 64.6%。之后,他们还研究嗜麦芽窄食单胞菌对微量镉离子的吸附特性,结果表明,嗜麦芽窄食单胞菌对低浓度镉离子的吸附性能良好,0.2g·L^{-1}(干重)菌体处理浓度为 0.05mmol·L^{-1} 的 $Cd(NO_3)_2$ 溶液 120min 后,镉离子的吸附率达到 83.9%。由此可见,微生物对环境中多种微量金属元素均具有良好的吸附性能,因此,可以利用微生物吸附剂对环境中微量金属元素先进行快速富集,之后再联合相关的检测分析设备,对菌体富集的微量金属进行定量定性分析,从而实现环境中微量金属元素的监测评价。Gil 等(2007)用超声喷雾-电感耦合等离子体发射光谱法(USN-ICP OES)建立水体中钼元素含量的检测方法时,在不加入其他络合药剂的条件下利用固定化后的商用面包酵母菌在线富集钼元素,然后用盐酸溶液洗脱后测定。结果发现,在投加钼浓度为 0.5~1.5μg·L^{-1}时,酵母菌对其回收率能够达到 96.0%~101.0%,表明该方法不仅具有良好的灵敏度和精确度,而且说明利用微生物富集预处理结合常规分析手段检测样品中微量元素含量是可行的,这为实际复杂环境样品中微量元素快速测定提供了理论基础和广阔的应用前景。

6.6.2　利用微生物吸附法对环境中微量金属元素的生物检测

利用环境中的微生物或者工程菌株对环境中的重金属进行实时测定是近年来新兴的重金属检测技术,它利用完整细胞作为检测重金属的生物传感器,具有高度的敏感性和特异性以及充分的选择性。另外,从经济学的角度考虑,微生物来源广泛,成本相对低廉,是一种有极大发展前景的新型检测技术。王妍和孙雅量(2006)以绿色荧光蛋白(GFP)基因为报告基因,和重金属 Cd 特异性启动子 PcadA 成功构建一株 Cd 离子检测工程菌。用该工程菌进行 Cd 的特异性和敏感性实验,结果表明,工程菌株对 Cd 以外的 11 种重金属离子基本没有响应,仅对 Cd^{2+} 产生明显效应,而且在检测范围为 1 ~ 250μmol·L^{-1}时,荧光强度与 Cd^{2+} 的浓度呈正相关,表明该工程菌株对 Cd^{2+} 有良好的特异性和敏感性。这个研究成果具有很好的应用价值,对建立一种快速便捷的重金属镉检测方法具有重要的意义。

随着人们对微量元素与人体健康的关系越来越重视,如何实时快速地检测环境中各种微量元素的含量和分布成为学者们研究的焦点。近年来,微量元素的检测方法发展很快,有光谱法、质谱法、离子色谱法、电化学分析方法、生物监测法等,这些方法被广泛应用于食品、环境、医学等不同领域,不同领域对检测条件及精度要求的差异,导致各种方法的发展方向各有不同。在众多分析检测方法中,微生物吸附监测法作为一种安全高效的方法,无论是作为检测前处理方法还是用作生物检测技术,都具有不断开发的潜能和应用前景。

6.7　微量元素富集菌剂

微量元素在维持生物体生命正常代谢方面起到重要作用,它们参与细胞的多种生理生化反应,对生物体的生理功能产生重要影响。另外,微量元素是构成金属酶的必需成分,如谷胱甘肽过氧化酶中的硒,碳酸酐酶中的锌等;或是作为激素或微生物的必需成分而发挥作用。例如,铬是葡萄糖耐量因子的重要组成成分,胰岛素含锌,甲状腺素含碘等。

大多数的无机态微量元素生物毒性较大,而且被吸收利用率较低。而有机态的微量元素一般吸收迅速且可以明显降低无机微量元素的毒性及其对生物体消化道的刺激,因此,利用微生物,尤其是酵母菌作为载体来富集微量元素,使其由无机态转化为有机态,以提高生物利用率同时降低毒性,已成为国内外研究的热点。

6.7.1　微量元素富集菌剂的特点

微量元素富集菌剂的特点如下。

(1) 一般用来富集微量元素的微生物均为无毒无害的环境友好型有益微生物菌株,较多选用酵母菌。菌体本身富含蛋白质、糖类、维生素及其他对生物体有益的活性物质。

(2) 环境中微量元素被微生物吸附/富集后转为有机态微量元素,更易于被生物体吸收利用。

(3) 通过微生物吸附/富集的有机态微量元素具有良好的稳定性。

(4) 经微生物吸附富集后的微量元素产品含有更多天然成分,又具有芳香气味,不含有无机盐中某些对生物体胃肠有刺激作用的物质(如硫酸根),更易被生物体所接受。

6.7.2　微量元素富集菌剂的研发

目前国内外研究较多的,用来富集微量元素作为生物体补充剂的微生物种类为酵母菌,特别是酿酒酵母,也有报道用其他食用菌或无毒无害细菌等,但均比较少。

　　酵母菌是人类实践中应用比较早的一类微生物,其细胞富含较高的营养成分,包括蛋白质、B族维生素、磷酸铬,α-淀粉酶、谷胱甘肽、核酸和粗纤维素等。另外也有大量研究表明,酵母菌具有高效吸附多种微量金属元素的优良特性,因此,利用其富集功能因子开发功能性营养酵母成为当下国内外酵母菌研究利用的主要方向之一。这种功能性营养酵母即是以酵母菌为载体,利用其对某些微量元素的富集性能,将其制备成富含某一营养元素的特殊营养食品,如富铬酵母、富铁酵母、富硒酵母和富锌酵母等。这种富集酵母菌可以做成高级营养品添加到食品中供人食用,也可以用作饲养动物的高级饲料,经再一步转化,产生富含某些营养素的奶、蛋、肉类。

　　下面以酵母菌为例介绍几种常见的微量元素富集菌剂。

1. 富铬酵母

　　必需微量元素 Cr 在机体的糖代谢和脂代谢中发挥特殊作用,但 Cr 的生物功能的体现强烈地依赖于 Cr^{3+} 化合物的具体化学形态,并非所有形态的 Cr^{3+} 化合物都具有生物活性,因此选择适当的 Cr^{3+} 载体是一个非常关键的问题。早在 1957 年,Schwarz 和 Mertz 研究 Cr^{3+} 在糖代谢中的作用,提出了葡萄糖耐量因子假说,并已证实,Cr^{3+} 是酿酒酵母中葡萄糖耐量因子(glucose tolerance factor,GTF)的活性组成部分,而大量的研究已表明,GTF 是最理想的生物活性铬形态。在生物体内,Cr^{3+} 主要通过 GTF 协同和增强胰岛素的作用,从而影响糖类、脂类、蛋白质和核酸等的代谢,进而影响微生物的生长、繁殖、产品品质及抗应激、抗病能力。因此,酿酒酵母是活性 Cr^{3+} 的最好载体。

　　富铬酵母是将酿酒酵母接种到含 Cr^{3+} 的培养基中,利用酵母菌吸附溶液中的 Cr^{3+},并在体内通过生物转化将无机铬转变成有机铬,从而提高铬在机体内的吸收利用率,降低其毒副作用,更好地发挥其调节血糖、降脂及降胆固醇的作用。在这个过程中主要分为两个阶段,包括第一阶段的快速生物吸附,此时 Cr^{3+} 结合在细胞表面,仍以无机离子形式存在,在紫外图谱中没有 GTF 的特征峰出现。在第二阶段,Cr^{3+} 逐渐被转运到细胞内与胞内酶反应进行生物转化,通过与肽链上的羧基氧发生配位,与蛋白质结合,形成铬蛋白质复合物,此时铬以有机铬的形式存在。在紫外检测图谱中出现了 GTF 的特征峰。可见,酿酒酵母对 Cr^{3+} 的吸附和转化是 GTF 形成中至关重要的步骤。

　　目前国内外对酵母菌富集铬进行的各项研究,主要集中在利用微生物诱变和细胞融合技术选育具有强富集铬能力的新型安全酵母菌株;调控各项培养条件,明确富铬酵母发酵生产的最优参数。酵母菌培养初期主要进行生物吸附,速度较快,此时与温度等环境条件关系不大,之后菌体进入对数期开始对 Cr^{3+} 进行生物转化,此时速度较慢,发酵条件直接影响酵母菌对 Cr^{3+} 的吸收。此外也有研究表明,

酵母菌对于 Cr^{3+} 的吸收有一定的限度,培养基中铬浓度过高时会抑制酵母菌生长,在高铬浓度培养条件下,酵母菌的吸收率往往较低。研究中最佳培养条件及最优培养基配方的确定是以富铬酵母中的有机铬含量及生物量确定的。

2. 富硒酵母

硒(Se)是人体必需的微量元素,进入体内的硒大部分以 Se-Cys 共价结合到多肽链的蛋白质上,称为硒蛋白。目前所发现的硒蛋白大多数是重要的功能酶,如谷胱甘肽过氧化酶、烟酸羟化酶、脱碘酶等,其中最主要的是谷胱甘肽过氧化酶,能够通过催化氧化还原反应保护细胞膜的结构和功能。

通过生物富硒将无机硒转化为有机硒,是生产富硒食品一种安全有效的方法,主要有微生物转化法(如酵母富硒、食用菌富硒、螺旋藻富硒,见表 6-3)、植物转化法(如富硒茶叶)和植物种子发芽转化法(如富硒麦芽和富硒豆芽)等,其中微生物富硒具有周期短、操作方便的优点。而富硒酵母的生产是迄今最常用、最简便的一种生物富硒途径。富硒酵母具有较高的富集硒的能力,一般含硒 $500\sim1500\mu g \cdot L^{-1}$,其中有机硒占 95%左右,主要以硒代氨基酸和硒蛋白的形式存在,少部分形成硒多糖和硒 tRNA(Demirci et al., 1999)。

表 6-3　常用于富硒的部分微生物(贾洪峰等,2005)

类别	微生物种类
酵母	酿酒酵母、葡萄汁酵母(*Saccharomyces uvarum*)、鲁氏酵母(*Saccharomyces rouxii*)、阿舒接合酵母(*Zygosaccharomyces*)、汉逊酵母属(*Hansenula*)、球拟酵母属(*Torulopsis*)、有孢圆酵母属(*Troulaspora*)、假丝酵母属(*Candida*)
食用菌	金针菇、灵芝等
藻类	螺旋藻
其他	米曲霉

酵母菌富集硒的过程一般分为胞外结合与沉积、胞内吸收与转化两个步骤。具体富集途径有物理吸附、生物吸附、表面沉积、主动运输与被动扩散等,其中生物吸附和主动运输是富硒酵母的主要作用途径。多项研究已经表明,培养基成分、硒的投加浓度、培养条件及酵母菌活性等因素都会影响富硒酵母的生产。在富硒酵母的生产中,一般都采用 28℃ 作为培养温度。而硒源一般都是用亚硒酸钠(Na_2SeO_3)。生产中,开始添加硒时,低的硒浓度对酵母菌的生长影响不大,随着浓度的增加,酵母菌中的含硒量随之增加;但当硒浓度达到某一限度时,酵母菌的生物量和硒的转化率会随着硒浓度的增加而降低。因此,通常将硒源物质分批次添加至发酵体系中。在发酵初期,硒的添加量较少,培养基硒浓度较低,这样避免了高浓度的硒对酵母菌分裂繁殖的影响;到了发酵的中后期硒的添加量逐步增加,

这样有利于酵母菌对硒的富集。培养基条件不仅对酵母菌的生长,而且对酵母菌的硒富集能力影响很大。研究证实,麦芽汁培养基是培养酵母菌较好的天然培养基。

硒作为人体的必需微量元素,对人体有重要的生理功能。但无机硒毒性大,吸收率低,不适宜作为一种有效的硒补充源。富硒酵母利用其高富集能力,将无机硒转化为有机硒,降低其毒性,提高其吸收和利用率,是一种安全的硒源。同时富硒酵母在提供硒的同时还可以提供一定数量的蛋白质、氨基酸等营养物质,是一种非常理想的功能性食品原料。

3. 富锌酵母

微量元素 Zn 是许多生物酶的活性中心,广泛地参与各种代谢活动,是分布最广泛的必需微量元素,也是细胞内最丰富的微量元素。在生命活动中,Zn 起着转运物质和能量代谢的重要作用,也是 DNA 复制、RNA 转录和核酸合成所需酶的必需组成成分。从生物学的角度看,人体对营养的吸收是有选择的,因为其本身是一个生物体,只有与人体最接近的生物态物质,才能更有效、更安全地被人体吸收和利用。酵母菌本身也是一个生物体,其生长所需营养的结构与人体非常相似,符合人体最佳营养配比。因此,富锌酵母更适合人体吸收和利用,是理想的有机锌制品。

富锌酵母的制备即在特定的培养条件下,向培养基中加入较多的 Zn 微量元素成分,通过酵母菌细胞的吸附和生物转化,在细胞内将无机的锌离子转变为有机锌,最后使收获的酵母菌细胞内富含微量元素 Zn。一般情况下,富锌酵母的 Zn 含量高达 $50g \cdot kg^{-1}$ 左右;Zn 的吸收利用率高达 70% 以上,补 Zn 效果是传统补锌制剂的 5～10 倍。富锌酵母的生产同样受各种发酵条件、锌的投加浓度和投加方式、菌种类型以及培养基成分等因素影响。薛东桦等(2003)根据筛选酵母菌株的耐锌量,以种龄、发酵周期、培养基糖度为试验因素,采用正交设计优化发酵工艺参数,以 $18m^3$ 发酵规模进行扩大试验,结果表明:富锌酵母扩大试验的产率为 2.0%(m/V,质量浓度),富锌酵母中锌含量为 $2200mg \cdot kg^{-1}$,蛋白质含量为 52.8%(质量分数),锌的吸收率为 37.5%。

现今,富锌酵母已经实现工业化生产,安琪酵母股份有限公司是一家专门从事酵母产品生产和深加工的企业,该公司生产的富锌酵母菌株(*Saccharomyces cerevisiae*,Z1.4 CCTCC M 205126)锌性能稳定,生长速率快,对锌的利用率高,含锌量高达 $80g \cdot kg^{-1}$,其中生物锌含量可达 90%(朱娅敏等,2011)。

4. 富铁酵母

铁(Fe)是生物体不可缺少的微量元素。在十多种人体必需的微量元素中,铁无论在重要性上还是在数量上,都属于首位。血红蛋白中的铁是体内氧的输送者,而且铁还是细胞色素酶和其他几种辅酶的主要成分。

富铁酵母,是以酵母作为生物载体,与一定剂量的铁一起发酵培养,利用酵母菌细胞对铁的高效吸附转化性能制备而成,是一种无活性的含有很高浓度铁的全细胞干酵母(天然烘焙酵母)。Raguzzi 等(1988)认为,酵母菌细胞对铁的储藏有两种形式,一种是以类似铁蛋白的胞质分子形式储藏;另外一种是铁与多磷酸盐形成结合物储藏在液泡内。酵母菌铁蛋白中铁含量较低,每个分子结合 $50\sim100$ 个铁原子,且与胞内的铁浓度无关。而液泡内铁的浓度主要与细胞所处的环境有关。

目前,关于铁在酵母菌细胞中的转运机制主要涉及两个转运系统,一是高亲和力和低亲和力铁转运系统;其认为酵母菌细胞不能像原核生物一样分泌铁载体来完成对外界环境中铁营养元素的吸收和利用,因此,酵母菌细胞进化出两种转运系统来识别二价铁,一种为低亲和力系统,一种为高亲和力系统。外环境的铁元素被吸附到菌体细胞表面,之后通过两个步骤被转运到细胞内完成积累,即首先由位于细胞质膜上的 Fe^{3+} 还原酶将 Fe^{3+} 还原成为能被细胞直接吸收的 Fe^{2+} 形式(Dix et al.,1994);然后由低亲和力和高亲和力的转移吸收系统将 Fe^{2+} 转运到细胞质内,研究表明,低亲和力系统与高亲和力系统是彼此分开互不干扰的(Dancis et al.,1992),而且高亲和力的转移吸收系统与铜的转运有关(Eide et al.,1992)。

另一种是 CCC1 转运系统。Li 等(2001)的研究表明 CCC1 是一种铁/锰离子转运系统,影响铁和锰离子在液泡内积累,涉及铁从胞质溶胶转移到液泡内。CCC1 的过量表达致使胞质溶胶的铁含量减少,而使液泡内的铁含量增加。相反,CCC1 的缺失会导致液泡内铁含量和铁储藏量的降低,从而影响胞质溶胶的铁的水平和细胞生长。

长期以来,微量元素补充剂大部分以无机盐形式存在,其稳定性不好,毒性较大,容易与食物中的草酸、植酸、维生素等发生各种反应,吸收利用率低。微生物可以将无机盐形式的微量元素转化为较易被人体和动物吸收利用的有机化合物形式。其中尤以富集微量元素能力极强的酵母菌为国内外应用微生物学研究的热点。酵母菌是发酵工业中最常用的菌种之一,发酵工艺成熟,生产周期短,是目前作为微量元素载体最佳的菌种。用其制备微量元素富集菌剂不仅能提供生物体必需矿物质元素,而且富含丰富而全面的其他蛋白质等营养。

目前,富集微量元素的功能酵母在国外已经应用于生产并实行市场化。而国内饲料市场上富集微量元素功能酵母的产品多为进口,国内关于富集微量元素功能酵母的研究多还停留在实验室小试阶段,工业化产品还比较少见。而我国畜牧业发展迅速,对各种微量元素的功能酵母市场需求大,因此,应该加快微量元素富集菌剂的研发和科研成果工业化生产应用的进度,充分利用微生物吸附富集微量元素的优良性能,开发更多品种的微量元素富集菌剂。

6.8　微生物吸附法在催化剂上的应用

催化反应应用广泛,是近代化学品、燃料、材料、医药、食品等生产和环境保护的支柱技术之一,是整个工业技术发展的核心内容。传统的催化技术一般为金属催化,存在着价格昂贵、失活后再生困难、反应条件苛刻、多相反应中催化时间较长以及环境污染等问题,因而廉价的、环保型的绿色催化技术成为当前全球工业催化的研究热点。随着对催化反应研究的深入,人们发现催化剂作用不仅是均相地进行,更多地在多相中进行,并发现反应物到达相界面主要是通过物理和化学的吸附作用,吸附速率的快慢往往是影响催化反应快慢的主要因素之一,有时甚至是整个反应快慢的关键步骤。因此,在研究催化反应的过程中,在催化反应中添加吸附介质或者使用具有较高吸附能力的催化剂逐渐引起人们重视,有研究表明在催化反应中添加活性炭、活性炭纤维、分子筛、高聚物吸附材料等吸附介质,可以加快催化反应的进行。

微生物吸附法在催化剂上的应用是吸附介质和催化反应的又一次结合,涉及微生物学、有机化学、生物化学、过程工程学等多种学科,其主要是利用活体或者失活微生物的胞内或胞外的某些化学物质,对进行催化反应的物质具有良好的吸附性能,活化反应分子,降低催化反应活化能,从而加快催化反应的进行。目前,将微生物吸附法利用在催化反应的研究报道并不多,但由于微生物具有比表面积大、容易再生、对底物的浓度要求不高、吸附量高等特点,其在催化反应中具有广阔的应用前景。

6.8.1　催化反应中的吸附作用

1842 年,意大利人珀兰尼首先提出了催化反应的吸附理论,认为由于吸附作用,物质的质点相互接近,从而容易发生反应。吸附作用是由于电力而产生的分子吸引力。法拉第则在 1834 年提出了催化反应不是电力使然,而是靠物质相互吸收所产生的气体张力。他认为,如果催化剂表面极为干净,气体就会附着其上而凝结,一部分反应分子彼此接近到一定程度时,就会使新合力发生作用,抵消排斥力,因而使反应变得容易进行。一百多年来,随着科技的发展,人们对吸附作用(吸附量、脱附速率)在催化反应中的作用逐渐得到比较全面的认识。在催化反应中,特别是在多相催化体系里(气态或液态反应物与固态催化剂在两相界面上进行的催化反应),吸附起着至关重要的作用。一般情况下,在多相催化反应中,反应物首先扩散到催化剂表面,然后通过物理吸附(分子间作用力)和化学吸附(化学键),在催化剂的表面形成吸附态反应物分子,该分子在活性位点上发生化学反应形成吸附态产物分子,吸附态产物分子从催化剂表面脱附形成产物,产物从固体催化剂表面扩散到气体或液体中,如此循环,直到反应终止,具体流程为扩散—吸附—反应—脱附—扩散。在催化剂表面发生的吸附反应同样遵循吸附反应的一般规律。

6.8.2　催化反应中的微生物吸附

1. 微生物吸附法在催化反应中的作用

狭义上,生物吸附是指生物体通过物理化学作用包括静电吸附、离子交换、络合作用和氧化还原作用等方式将物质固定在细胞表面的过程,该过程不依赖于生物体的能量代谢,因此,经常采用无活性的生物质来进行吸附。而广义的生物吸附还包括生物积累过程。生物积累又称为生物富集或生物浓缩,是指生物体从周围环境中蓄积某种物质,从而使生物体中该物质浓度超过环境浓度的现象。生物积累过程主要包括两个阶段:第一阶段是胞外物质在细胞表面的附着,即胞外多聚物、细胞壁上的有机官能团等与该物质的结合,这个过程不依赖于能量代谢;第二阶段是该物质通过主动运输与被动扩散由细胞表面向细胞内转移。主动运输是与代谢有关的胞内吸收过程,需要能量和特定的酶参加,是活性生物体特有的生物积累途径。本章节所采用的生物吸附概念是指广义的生物吸附。

微生物本身是一个庞大的催化体系,其体内和体外布满着满足自身生存需要的各种酶系,各种营养物质首先通过微生物吸附,进而通过运输作用输送至各种酶体系进行催化反应,以满足其自身的需要,因而微生物的吸附往往是微生物自身生物催化反应的第一步。微生物吸附法在催化上的作用主要体现在两个方面。第一是作为催化反应的载体。例如,利用容易再生且对金属吸附效果较佳的微生物作为贵金属催化剂的吸附载体。第二是作为吸附和催化位点。例如,利用微生物全细胞结构或其产物独特的尺寸和结构催化贵金属的合成。有研究发现(Li and zhen,2014),产脂肪酶的微生物能催化柴油的合成,可以利用微生物吸附并氧化催化污水中的有机化合物产生电能等。

1)催化反应的载体

在许多工业催化反应中,需要利用贵金属作为催化剂,为了提高催化剂的催化效率,往往要添加载体。载体主要对催化剂的活性组分起到机械承载作用,并且可以提供合适的孔结构,增加有效的催化反应表面。目前,工业应用中的载体包括活性炭、氧化铝、人工合成的吸附材料等,它们具有脱附/再生困难,价格昂贵等缺点,因此,容易再生、对金属吸附效果较佳的微生物载体成为大家关注的重点。

微生物细胞个体大小为 $1\sim5nm$,最大时可以达到碳原子大小的 100 倍,能较好地悬浮在水溶液中并吸附贵金属,吸附一定的金属后,易于沉降。在两相催化反应中,微生物在吸附和转运金属前利用本身的生长,以固体填料作为附着点,形成持久的生物膜。生物膜内部的结构复杂,能够提供相对于单一填料更多的比表面积和催化活性的中心,有效地加快催化反应的进行。

微生物表面含有大量的极性和非极性基团及正负电荷,可根据催化剂本身的性质,对微生物进行筛选,选择性地吸附催化剂。目前利用微生物作为催化剂载体的研究并不多,主要是因为利用死亡菌体进行吸附时,对死亡菌体进行收集处理比较困难,而利用活体吸附时,目前多数的工业催化剂都是含有单一或多种金属的催化剂,不同种类的复合金属对微生物活体具有一定的毒性,因而筛选和驯化耐高浓度、多种类复合金属的微生物,是解决微生物吸附法用于催化剂载体的一个关键。

2) 催化剂活性位点

催化剂又称触媒,是能通过提供另一活化能较低的反应途径而加快化学反应速率,而本身的质量、组成和化学性质在参加化学反应前后保持不变的物质。微生物或其产物作为催化剂,作为催化反应的载体,通过吸附作用与反应物分子结合,其吸附位点即是催化活性位点。由于微生物可通过静电作用、络合作用、离子交换、微沉淀作用、氧化还原反应等对反应物进行有效吸附且微生物比表面积大,可大大增加催化剂的活性位点,提高催化反应的效率。

微生物催化剂由于具有反应过程温和、催化效率高、费用低、绿色环保、种类繁多等优点,越来越受到大众青睐,而且对微生物催化剂实际应用的研究也越来越多。目前,对微生物催化剂的研究及应用主要集中在利用微生物吸附法生产纳米材料、产脂肪酶微生物催化柴油的合成、微生物吸附催化发电等。

2. 微生物吸附法在催化反应中的应用研究

1) 生产生物-金属纳米粒子催化剂

由于金属纳米粒子具有独特的性能(单分散性,化学、光学、电学特性)及具有高活性的特殊表面,其比普通催化剂更受欢迎,应用中常利用微生物吸附金属粒子来形成生物-金属纳米粒子复合物,制备催化剂。

贵金属钯的纳米原子无论在加氢还是在脱氢反应中均具有高效的催化活性,是一种常用的工业催化剂。有研究表明(Bennett et al.,2010),利用微生物吸附钯纳米原子形成生物钯催化剂,其在加氢反应的催化效率比石墨-纳米钯催化剂提高了 5%;在低浓度的戊炔转换中,氧化铝-纳米钯催化剂体系中的顺式/反式比和戊烯/戊烷比均为 2.0,而生物钯催化剂则分别为 2.5 和 3.3,有效地提高了戊炔转换中的产品质量。生物钯催化剂不仅能同时抑制钯原子向钯离子的形成,而且减少了贵金属的流失和重新回收钯时所产生的酸性废液。目前,能够与钯形成生物-金属纳米粒子催化剂的细菌包括脱硫弧菌(*Desulfovibrio desulfuricans*)、大肠杆菌等(Macaskie et al.,2008;Bennett et al.,2010)。除钯的生物纳米催化剂外,目前还研发了生物-金纳米粒子催化剂。

另外,Windt 等(2005)发现吸附于希瓦氏菌细胞壁或细胞膜的纳米粒子 Pd(0)能催化多氯联苯的还原,其还原能力是普通 Pd(0)的 9 倍;利用包埋在 Fe_3O_4 纳米粒子中的假单胞菌进行催化反应,实现了二苯并噻吩的脱硫。

磁性纳米粒子由于表面能量高,其催化作用佳,单分散性好,不仅易于吸附在细胞上,而且吸附了磁性纳米颗粒的细胞也易于回收利用,是一种较为理想的工业催化剂。但目前利用微生物作为载体吸附金属粒子生产高效高质量催化剂的研究还非常有限,这是一个具有挑战性的领域,因此,还有大量的工作需要去完成。每种纳米粒子都有自己的特性,不仅要考虑粒子与微生物种类的匹配度,还要考虑粒子的浓度(浓度过高可能会毒害微生物,导致其反应速率下降)和微生物的特性,而且反应体系的各种要素的最佳参数也有待进一步探讨。

2) 生产金属纳米材料

微生物(细菌、真菌等)表面存在电荷、酶、特定的基团等,表现出一定的亲水性,可以吸附特定的金属离子,另外通过人为手段,如基因工程、非电解镀层等,改变微生物表面的性质,增加微生物与金属离子的静电相互作用,可提高吸附效果。而通过营养交换、物质扩散等,微生物可进行胞内吸附,并且在相关酶的作用下产生电子,还原金属离子,最后金属单质在胞内外积聚,形成纳米粒子。微生物具有独特的尺寸、结构、性质,利用微生物催化剂吸附金属粒子来生产纳米粒子,不仅生产的纳米粒子具有独特的性能,微生物作为催化剂也具有重复利用性,因此,微生物催化剂在纳米材料合成领域具有广阔的应用前景。

以烟草花叶病毒(tobacco mosaic virus,TMV)作为催化剂生产的镍包埋的纳米材料已被测试作为电池电极;而获得的铂金包埋的纳米材料通过量子收缩效应展现出记忆存储的特性;另外,钯金包埋合成的纳米材料被研究作为氢感应层(Lim et al.,2010)。

除了微生物外,某些生物分子也能吸附并催化合成金属纳米粒子。添加复合微生物可产生不同尺寸、形状等的纳米粒子,而当前该领域的研究越来越集中在纯化菌种甚至是单一生物分子,从而生产合成纯化的纳米粒子,为该种纳米材料在实际工业生产及医学(药物输送、癌症治疗等)等领域的应用提供更大的可能。到目前为止,关于利用生物分子催化金属颗粒形成纳米材料的成功案例有如下几个。

(1) 给缩氨酸修饰一个半胱氨酸残基,并将其固定在聚丙烯膜上,另外给缩氨酸增加一个甘氨酸以提高缩氨酸在膜上的灵活性,ZnO-1 缩氨酸展现出对 ZnO 显著的亲和性,形成漂亮的花形纳米粒子,如图 6-5 所示(Questera et al.,2013)。

(2) 利用金膜纳米材料添加血清清蛋白(还原剂)后产生铜纳米粒子(Xie et al.,2009)。

(3) 大肠杆菌表达的绿色荧光蛋白可生产铜纳米粒子等(Sanpui et al.,2008)。

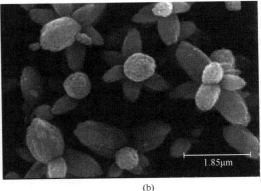

(a)　　　　　　　　　　　　　　　　　　(b)

图 6-5　锌纳米粒子的显微形貌(Quester et al., 2013)
(a)蜡样芽孢杆菌吸附锌产生的片状纳米粒子;(b)缩氨酸吸附氧化锌产生的花形纳米粒子

　　利用微生物催化剂催化纳米材料的合成主要受微生物催化剂稳定性及与金属离子亲和性影响。当金属离子浓度高时,催化剂不稳定(微生物表面蛋白间的相互作用被破坏),导致催化效率下降,金属包埋不充分。这也限制了微生物催化剂的应用。最近有研究正在对微生物进行改造。例如,用二氧化硅包埋病毒(苯胺预处理),二氧化硅不仅能增强微生物催化剂的稳定性(Royston et al., 2009),还能通过其传统的化学矿化方式使多种金属纳米颗粒在微生物表面高密度分层吸附;另外,在微生物表面通过遗传学修饰增加一个半胱氨酸(含有巯基,可作为金属离子结合的位点)也是一种提高微生物催化活性的有效方法。

　　与物理化学手段相比,微生物吸附法催化合成纳米材料存在的最大限制因素是反应合成的速率缓慢(往往要反应几小时),若能极大提高合成的速率,缩短合成时间,将有利于该方法的推广应用。另外,对于合成过程纳米粒子尺寸及单分散性的控制也是一个关键的因素,需要进一步深入研究和探讨。

　　利用微生物吸附法催化合成纳米粒子,胞外的结合比胞内结合更有利,因为胞内结合后需要额外的操作。例如,需要进行化学反应、超声等将纳米粒子从胞内取出。但直到现在,很少有关于利用微生物胞外结合合成纳米粒子的研究报道,而且目前对于微生物吸附法催化合成纳米粒子还停留在实验室研究阶段,更多的努力还需要投入到纳米粒子的实际生产和应用的相关研究中。

　　传统纳米材料的生产技术,如三相处理过程、化学蒸汽沉积、液相胶体结合等需要高温、真空等特殊的处理条件,且处理过程经常会使用有害化合物,而生物催化剂直接在温和的条件下对纳米级别的材料进行处理,且对环境影响小,不会产生二次污染。因此,微生物吸附催化合成法将是今后合成生产纳米粒子的首要选择,而对于纳米粒子生物合成的机理研究将有助于实现该技术在实际生产中的应用。

3）合成生物柴油

近年来,生物柴油作为一种无毒、可生物降解和可再生的替代燃料受到广泛的关注,但由于商业脂肪酶的高价格限制了其在生产生物柴油或脂肪酸甲酯中的应用,为此,研发产脂肪酶的微生物作为生产生物柴油的催化剂将有广阔的应用空间。微生物能将合成柴油的原材料吸附到细胞表面或内部,在脂肪酶的活性位点催化作用下生产柴油。

微生物脂肪酶,是指催化水解脂肪的酶。由于微生物脂肪酶种类多、对底物的专一性,且具有比动物脂肪酶更广的适用 pH 和作用温度范围,又便于进行工业生产,因此获取高纯度制剂和微生物脂肪酶特性的研究及其在实际应用中的作用得到广泛关注。微生物脂肪酶与传统催化剂相比,能催化甘油三酯酯基的转移及游离的脂肪酸酯化合成脂肪酸甲酯,因此,微生物脂肪酶能利用富含游离脂肪酸的原材料,如麻风树油、微藻油、使用过的废弃食用油等直接生产生物柴油(Giudad et al.,2011)。

目前,对于微生物脂肪酶吸附催化底物的机理还不清楚,但普遍认为是疏水性的底物被一层亲水性的物质包埋。脂肪酶是一种水解酶,具有水溶性,其吸附于该包埋层上,吸附部位称为疏水端,而与水溶液接触的部位称为亲水端。脂肪酶中起催化作用的活性中心非疏水端,但离疏水端较近,从而使酶的活性中心易和底物连接并起作用。另外,脂肪酶由带电荷的氨基酸残基或碳水化合物组成的亲水端与极性溶液紧密结合,从而使酶分子在油-水界面上的定向更加稳定,更好地起到催化作用。

在微生物脂肪酶的生产过程中,利用微生物表面的黏附性和独特的物化特性(疏水性、电荷转移特性)来固定微生物是该催化剂生产的一大技术难点,另外酯化过程中使用的甲醇对脂肪酶的抑制作用也要考虑。因此,筛选出表面具有高疏水性、对甲醇具有较好耐受性的微生物,将是研究和利用微生物脂肪酶催化生产生物柴油的基础和关键。

4）生产电能

微生物燃料电池(microbial fuel cells,MFCs)是将微生物与固体电子接受体/供应体整合在一起,微生物在阳极吸附催化有机化合物转化为电能,进而产电能及其他附加产品,而生产过程可控制菌量不变。微生物先通过静电作用(多数细菌表面带负电)或胞外分泌物(如胞外聚合物)将营养物质吸附在菌体表面,而通过营养交换、物质扩散等进行胞内吸附,随后微生物在酶的作用下催化氧化有机化合物发电。在过去十年中,微生物燃料电池在配置/操作、微生物选种和特性、电子化学反应、生产应用等领域被广泛研究,MFCs 也逐渐被研发、改造而拥有越来越多的功能,如用于制氢、脱盐等,改造的装置包括如微生物电解池(microbial electrolysis cells,MECs)、微生物脱盐电池(microbial desalination cells,MDCs)等。MFCs 可用于废水处理、为传感器提供远程电源、生产电结合及电化学过程产生的附加产品、为微生物的呼吸提供研究平台等。MFCs 的一大特色便是，可以将废弃物如各类工业废水或生活污水，转化成电能，而且同时实现废水中各类有机污染物的分解去除。

目前，应用于生产燃料电池的微生物有光合细菌、沼泽红假单胞菌、微藻类等。光合细菌不仅能在阳极将废水中的有机化合物氧化产生能量，自身也能利用光能产生高能有机化合物，从而保持一定量的活性菌体。沼泽红假单胞菌（*Rhodopseudomonas palustris*）能将电子高效地传输到阳极上，并能广泛地利用有机化合物产电，包括工业废水和生活污水中常见的醋酸酯、乳酸酯、乙醇、丙三醇、延胡索酸等，甚至能分解利用藻青菌（*Arthrospira maxima*）的整个细胞。但是在氧化过程中会产生氢而对电子产生过程有抑制作用。另外，关于微藻类作为阳极生物催化剂的研究（Li and Zhen et al.，2014）表明，溶解氧对其产电过程也有抑制作用。

微生物电池的应用模型大体分为如下两种。

（1）闭合体系：通过光照或者消耗有机化合物增加生物量，再厌氧消化微生物产生甲烷，进而直接产生电能，或储存能量稍后发电。

（2）开放体系：该体系除了发电，主要应用在处理废水。微生物在阳极吸附催化废水中的有机化合物，而产生氧气在阴极起作用。该体系也能设计成闭合状态，闭合结构适合小规模应用，对于处理废水更高效，但由设计及操作造成的成本较高；而开放体系适合大规模应用，虽然操作及维护比较简便，但繁殖的微生物量较少。

具体过程如图 6-6 所示。

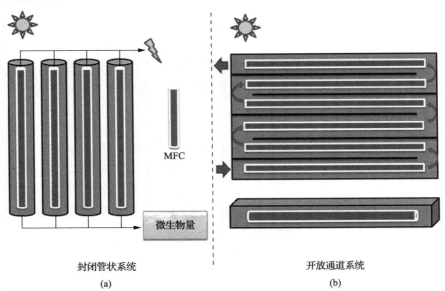

图 6-6　微生物电池的应用模型（Li and Zhen et al.，2014）

（a）闭合体系；（b）开放体系

目前,利用微生物发电的效率还较低,可能是用于发电的微生物中还含有一些产电能力差或不产电的微生物,因此,纯化高效发电菌是微生物电池的关键所在,且要深入研究微生物的发电机理,这有利于制备性能更优的生物电池。

除了上述存在的问题,微生物电池还面临着如下的挑战。

(1)氧化全细胞时,由于细胞存在细胞壁,具有一定的抗水解作用,不能很好地利用全细胞。且氧化自身物质产生的电能不及厌氧消化产生的能量(甲烷)多;细胞代谢合成有机化合物的过程也会产生氧,对阳极氧化过程具有抑制作用。所以若要将微生物作为氧化的底物,要将其发电的过程与厌氧消化联系起来,探讨产生更多电能的方法。

(2)光合细菌需要光照,给电池的阳极加载光照系统时对电池的设计有较高的要求。

(3)不少研究将关注点放在单一菌种上,但实际应用中大多是混合菌种,所以在研究单一菌种发电机理的同时,还要考察复合菌群中各种微生物的相互作用,如竞争或互养作用等。

由于微生物具有独特的生物吸附特性、粒径小、比表面积大、易再生等优点,微生物在催化剂载体、纳米材料合成等领域得到广泛的关注。另外,微生物本身是一个庞大的催化体系,其细胞内外遍布着生长代谢所需的各类酶及多种官能团。微生物通过吸附、积累环境中各类污染物,在体内各类酶作用下进行分解利用,既满足自身的新陈代谢,还能分泌产生多种产物,包括生物柴油、电能等,可以为工业生产应用提供宝贵的丰富资源和能源。

随着社会经济和工业生产发展模式的转变,开发环境友好型的工业催化剂已成为今后催化工业发展的主题,微生物无论是通过吸附作用作为反应的催化载体,还是通过吸附作用提供催化活性中心促进反应进行,均具有广阔的应用前景。

6.9　微生物吸附法在杀菌剂和消毒剂中的应用

6.9.1　杀菌剂和消毒剂的发展现状

我国是一个农业大国,在农药的使用上有很长的历史。随着科技的发展和需求的增加,大量新品种的农药应运而生,种类繁多,结构复杂,在增强杀菌消毒效能的同时,也带来了很多后续处理的难题。药剂的不合理使用导致其在环境中残留积累,特别是部分持久性的药剂,会对生态系统和人体健康产生不可忽视的影响。随着对这些消毒剂和杀菌剂特性认识的加深,人们开始关注对以往使用导致环境残留的杀菌剂和消毒剂进行治理,以减少其在环境中的累积和对人类健康的危害。同时,人们也在不断研究和开发环境友好型的杀菌剂和消毒剂。由于微生物种类繁多,来源广泛,具有多方面潜在性能,因此,利用微生物吸附法研制杀菌剂和消毒剂将具有广阔的应用前景。

1. 杀菌剂和消毒剂的种类和特性

杀菌剂是对病原微生物(真菌、细菌、病毒)具有毒杀、抑制或增抗作用的一类化合物。按照杀菌剂的作用方式可分为保护性杀菌剂和内吸性杀菌剂。

保护性杀菌剂是一种能够直接与病原菌接触进而杀死或抑制病原菌的药剂,使病原菌在受保护系统外或者表面被杀死,无法进一步对其造成危害。保护性杀菌剂主要有以下几类:硫及无机硫化合物、铜制剂、有机硫化合物、酞酰亚胺类、抗生素类等。

内吸性杀菌剂能够通过受保护系统的某一位点被其吸收并在系统中迁移,直到与其他位点发生作用,使系统内的病原菌失活或死亡,从而保护系统免受危害。内吸性杀菌剂主要有以下几类:苯并咪唑类、二甲酰亚胺类、有机磷类、苯基酰胺类、甾醇生物合成抑制剂类等。

消毒剂是指用于杀灭传播媒介上病原微生物,使其达到无害化要求的制剂。常用的消毒剂产品以成分分类主要有 9 种:含氯消毒剂、过氧化物类消毒剂、醛类消毒剂、醇类消毒剂、含碘消毒剂、酚类消毒剂、环氧乙烷、双胍类消毒剂和季铵盐类消毒剂。

2. 杀菌剂和消毒剂的发展及其存在的问题

由于我国工农业及社会经济的高速发展,杀菌剂和消毒剂的需求也日益增加,产业得到迅速发展。现在市场上常用的杀菌剂和消毒剂多为高效、广谱的有机化学合成药剂,在植物作物抗菌、医疗、工业和日常用品等方面发挥着重要的作用。但不合理地使用杀菌剂和消毒剂使得它们在环境中残留累积,在发挥高效杀菌杀虫效应的同时也抑制植物作物的生长,导致致病菌产生抗药性,对生态环境质量及人类健康造成威胁。加强药剂使用管理和开发新型环境友好型的药剂成为未来绿色社会可持续发展的重要发展方向。

6.9.2 微生物杀菌剂和消毒剂

现代科技的进步和社会的发展,促进了人们生活水平的日益提高,但同时也给环境带来了日益严重的污染。开发低毒、低残留、高效的环境友好型生物药剂,是绿色和谐社会发展的新方向。早在 20 世纪初,就有学者把研究开发生物药剂从科学理论上升到了科学实验阶段,但由于后来有机合成的化学药剂迅速发展,其高效的杀菌消毒能力使得生物药剂的开发逐渐停滞,直到 20 世纪 60 年代有机合成药剂高毒性和高残留等问题的爆发,对生态环境和人体健康造成极大的威胁,使得生物药剂重新得到重视,并成为研究和应用的热点。

　　生物农药是生物药剂最先发展的一类生物制剂,是指利用生物活体及其代谢产物仿生合成具有特殊功效的化合物,对农业有害生物进行灭杀或抑制的制剂。这里主要介绍的是微生物杀菌剂和消毒剂。

　　1. 微生物杀菌剂和消毒剂的种类

　　利用微生物开发新型杀菌剂和消毒剂的途径主要有以下两种方式。

　　(1)微生物作为一种吸附载体,利用微生物吸附法由菌体表面的一些官能团将金属离子固定在其表面,生成金属纳米颗粒并利用其催化效应进而起到杀菌消毒作用。

　　(2)将具有毒性杀虫功能的微生物活体或者其代谢产物研制成药剂,通过吞噬、寄生、拮抗、分泌毒素等方式作用于靶标有害生物,使其得到抑制或者失活死亡。

　　2. 微生物杀菌剂和消毒剂的特点

　　微生物杀菌剂和消毒剂作为环境友好型生物药剂,具有以下特点。

　　(1)专一性强,活性高。大多数微生物杀菌剂是由感病生物分离出来经过人工繁殖后再作用于该种生物的;或是针对某一种特定功能基因进行定向重组改造而成的;因此,对有害生物的防治作用有较强的专一性。由于微生物杀菌剂的专一性较强,一般对目标有害生物的活性都很高。

　　(2)对环境和非靶标生物安全。微生物杀菌剂是天然存在的活体微生物或其代谢产物,它们在环境中能够自然代谢或消亡,并参与生态环境的能量和物质循环,不易于产生环境残留和生物累积富集现象。另外因其活性较高,用量较少,对哺乳动物及非靶标生物相对安全。

　　(3)多种成分协同作用,产生抗药性较慢。一般微生物杀菌剂的成分不像化学药剂那么单一,是由多种成分共同起作用的。某些活性成分是和有害生物协同产生作用或者是多位点作用于有害生物,这使得有害生物不易产生抗药性。

　　(4)作用方式多样,作用机理不同于常规药剂。微生物杀菌剂可通过吞噬、寄生、拮抗、分泌毒素等方式起到抑制或者灭杀靶标有害生物的作用。常规药剂的毒性作用机理大同小异,有害生物容易对其产生抗性。但是微生物杀菌剂因种类不同,其作用机理也各有差异,比常规药剂的复杂得多,这也是有害生物不易对其产生抗性的原因之一。

　　(5)种类多,开发利用途径广,开发潜力大,发展前途广阔。研制成微生物杀菌剂的微生物来源广泛、种类繁多,产品可以直接利用,也可以经过人工选育后再利用。微生物杀菌剂开发的原理遵循着自然界中生物之间的相互关系,作为一类高效、安全的环境友好型药剂具有广阔的发展前途。

3. 研究应用现状

1) 微生物吸附法合成杀菌剂和消毒剂

纳米杀菌剂和消毒剂是近些年来开发出的新型药剂,由于在纳米的范围内许多金属在其合成的过程中表界面都有形成核、孪晶、多重孪晶颗粒的趋势,为形成最低的能量面以保护活性官能团,一般需要添加一些封端剂。封端剂的种类有很多,如硅烷类、酯类、苯环类等,但目前合成过程中最有效和对环境最友好的还是依靠微生物的吸附作用所形成的纳米杀菌剂和消毒剂。

以研究最多的银纳米颗粒(silver nanoparticles,AgNPs)为例,银纳米颗粒和其他的杀菌剂和消毒剂一样,是一种杀死病源微生物抗菌剂。它是由菌体细胞表面的一些活性官能团通过吸附固定和原位还原金属离子银,从而在菌体表面生成金属纳米颗粒。

有文献报道,Vigneshwaran 等(2007)利用黄曲霉成功合成了稳定的银纳米颗粒。其方法是将黄曲霉投加到硝酸银溶液中作用 72h 后,硝酸银大部分被吸附在细胞的表面并形成银纳米颗粒。利用扫描电镜对其菌丝吸附情况进行观察(图 6-7 和图 6-8),由图中可以看出,菌丝吸附前后发生了明显的变化,从图 6-8 中 1、2 位置处放大观察,发现其吸附状态分为两种,分别为霉菌型和酵母型两种形态。

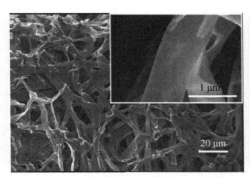
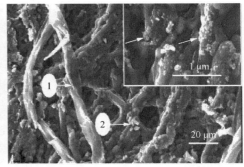

图 6-7　去离子水的黄曲霉菌丝对照　　　　图 6-8　吸附银纳米颗粒 72h 后的黄曲
　　　　　　　　　　　　　　　　　　　　　　　　霉菌丝情况

国内也有学者利用黑曲霉干细胞吸附还原银氨离子制备 AgNPs/黑曲霉复合材料,并以大肠杆菌为测试菌株来考察该复合材料的抗菌性能(张金丽等,2012)。结果发现 AgNPs/黑曲霉复合材料对大肠杆菌具有良好的抗菌能力,能够快速将其杀死;该复合材料重复使用 5 次后,抗菌性能没有明显下降,稳定性良好,AgNPs/黑曲霉复合材料对大肠杆菌的抗菌活性随时间的变化见表 6-4。研究还证明了 AgNPs/黑曲霉复合材料的抗菌性能主要与 AgNPs 粒径大小有关,AgNPs 的粒径越小,其抗菌性能越强。另外也有学者(Husseiny et al.,2007)利用铜绿假单孢菌成功合成了金纳米颗粒(gold nanoparticles,AuNPs)。

表 6-4　**AgNPs/黑曲霉复合材料对大肠杆菌抗菌活性的影响**(张金丽等,2012)

$c_{\text{AgNPs/黑曲霉}}$	大肠杆菌/(10^4CFU* · mL^{-1})						
(mg · L^{-1})	0min	2min	10min	20min	30min	60min	120min
0	350	360	350	367	363	392	377
500	347	100	0	0	0	0	0

* 单位体积内的菌落数。

利用微生物还原法制备金属纳米颗粒是近年来出现的一种新兴方法,而金属纳米抗菌剂已经开始在农业上投入生产和使用,其优势有:①干/死菌体的非酶还原过程能够保证金属纳米颗粒在胞外或菌体表面上形成,且非酶还原过程不受微生物生长条件的限制,还原速率易调控(通过调节反应温度和 pH),也不受高浓度金属毒性的影响。②菌体细胞起载体和还原剂、保护剂、分散剂的多重作用,使得金属纳米颗粒获得高度的分散性和稳定性,并易与其他载体材料结合而扩大其应用范围。③菌体表面对金属纳米颗粒的固定作用阻止了其向环境的流失,从而可实现回收、重复利用的目的。④菌体易于保存和定量操作,并且可利用一些废弃工业菌体作为菌剂的原材料。

随着越来越多特效微生物吸附剂和吸附材料的研发,微生物吸附法在杀菌剂和消毒剂合成方面的应用将会越来越广泛。

2) 微生物杀菌剂和消毒剂的研发

(1) 微生物杀菌剂。

微生物杀菌剂主要包含了真菌类、细菌类、基因工程菌类等微生物活体杀菌剂和抗生素类及毒蛋白类等的微生物源杀菌剂。

① 真菌类杀菌剂:主要是丝状菌。大部分真菌类杀菌剂是通过直接杀菌、重寄生作用、溶菌作用、毒性蛋白、竞争作用及诱导植物产生抗菌性等方式直接或间接地使致病菌破裂、失活、死亡,以达到防治目的。有学者研究白僵菌(*Beauveria bassina*)和绿僵菌(*Metarhizium anisopliae*)对病原体的拮抗机理时发现,白僵菌能够对油菜菌核病菌、棉花枯草病病菌和小麦赤霉病菌等几种植物病原真菌有明显的抑制作用。且其分生孢子悬浮液和发酵液均能抑制病原菌的菌丝生长,抑制效果与其浓度有关,浓度越高,抑制效果越明显。同时发现,绿僵菌及其分生孢子悬浮液和发酵液对玉米弯孢病菌有显著的抑制效果(夏龙苏和林华峰,2013)。此外,大量实验研究表明,绿色木霉(*Trichoderma viride*)对引起瓜果类作物的白绢病、葡萄灰霉病、百合疫霉病、棉花黄萎病、油菜菌核病等多种植物病害的病原菌都有较强的拮抗作用。

② 细菌类杀菌剂:主要以芽孢杆菌类群为主,通过调节作物细胞微环境,诱导

或提高作物自身的抗菌能力,且通过分泌活性抗菌物质和营养及位点竞争的方式杀灭或抑制致病菌,加之细菌类杀菌剂能够降解作物周围环境的有毒物质,提供作物更多的营养和更安全的生长环境,从而达到"双赢"——既能抗菌又能促进作物生长。

有研究表明,枯草芽孢杆菌可以通过抑制人参灰霉病病菌和根腐病病菌的菌丝生长和孢子萌发从而抑制致病菌,且均表现出强烈的抑制作用。其原液对人参灰霉病病菌和根腐病病菌菌丝的生长抑制作用均达到 80％以上,对孢子萌发抑制率均超过 85％(关一鸣等,2014)。另外,有学者在使用枯草芽孢杆菌防治玉米丝黑穗病菌的研究中发现,枯草芽孢杆菌在有效降低玉米丝黑穗病菌发生率的同时,能够提高玉米的产量(Mercado-Flores et al.,2014)。

(2) 微生物消毒剂。

微生物消毒剂主要有抗菌肽、噬菌体等。

① 抗菌肽是生物体内存在或经诱导产生用来抵制外来入侵病原体的一类具有抗菌活性的小分子蛋白,氨基酸数目一般小于 100,具有广谱抗菌活性。抗菌肽也是多种生物先天性非特异性防御系统的重要组成部分。当机体受到损伤或病原微生物入侵时,能快速地产生抗菌肽杀伤入侵者。国内外研究表明,抗菌肽对部分细菌、真菌、病毒和癌细胞等均具有强大的杀伤作用。例如,乳酸链球菌素(Nisin)对包括李斯特菌(*Listeria monocytogenes*)、金黄色葡萄球菌、蜡状芽孢杆菌、植物乳杆菌(*Lactobacillus plantarum*)、藤黄微球菌(*Micrococcus luteus*)等革兰氏阳性菌有明显的抑制作用,被广泛应用在食品防腐中,特别是乳制品、罐头食品、熏肉制品等。其主要作用机理是通过与病原菌细胞膜上的阴离子脂类化合物反应形成孔道,改变细胞内外渗透压,使胞内物质外流,干扰细胞正常活动而使之失活或者死亡。

近年来有学者开始研究该抗菌肽对人体口腔的抗菌贡献,结果表明,乳酸链球菌抗菌肽能够安全有效地抑制口腔致病菌,预防口腔疾病,如龋齿、牙根管感染等。与其他常用的口腔医药共同使用效果更佳,就算不慎将该抗菌肽吸入体内,体内的消化系统能够对其进行降解,不会产生毒害性,也不会在体内发生残留或者积累现象(Tong et al.,2014)。

② 噬菌体是一种能够特异性感染和裂解细菌的病毒。噬菌体在感染敏感细菌后,在其细胞内增殖进而使其裂解并杀死细菌。噬菌体最大的两个特点就是高度的识别特异性和依赖性。高度的识别特异性决定了噬菌体对宿主菌的专一性和选择性。高度的依赖性使得噬菌体在离开宿主菌后虽能保存活性,但无法生长繁殖,进而限制了它对环境的影响和干扰作用。这两大特点也突显出噬菌体抗菌技术的优势。目前,噬菌体作为一种结构简单、来源广泛的微生物,已经被很多国家应用于治疗、检测和食品安全等方面。不少国内外的研究学者从病原菌中分离出

特异性噬菌体,从而有效地抑制或灭杀病原菌。孔令红等(2012)从污水中以腐败希瓦氏菌为宿主菌分离出了一株噬菌体并对其进行抗菌性能研究,结果表明,该噬菌体裂解性好,能够在 5 小时内使腐败希瓦氏菌菌悬液变澄清,在水产品抑菌防腐实验中效果明显。Fu 等(2010)将铜绿假单胞菌噬菌体喷洒于容易形成生物膜的水凝胶导管上,能有效去除这种革兰氏阴性菌生物膜并抑制其再生。同时还发现,5 种不同铜绿假单胞菌噬菌体的混合物对细菌生物膜的抑制更为有效,使生物膜细胞密度显著降低。

另外,近年来对噬菌体裂解酶的研究与应用也在不断地挖掘和发展。噬菌体裂解酶是由双链 DNA 噬菌体编码的在基因组复制晚期合成的一类蛋白质,它能够水解细菌细胞壁的肽聚糖从而杀灭细菌。研究表明,噬菌体裂解酶对肺炎链球菌(*Streptococcus pneumoniae*)、炭疽杆菌、乳酸杆菌、金黄色葡萄球菌等致病菌都有很好的杀菌作用。Grandgirard 等(2008)研究噬菌体裂解酶的作用时发现,纯化的噬菌体裂解酶(Cpl-1)对引起心内膜炎和细菌性脑膜炎的肺炎链球菌表现出显著的抑制效果,表明其具有良好的抗菌活性。Porter 等(2007)用分离纯化过的噬菌体裂解酶(PlyB)对类炭疽杆菌菌株 ATCC 4342 进行了抗菌性能实验,结果发现裂解酶在 5min 内能够杀死大量的菌体,表明其对炭疽杆菌具有良好的抗菌性能。

科技进步和社会需求不断催生新型绿色产品的产生,在人们环境保护意识日趋增强的今天,微生物制剂因其专一高效性和安全性成为人们关注的焦点。尽管不少学者在不断挖掘新的微生物资源和研究其性能和功效,但是投入生产过程中还是存在诸如微生物抗菌性不稳定和受环境影响大等问题。如何将科学研究成果应用到实际生产中,是微生物制剂今后发展的突破点。无论如何,微生物药剂作为一种高效、低毒、低残留的环境友好型生物制剂,仍具有非常广阔的发展前景。

6.10　微生物吸附法在生物探矿与采矿中的应用

矿产资源是指经过地质成矿作用,埋藏于地下或露出地表,并具有开发利用价值的矿物或有用元素的含量达到具有工业利用价值的集合体。矿产资源属于不可再生资源,按其特点和用途,通常分为能源矿产(如煤、石油、地热)、金属矿产(如铁、锰、铜)、非金属矿产(如金刚石、石灰岩、黏土)和水气矿产(如地下水、矿泉水、二氧化碳气)四大类。

我国是一个资源相对贫乏的国家,资源总量大,但人均占有量低,资源短缺、环境脆弱是我国现阶段的国情。我国的矿产资源存在数量相对不足;金属矿产富矿少、贫矿多;综合矿多、单一矿少等特征,这些都局限着我国矿产资源的可持续发展。与此同时,传统的探矿和采矿工业由于技术和设备上的落后,对环境造成了严重的危害,如水土流失、土壤和水源水重金属污染等。因此,发展采用新的矿产资源发掘方法并充分利用,减少对环境的危害,实现资源的节约和对环境的保护,是现阶段的当务之急。

生物探矿和采矿的提出和发展为矿产资源的开采提供了一个新的解决途径。生物探矿是指利用生物对矿产资源进行探索,生物采矿则是指利用生物技术对金属矿石或精矿进行处理的一种生物工艺。目前用于生物探矿和采矿的生物有很多,其中以微生物为主,而微生物对多种矿物,如石油、Cu、Fe、Ru、Pd、Ag、Ir、Rh、Pt、Au、Os 等都有明显的吸附作用,因而微生物吸附法在生物探矿和采矿方面具有广阔的应用前景。

6.10.1　微生物吸附法在生物探矿和采矿中的作用

1. 微生物探矿和采矿

微生物在探矿和采矿过程中的作用机理主要有微生物吸附、微生物积累、微生物浸出和微生物氧化。微生物对矿物的吸附是指矿物金属离子依靠物理化学作用,被结合在微生物细胞壁上,组成细胞壁的多种化学物质常具有羟基、巯基等官能团,构成了金属离子被细胞壁"吸附"的物质基础;微生物对矿物的积累则是依靠微生物体的代谢作用在体内积累矿物金属离子。例如,铜绿假单胞菌能积累铀等;微生物浸出则是指借助于微生物的作用把有价金属从矿石中浸泡出来,使其进入溶液;微生物氧化是借助微生物来氧化某些矿物,如黄铁矿、砷黄铁矿,使包裹在其中的贵金属(Au、Ag 等)暴露出来供下一步的浸出(杨显万等,2003)。

微生物对矿物离子的吸附作用一般发生在微生物的细胞表面,而积累则是金属离子进入细胞的内部,只有当金属离子与微生物相互接触时,才能发生相应的氧化和浸出作用,达到探矿和采矿的目的。因此,微生物对金属矿物离子的吸附作用是利用微生物进行探矿和采矿的基础。

2. 探矿和采矿中的微生物吸附作用类型

根据微生物对矿石吸附的选择性和作用强弱可将微生物吸附分为三类:①特性永久吸附或称专性吸附。此类吸附发生在吸附质的特殊表面之间,微生物对所吸附物质的表面具有选择性和专一性,且吸附得很牢固,如蜡状芽孢杆菌对金的吸附,根据这一特性可以制造生物探针。②非特性永久吸附。某些细菌对所吸附物质的表面不具选择性,但却可以实现较牢固的吸附。③非特性非永久吸附。发生这类吸附的微生物与吸附质表面之间无选择性,且相互作用较弱,容易脱附。

3. 探矿和采矿中微生物吸附的影响因素

1) 微生物特性

微生物吸附法能够在生物探矿和采矿中得以应用,微生物本身的性质起着至关重要的作用。不同的微生物细胞具有不同的表面结构和特性,如所带电位不同、耐酸和对重金属耐受性的差别等,均会明显影响微生物对矿物的吸附效果,使其在探矿和选矿中表现出不同的吸附能力。一般的微生物表面带有负电荷,易于与带正电荷的金属矿物质相互吸引。有研究发现,诺卡氏菌($Nocardia$)在黄铁矿和方铅矿表面可发生明显的选择性吸附,其在黄铁矿表面的最大吸附率为 96.99%,而在方铅矿和闪锌矿表面的吸附率仅为 20% 左右。

2)矿石性质

微生物探矿和采矿的作用对象是矿石,所以矿石的性质会对探矿和采矿效果产生影响。影响微生物探矿和采矿效果的矿物性质是多方面的,如矿物的化学成分、晶型、电极电位、溶解度、粒度等。同一种矿物在相同的条件下浸出,因矿石成分的差异,可以表现出不同的动力学特征;而就电极电位而言,从热力学的角度看,矿物的电位越小越有利于浸出。

3)环境因素

除了自身特性会对微生物的生物探矿和采矿产生影响外,环境中 pH、温度、氧浓度、共存离子、螯合剂、抑制剂、底物的浓度、矿物的化学形态及接触角等环境因素均会影响微生物最终的探矿与采矿效果。每一种不同的微生物吸附剂在探矿和采矿中均有特定的最佳环境条件。例如,Bueno 等(2008)利用不透明红球菌($Rhodococcus\ opacus$)吸附铅、铬、铜离子时发现,铅离子的存在,能够减少该菌对铜和铬的吸附。pH 对微生物在探矿和采矿过程中吸附作用的影响与微生物的种类有关。例如,在生物浸矿中,大多数的作用微生物为嗜酸好氧菌,因此低 pH 的环境有利于微生物对金属离子的吸附。而在生物浮选过程中,H^+ 与矿石在微生物表面形成竞争吸附,因此低 pH 环境不利于微生物吸附。有研究表明,细菌细胞在矿物表面上的吸附量与 pH 有关,当 pH 在 7 附近时,细菌细胞在矿物表面上的吸附量较高(李长根和雨田,2008)。另外环境中的某些金属阳离子如 Ag^+、Bi^{3+}、Co^{3+} 等,对金属矿物的细菌浸出有催化作用。Blázquez 等(1999)发现,用氧化亚铁硫杆菌浸出黄铜矿时,在 35℃下加入 Ag^+ 后,12 天铜浸出率为 80%,而不加 Ag^+ 的浸出率仅为 25%,这很好地说明了 Ag^+ 的催化作用。

6.10.2 微生物吸附法在探矿和采矿中的应用技术

1. 生物探针

利用某些微生物对特定金属矿物之间具有紧密的相互作用,可研发制成生物探针,并用来探测潜在矿床的存在。生物探针指的是一种特异的免疫检测技术,具有高效特异性和高灵敏性。在采矿和探矿过程中,可利用微生物制成相应的生物探针,来对深埋地下的矿藏进行探测。

　　某些微生物在自身新陈代谢或在地下极微弱的光合作用中能形成酸和碱,使得周围环境的 pH 和 E_h 发生变化,从而有利于各种矿物金属元素如铀、金形成络合物或有机胶体并发生迁移、沉积、聚集,同时在环境中有利部位成矿。某些特殊微生物就可以通过吸附作用,将游离分散在地质中的矿物金属离子富集在孢子或细胞表面上,富集有矿物金属离子的微生物可以在溶液、有机质胶或凝胶体中运输移动,并在产氧环境中聚集成群。另外,大多数菌群在新陈代谢过程中,可以诱发菌体自产酸的催化作用,诱导腐殖酸的护胶、络合、离子交换及还原作用,这对矿物金属的活化、迁移、沉积聚集也起到重要作用。

　　由于某些矿物金属离子对微生物有较强的生物毒性,一些微生物在矿区土壤环境中难以成活。另外,由于矿区土壤中其他耐金属真菌会分泌青霉素或其他抗生素,不利于矿区环境中细菌的存活和生长。而蜡状芽孢杆菌因为具有较强的抗青霉素能力,对多种重金属具有较强的耐受性,能在金属矿床中生存并保持较好的活性,且该菌对某些特定的矿物金属具有生物富集作用。可以通过对蜡状芽孢杆菌的检测来探寻金属矿藏。目前,利用蜡状芽孢杆菌对金的特殊敏感性和亲和力,已开发制成探测金矿的生物探针,用于金矿的探测。

　　综上所述,由于某些特定微生物对矿物离子的耐受性和富集作用,在一定的地质和地球化学条件下,可以将微生物作为指示探针,通过对微生物菌群的检测来判断该处矿藏的种类与含量,从而寻找隐藏的金属矿床。

2. 生物浮选

　　生物浮选是微生物吸附法在采矿工业上的一个典型应用,是近十几年发展起来的一种利用微生物吸附法和传统浮选工艺相结合用以处理各种难选矿石的新技术。与传统浮选技术相比,生物浮选具有廉价性、适宜性、环境友好性等特征。其原理是利用微生物细胞表面或者代谢产物上存在的非极性(如烃链)以及极性(羧基、羟基、磷酸基、羰基)等官能团,以及微生物表面所带的正负电荷,使微生物与矿物表面发生直接作用(微生物吸附)和间接作用(代谢物吸附)来改变矿物表面性质(如疏水性、表面元素的氧化-还原、溶解-沉淀等行为),与矿物形成一定的接触角,从而实现矿物选择性分离的一种浮选方法。

　　目前,研究发现可用于生物浮选的微生物种类很多,如氧化亚铁硫杆菌、多黏芽孢杆菌(*Bacillus polymyxa*)、嗜中温氧化亚铁硫杆菌(*Acidithiobacillus ferrooxidans*)、诺卡氏菌均可用于硫铁矿中浮选分离黄铁矿;草分枝杆菌(*Mycobacterium phlei*)可作为硫铁矿浮选过程中赤铁矿的捕获剂,以及磷灰石和白云石浮选时阴离子的抑制剂;而肉葡萄球菌(*Staphylococcus carnosus*)和坚强芽孢杆菌(*Bacillus firmus*)可作为磷灰石的捕获剂。

3. 生物浸出

生物浸出也称生物氧化,是利用微生物从矿石上提取有用金属的选矿方法,主要是利用微生物新陈代谢活动中各种化学反应,包括氧化还原反应、催化反应,中和反应等,使矿石中的有用成分被氧化或还原,并以水溶液中离子态或沉淀的形式与原物质分离。而在生物浸出采矿过程中,微生物对目标物质的吸附是各种代谢反应发生的前提条件。该种浸出方式比用氰化物进行的堆积浸出更"干净",纯度更高,杂质更少。因此,利用微生物、空气和水等天然物质溶浸贫矿、废矿、尾矿和冶炼炉渣等,回收某些贵重有色金属和稀有金属,是防止矿产资源流失,从而最大限度利用矿藏的一种冶金方法。

目前多项研究已表明生物浸出在贵金属和有色金属采矿和尾矿回收上具有非常好的应用前景,如氧化亚铁硫杆菌可以浸出稀有金属锑,而黑曲霉菌可以有效地浸出镓等。

6.10.3　微生物吸附法在探矿和采矿中的应用研究

贫矿和废矿中仍含有大量的矿产资源,如果直接将其抛弃不但会造成资源浪费,而且还会造成严重的环境污染与破坏,因而从贫矿和废矿中回收可利用的矿产资源很有必要。生物浮选和生物浸出技术是目前用于解决这一问题较有效的方法。研究表明,微生物对多种矿物金属有吸附作用(表 6-5)。

表 6-5　微生物吸附矿物金属的种类(胡洪波等,2002)

吸附菌株	矿物金属	吸附量/(mg·g^{-1}干菌体)
枯草芽孢杆菌	Au^{3+}	140
巨大芽孢杆菌	Au^{3+}	302
巨大芽孢杆菌	Pt^{4+}	94.3
酵母菌(Saccharomycetes)	Au^{3+}	55.9
乳酸杆菌	Ag$^+$	125
地衣芽孢杆菌	Pd^{2+}	224.8

目前,关于微生物吸附在生物浸矿中所起作用机理说法很多。有学者认为,许多场合下,微生物在矿物表面大量吸附形成生物膜,矿物表面由于吸附产生的生物膜厚度为微米量级,是原子或分子尺度的 104 倍,可以看作介于矿物表面与环境之间的一道输运屏障,控制着固体表面与外界的物质迁移和交换。由此推理,在微生物参与的多相反应过程中,微生物吸附形成的生物膜结构在微生物溶浸矿物的动力学过程中起到不可忽视的作用。

微生物在探矿和采矿中的应用,古来就有之。《山海经》中就有"石脆之山,其阴多铜,灌水出焉,北流注于禺,其中多流赤者"的记载,微生物在其中发挥了巨大的作用,但当时的人们仅凭经验,并不知道细菌的存在。如今,微生物湿法冶金已经到了产业化阶段,将微生物吸附法从生物工程应用到生物冶金上来,筛选并培育出性能更稳定,更能满足冶金过程的特效菌种,是生物冶金技术的重大进步。

将微生物吸附法应用到探矿和采矿中,既是生物工程技术的巨大进步,也是应对全球性矿产资源贫瘠化和复杂化的对策,同时能够利用微生物治理采矿过程中的"三废",即矿渣、尾矿、矿废水,节能高效,契合现今社会对生态环境保护越来越强烈的要求。有学者认为,几十年后人们将迎来生物经济时代,生物应用技术将渗透到人们生活中的各个角落,今后生物技术不可避免地要渗透到矿业并对它产生深远的影响。

6.11　微生物吸附与微生物污损

6.11.1　微生物污损定义

微生物污损是微生物吸附于材料表面,附着生长形成生物膜并造成材料损害的过程。该行为会加速金属材料腐蚀、非金属材料生物转化,降低材料的使用效果和安全性能。水体构筑物和运输工具表面产生微生物污损后,形成的生物膜会为大型污损生物如藤壶、牡蛎、贻贝等的附着提供便利条件,从而实现污损生态演替。

6.11.2　微生物污损影响

微生物污损会造成滤膜堵塞、管道穿孔;妨碍热交换;构筑物自重显著增加,危及构筑物的稳定性;导致船体粗糙度增加,航行阻力加大,燃油消耗和温室气体排放量增加。每年造成的航运损失高达 $300 \sim 500$ 亿美元(Yang et al.,2014)。硫还原菌、铁还原菌、二氧化碳还原菌、铁锰氧化菌等的繁殖行为,导致全球超过 20% 管道的损坏(Bhola et al.,2014)。

发生污损时,微生物膜在材料表面与环境介质间形成扩散屏障,导致微生物代谢产物积累,产生浓度梯度。这些界面反应会影响材料表面电化学特性,改变材料界面的酸度、盐度、溶解氧等指标。例如,各种异养型微生物通过发酵、糖酵解、三羧酸循环等途径降解有机化合物时,会产生甲酸、乳酸、苹果酸等小分子有机酸。氧化铁杆菌能使 Fe^{2+} 氧化为 Fe^{3+} 。 Fe^{3+} 的强氧化能力可把硫化物氧化成硫酸,从而加速材料的腐蚀。即使没有硫化物存在, Fe^{3+} 也可加速材料的电化学腐蚀。硫氧化菌在好氧条件下能把硫、硫化物、硫代硫酸盐等含硫的还原物氧化为 SO_4^{2-} ,从而导致材料表面的腐蚀。硫元素和铁元素的生物氧化机理,以及氧化产物与金属的生物腐蚀的关系如图 6-9 所示。在厌氧的条件下,硫酸盐还原菌利用 SO_4^{2-} 作为最终电子受体进行无氧呼吸,转化物 H_2S 同样对金属具有腐蚀作用。吸附于材料表面的微生物群落分布的不均匀性,以及腐蚀产物的局部堆积等形成氧浓度差异电池,可引起材料表面点蚀。因此,材料的生物腐蚀是电化学反应、产物的氧化还原反应和菌体的代谢作用共同作用的结果。

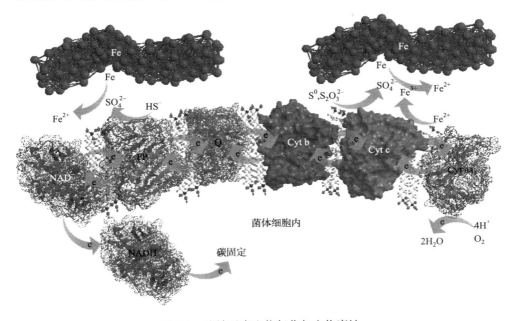

图 6-9　硫铁元素生物氧化与生物腐蚀

6. 11. 3　微生物吸附与微生物污损

在水环境中,微生物通常以漂浮、静电吸附和鞭毛运动等途径接近固体表面。接触固体物质并进行固着生长的微生物是生物污损的主要种群,而浮游微生物对材料的污损影响较小。生物污损过程的关键步骤是微生物的吸附作用,该行为始于菌体向胞外释放的聚合物附着于材料表面。N-酰化高丝氨酸内酯类物质等群感效应信号分子在生物膜形成过程中具有重要作用(段东霞,2011),可刺激微生物的趋化运动和在吸附位点聚居。胞外聚合物是具有黏性的菌体荚膜,成功附着后会促进细菌、真菌和藻类等不同种类微生物在材料表面形成生物膜,并为后续大型生物的附着提供条件。除胞外聚合物促进吸附机制外,微生物还存在菌毛促进吸附和特化菌丝吸附等吸附行为。细菌菌毛是从细菌表面伸出的一种丝状蛋白附属器(Knight et al.,2000)。具有菌毛的菌体,每个细胞的菌毛数以千计,可显著提高细菌的吸附能力。菌毛结构蛋白 N 端甲基化,具有氨基酸疏水区,C 端通常含有半胱氨酸。这些特性赋予了菌毛对多糖、糖脂和糖蛋白的定向识别功能(Lo et al.，2013)，是菌体进行趋化运动的重要手段。因此,被胞外聚合物黏附的材料表面更容易被具有菌毛的菌体吸附。霉菌的附枝、附着胞等均可促进该类微生物在材料表面的吸附。

6.11.4　防污涂料

生物污损过程实质是材料表面生物吸附与生态演替过程,如果前期微生物膜演替过程被阻止,则后续大型生物的附着将会被抑制,因此,对材料表面初期微生物污损进行防控不仅能够避免生物膜带来的危害,而且能够防止大型污损生物的附着。防止污损的重点就是切断微生物吸附与生长的某一个环节。因此,防止污损基本的手段可概括为抑制附着、杀生作用、抑制生长、自抛光作用、导电膜、调节表面自由能等。具体方法主要有人工或机械清除法、电流消除法、超声波法、抑制物投加法、低表面能涂料防污法、电解法、生物学防污法、化学防污涂料法等,其中最经济和最常用的是防污涂料法。

1. 自抛光防污涂料

自抛光防污涂料中的聚合物在海水中可缓慢水解,不断露出新的表层,使水生生物没有固定繁殖的条件。早期船只的防污采取松油、石灰和砷等作为有效成分。自 20 世纪 60 年代以来,具有广谱防污作用的三丁基锡被大量作为丙烯酸锡酯聚合物涂料的活性成分长期使用。后因其强烈的生物毒性被禁止使用。此后,Cu^{2+}、Zn^{2+} 硅烷等有机锡代替物被连接上丙烯酸酯类共聚物支链,再通过添加氧化亚铜和高效防污剂等,制备出了不含有机锡的自抛光防污涂料(http://www.imo.org/OurWork/Environment/Anti-foulingSystems/Pages/Default.aspx.)。该类涂料侧基的 Cu^{2+}、Zn^{2+} 或硅烷酯基与海水中的 Na^+,通过离子交换而水解。水解后的树脂酸盐在水体的溶解和冲刷下不断脱落,从而达到自抛光的效果。此外,其他种类的自抛光型防污涂料也被大量研发和应用于水体构筑物防护。例如,含有酚类、喹啉、咪唑等杀菌基团的自抛光防污涂料,可在水中水解,释放防污功能基,达到防污效果。降解型自抛光防污涂料以可在水体中缓慢降解的壳聚糖、明胶、聚酯类、聚酰胺类、聚氨基酸类、聚亚胺类、聚乙烯醇类等高分子聚合物为树脂基料。该类基料在水中降解后,将防污剂缓慢释放,达到防污效果。

某些纳米金属材料与微生物接触后,使细胞蛋白质变性,切断菌体的电子传递链,从而使菌体无法呼吸、代谢和繁殖。抗菌成分在该过程中并未消耗,具有长效抗菌效果。例如,纳米银滤膜可有效地减少膜的生物污损(Zhang et al.，2012)。因此,纳米金属材料作为活性成分与自抛光型树脂基料等成分,混合制备防污涂料也是自抛光涂料的重要发展方向。

2. 低表面能防污涂料

污损微生物是否可以成功吸附于材料表面,取决于胞外聚合物与材料界面间的结合情况,因此,材料表面的表面能、弹性模量、极性、粗糙度等特性在材料防腐中起了决定性的作用。弹性模量可以表征附着物脱离基体的能力,高弹性模量表面上的黏附脱落倾向于剪切方式,脱落需要的外力大,而低弹性模量的表面,吸附物脱落倾向于剥离方式,所需要的外力小。物体表面的电荷对微生物吸附也有重要的影响。

材料的表面能越低,附着力越小。当自由能低于 $20mJ \cdot m^{-2}$ 时,微生物难以吸附于材料表面(Yang et al., 2014)。据此,低表面能防污涂料应运而生,该类涂料有足够的表面活性基团,且能够自由移动到表面,涂层表面达到分子级光洁度,能有效阻止微生物渗透到涂层内部。因此,低表面能防污涂料能使污损微生物难以吸附,即使已附着在涂膜表面上,也会由于生物与涂膜之间的吸附作用弱小,在水流的作用下很容易脱落。这类防污涂料因可以不添加防污剂就能起到防污效果而备受青睐,主要有有机硅涂料和有机氟涂料。有机硅涂料中最主要的成分为聚硅氧烷。由于 Si—O 的键能高、键角大、Si—O—Si 主链柔软,侧链基团对主链起屏蔽作用,这些链结构的特殊性赋予有机硅聚合物极低的玻璃化转变温度、低表面能等优越的性能。其防污能力归功于低表面能和低玻璃化转变温度,以及在水中的稳定性。有机硅类涂料不存在毒物的释放损耗问题,避免引起类似有机锡涂料的生物毒性。有机氟涂料是将氟原子引入聚合物链中,得到具有低表面能的氟树脂。引入的含氟基团通常包括—CF_2—和—CF_3。氟含量越高,表面能越低。因此全氟代烯烃聚合物性能最为优越。

6.12　生物吸附与同步生物固碳

自工业革命以来,由于大量化石燃料的使用及人类活动的影响,温室气体特别是二氧化碳(CO_2)浓度急剧增高,引发了全球气候变暖等一系列的环境问题。

生物法固定 CO_2 是利用生物体的光合作用来吸收环境中的 CO_2。固定 CO_2 的生物主要为植物和自养型微生物,但普通植物在特殊环境里难以生长,此时微生物固定 CO_2 的优势便凸显出来。

6.12.1　固碳微生物

固定 CO_2 的自养型微生物从能源获得途径不同可分为两类:光能自养微生物和化能自养微生物,见表 6-6。光能自养微生物主要包括微藻类和光合细菌,它们都含有细胞色素,可以光为能源,大气中的 CO_2 为碳源,合成细胞组成物质或中间代谢产物。微藻类（*Micro algae*）属于真核微生物，它们种类繁多，包括绿藻、硅藻、红藻等。而光合细菌均属于原核生物，其细胞中含有多种多样的色素，可以硫化氢、硫或氢气作为电子供体，但不氧化水产氧，主要包括红细菌、红螺菌、绿弯菌、绿硫细菌等。另外，还有一类蓝藻（*Cyanobacteria*）也称"蓝细菌"，虽然为原核生物，但它们和植物叶绿体一样能进行产氧光合作用。而化能自养微生物包括严格化能自养菌和兼性化能自养菌。它们以 CO_2 为碳源，能源主要通过氧化 H_2、H_2S、$S_2O_3^{2-}$、NH_4^+、NO_2 及 Fe^{2+} 等还原态无机化合物获得，严格化能自养菌的代表微生物有硫氧化细菌、铁细菌、氨氧化细菌及硝化细菌等；兼性化能自养菌有一氧化碳氧化菌和有氧氢氧化细菌等。

表 6-6　固定 CO_2 的微生物种类（周集体和王竞，1999）

能源	好氧/厌氧	微生物
光能	好氧	微藻类、蓝细菌
	厌氧	光合细菌（photosynthetic bacteria）
化能	好氧	氢细菌、硫化细菌、铁细菌、氨氧化细菌、硝化细菌 (hydrogen-, sulfur-, metal-, ammonium-, and nitrite-oxidizing bacteria)
	厌氧	产甲烷菌（Methanogenus）、醋酸菌（acetic acid bacteria）

6.12.2　生物固碳技术

生物固碳的技术主要包括高等植物光合固碳法、光合细菌固碳法和微藻类光合固碳法。

1. 高等植物光合固碳法

高等植物光合固碳法，是利用高等植物的光合作用，将大气中 CO_2 转变成生长所需要的营养物质，从而达到固定 CO_2 的目的。大面积的原始森林和人工造林对调节大气圈中的 CO_2 浓度起到至关重要的作用，在树木的生长和成熟过程中，大气中的 CO_2 被吸收并储存于植物体内。植树造林不但美化环境，而且有效维持生态平衡，同时削减大气中温室气体的含量，但也存在不足，如高等植物的生长周期一般比较长等。

2. 光合细菌固碳法

光合细菌是一类具有光能生物合成功能酶系的原核生物，利用光合作用将 CO_2 固定并转化为自身的营养物质。光合细菌的代谢方式有多种，在无氧光照、有氧光照或有氧黑暗条件下，均能获得能量进行自身生长繁殖。光合细菌对环境的适应性很强，繁殖速度快，可以通过生物转化合成无毒、无副作用且富含各类营养物质的菌体蛋白,不仅改善了生态环境,还为养殖业提供了高质量的饲料原料,因此在未来有较大的发展潜力。

3. 微藻类光合固碳法

微藻是一类体型微小、单细胞或者多细胞的藻类的统称,与微生物相似,但有着和植物细胞一样的光合器官——叶绿体。在有光照的条件下,微藻可以利用溶解在水中的 CO_2 和 HCO_3^- 为碳源进行光合作用。与其他生物固定 CO_2 的方法相比,微藻固碳技术具有以下优势:①微藻生长周期短,固碳效率高,其固碳效率是一般陆生植物的 10～50 倍;②微藻的繁殖能力强、易培养,生产过程简单易操作,适宜规模养殖;③某些微藻具有耐受极端环境的特性,如高温、高盐度、极端 pH、高光照强度及高 CO_2 浓度等;④微藻还可以做工农业原料,用来生产食品、药物、饵料等。

微藻利用光合作用将水、光能和无机盐等通过自身代谢反应转换成有机化合物并储存于体内。微藻细胞富含蛋白质、碳水化合物、脂肪、矿物质和微量元素等营养成分,是重要的动物饵料和饲料来源,并且可能成为人类的营养食品。目前,在日本,通过养殖微藻利用大气中的 CO_2 生长繁殖制备单细胞蛋白质营养食品已实现工业化生产。可见,微藻固碳生物技术在环境、资源及能源等方面将发挥重要作用。

另外,有文献报道,利用斜生栅藻(*Scenedesmus obliquus*)CNW-N 对水体中 Cd^{2+} 进行吸附时,发现当斜生栅藻浓度为 $0.4～4.0 g \cdot L^{-1}$ 时,对 $50.0 mg \cdot L^{-1}$ Cd^{2+} 的吸附率最高可达 98.4%。而且研究发现,在吸附过程中斜生栅藻对大气中的 CO_2 也具有高效的固定作用,作用 7d 之后其藻细胞中累计消耗约 15g 的 CO_2(Chen et al.,2012)。由此可见,利用某些藻类或光合微生物研发既能进行生物固碳又具有高效吸附重金属性能的微生物吸附剂,在大气温室气体控制及重金属废水治理领域将具有重要的现实意义。

6.13　生物吸附与同步生物制氢

生物制氢是利用可再生能源,如太阳能、生物质能等,通过生物转化制取氢气。生物制氢方法一般可以分为 5 类:①利用藻类或蓝细菌的生物光解水法;②利用光合细菌(PSB)光分解有机化合物;③有机化合物的发酵制氢;④光合细菌和发酵细菌的耦合制氢;⑤酶法制氢。目前,已研究的产氢微生物类群包括光合微生物(绿藻、蓝细菌和厌氧光合细菌)和非光合微生物(严格厌氧细菌、兼性厌氧细菌和好氧细菌)等(表 6-7)。

表 6-7　产氢生物及其产氢特点比较（傅秀梅等，2007）

产氢体系	特点	主要研究的问题	可产氢生物
绿藻	需要光；可由水产生氢气；转化的太阳能是陆生植物的 10 倍；体系存在氧气威胁；产氢速度慢	两步光合反应中产生的氢气和氧气分开；单步反应中通过遗传改造使可逆氢化酶对氧气的耐受力增强	莱茵衣藻（Chlamydomonas reinhardtii）斜生栅藻 绿球藻（Chlorococcum littorale）亚心形扁藻（Platymonas subcordiformis）
蓝细菌	需要阳光；可由水产生氢气；固氮酶主要产生氢气；具有从大气中固氮的能力；氢气中混有氧气；氧气对固氮酶有抑制作用	反应器设计；去掉氢酶以阻止氢气的降解；反应器中及时去氧	鱼腥蓝细菌（Anabaena sp.）颤蓝细菌（Oscillatoria sp.）丝状蓝细菌（Calothris sp.）聚球蓝细菌（Synechococcus sp.）黏杆蓝细菌（Gloebacter sp.）丝状异形胞蓝细菌（A. cylindrica）多变鱼腥蓝细菌（A. variabilis）
光合细菌	需要光；可利用的光谱范围较宽；可利用不同的废料；能量利用率高；产氢速率较高	PSB 与叶绿体的耦合，并应用反微团技术提高产氢速率；提高光的穿透能力与反应器设计；基因操作，通过控制光合蛋白的表达来提高光吸收的效率	球形红细菌（Rhodobacter sphaeroides）夹膜红细菌（R. capsulatus）嗜硫小红卵菌（Rhodovulum sulfidophilum W-1S）深红红螺菌（Rhodospirillum rubrum）沼泽红假单胞菌
发酵细菌	不需要光；可利用的碳源多；可产生有价值的代谢产物如丁酸等；多为无氧发酵，不存在供氧；产氢速率相对最高；发酵废液在排放前需处理	减小液相中氢气的分压，使得反应向有利于氢气生成的方向进行，采用向反应器中喷射氮气的方法，因此，存在一个优化氮气喷射速度的问题	丁酸梭菌（Clostridium butyricum）嗜热乳酸梭菌（C. thermolacticum）巴氏梭菌（C. pasteurianum）类腐败梭菌（C. paraputrificum M-21）产气肠杆菌（Enterobacter aerogenes）阴沟肠杆菌（E. cloacae）大肠杆菌 蜂房哈夫尼亚菌（Hafnia alveibi fermentant）

6.13.1　光解水制氢法

光解水制氢法主要是依靠绿藻和蓝细菌，在厌氧光照条件下，利用自身特有的产氢酶系，将水裂解为氢气和氧气的过程，此过程没有 CO_2 的产生。其产氢机理和绿色植物光合作用机理相类似，但放氢机制却截然不同。这两种微生物生长的营养需求较低，只需空气（CO_2 和 N_2 分别作为碳源和氮源）、水（电子和质子）、简单的无机盐和光就能直接光解水产生氢气，将太阳能转化为氢能。绿藻在光照和厌氧条件下的产氢则在氢酶催化，而蓝细菌的产氢则在固氮酶和氢酶的共同催化下完成。这两种微生物制氢过程中所需的电子和质子均来自于水的裂解。

6.13.2　暗发酵制氢法

暗发酵制氢是指异养型厌氧细菌利用碳水化合物等有机化合物,通过暗发酵作用产生氢气。可利用有机化合物产氢的厌氧微生物较多,如嗜热乳酸梭菌和巴氏梭菌等,其主要在细胞生长的对数期分解利用体系中营养物质产生大量的氢气。肠杆菌科细菌则可以利用葡萄糖进行混合酸发酵或丁酸发酵,产生氢气、二氧化碳等物质。

在大多数的工业废水和农业废弃物中存在大量的葡萄糖、淀粉、纤维素等碳水化合物,其中淀粉等高分子化合物又可以进一步分解为葡萄糖等单糖。葡萄糖是一种容易被利用的碳源。理论上,1mol 葡萄糖能够产生 6mol 的氢气。根据暗反应发酵机制,1mol 葡萄糖可生成 1mol 乙酸和 4mol 氢气,或生成 1mol 丁酸和 2mol 氢气,反应式如下:

$$C_6H_{12}O_6 + 2H_2O \longrightarrow 2CH_3COOH(乙酸) + 4H_2\uparrow + 2CO_2\uparrow$$
$$C_6H_{12}O_6 + 2H_2O \longrightarrow CH_3CH_2CH_2COOH(丁酸) + 2H_2\uparrow + 2CO_2\uparrow$$

利用含淀粉、纤维素和有机化合物的工农业废料,通过厌氧暗发酵生产氢气的工艺过程如图 6-10 所示。

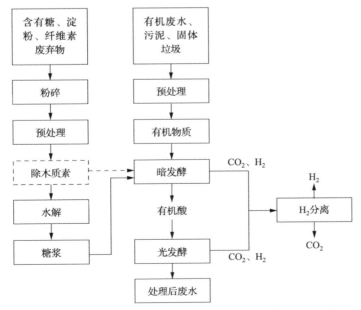

图 6-10　含纤维素、淀粉和有机化合物的工农业废弃物的生物制氢过程

(Kapdan and Kargi. ,2006)

6.13.3　光发酵制氢法

光发酵制氢法是在厌氧光照条件下,光发酵微生物利用小分子有机化合物、还原态无机硫化物或氢气做供氢体,光驱动产氢,产氢过程没有氧气的释放。光发酵菌只含有光合系统 PSⅠ,不含有 PSⅡ,所以同绿藻和蓝细菌相比,在产氢的同时不产生氧气,不存在氧气对产氢酶的抑制,产氢纯度和产氢效率高,且工艺过程较简单。光发酵微生物制氢是与光合磷酸化相偶联的,是由固氮酶催化的放氢过程。由于这个过程中所需 ATP 来自光合磷酸化,固氮放氢所需要的能量来源不受限制,这也是光发酵菌产氢效率高于暗发酵菌的主要原因。

总体来说,就是光合微生物利用光能,催化有机化合物厌氧酵解,并以产生的小分子有机酸和醇类物质为底物进行正向自由能反应而产氢,反应式如下:

$$C_3H_6O_3(乳酸) + 3H_2O \longrightarrow 6H_2\uparrow + 3CO_2\uparrow$$
$$C_2H_4O_2(乙酸) + 2H_2O \longrightarrow 4H_2\uparrow + 2CO_2\uparrow$$
$$C_4H_8O_2(丁酸) + 6H_2O \longrightarrow 10H_2\uparrow + 4CO_2\uparrow$$

6.13.4　光发酵和暗发酵耦合制氢法

光发酵和暗发酵耦合制氢比单独使用一种方法制氢具有更多优势。将两种发酵方法结合在一起,通过两者相互交替、相互利用、相互补充,从而可提高氢气的产量。

采用厌氧细菌和光合细菌混合培养发酵制氢时,在暗发酵阶段产生的丰富有机酸可用于光发酵,如此可消除有机酸对暗发酵制氢的抑制作用。并且通过光发酵中的光合细菌对有机酸分解利用,降低了废水的 COD。为保证两个反应体系的正常进行,须严格控制发酵底物的组成和发酵条件。例如,厌氧发酵的发酵液中铵离子浓度和 C/N(原子个数比)应控制在光合菌可接受的范围;而在暗发酵结束后应调整发酵液的稀释率和 pH,以满足光合细菌对有机酸和 pH 的要求。几种微生物制氢方法的比较见表 6-8。

表 6-8　几种微生物制氢方法的比较(傅秀梅等,2007)

微生物制氢方法	产氢速率	转化底物类型	底物转化效率	与环境的关系
光解水制氢	慢	水	低	需要光,对环境无污染
光发酵制氢	较快	小分子有机酸、醇类物质	较高	可利用各种有机废水制氢,制氢过程需要光照
暗发酵制氢	快	葡萄糖、淀粉、纤维素等碳水化合物	高	可利用各种工农业废弃物制氢,发酵废液在排放前需处理
光发酵和暗发酵耦合制氢	最快	葡萄糖、淀粉、纤维素等碳水化合物	最高	可利用各种工农业废弃物制氢,在光发酵过程中需要氧气

6.13.5　生物制氢与生物吸附

随着研究的深入,人们发现在生物制氢过程中产生的废弃生物质可以作为一种高效的生物吸附剂来处理含重金属废水,Mona 等(2013)在光生物反应器中利用海藻酸盐固定化念珠藻(*Nostoc linckia*),使其制氢能力从 58.6μmol · h^{-1} · (mg · Chl[①] · a)$^{-1}$ 显著提高至 132μmol · h^{-1} · (mg · Chl · a)$^{-1}$。之后,利用光合反应器中产生的生物废料,将其固定在填充床的柱子上作为生物吸附剂来去除废水中重金属离子 Cr^{6+} 和 Co^{2+},以及具有致癌性的染料活性红 198 和结晶紫,研究结果表明,该吸附剂对重金属离子(Cr^{6+} 和 Co^{2+})和染料的最大吸附量分别为 15～18mg · g^{-1} 和 53～65mg · g^{-1}(Mona et al.,2013)。而 Morsy(2011)研究大肠杆菌 HD701 在酸水解糖浆中的制氢能力以及在制氢之后废弃生物质对重金属 Cd^{2+} 和 Zn^{2+} 的吸附效果,结果表明,当体系中还原糖的浓度为 10g · L^{-1} 时,大肠杆菌 HD701 产生氢气的最高累计量为 570mL H$_2$ · L^{-1},相应的产氢速率为 19mL H$_2$ · h^{-1} · L^{-1}。同时考察产氢之后的废弃生物质对废水中 Cd^{2+} 和 Zn^{2+} 的吸附效果,发现其对 Cd^{2+} 和 Zn^{2+} 的最大吸附量分别为 162.1mg · g^{-1} 和 137.9mg · g^{-1},高出许多已有报道的生物吸附剂,是有氧体系中大肠杆菌活性细胞吸附能力的 3 倍左右。

这种生物多级利用的模式不仅具有很好的经济性,也为微生物吸附同步生物制氢技术提供了很好的支持,具有广阔的应用前景。

6.14　生物吸附与同步生物多糖制备

多糖是指由 10 个以上单糖分子聚合而成的天然高分子化合物,是维持生命活动正常运转的基本物质之一,广泛存在于动物、植物、微生物中。几种常见的多糖种类,结构和相关性质可见表 6-9。多糖可以作为很多微生物细胞的碳源或能量储存于胞内,也可以以微生物胞外多糖的形式被分泌到细胞外。胞外多糖是某些特殊微生物在生长代谢过程中分泌的、易与菌体分离并分泌到环境中的水溶性多糖,一般是通过糖苷键将几十种单糖连接起来,属于微生物的次级代谢产物。

表 6-9　常见多糖种类结构和相关性质(郝大可,2013)

多糖种类	位置	结构	主要成分	前体	聚合酶	生产菌种	工业应用
糖原	胞内	α-(1,6)-分支,α-(1,4)连接的同聚糖	葡萄糖	ADP-葡萄糖	糖原合成酶	细菌和古生菌	无

---

① 细胞个数的单位,1Chl 表示 1 个细胞。

多糖种类	位置	结构	主要成分	前体	聚合酶	生产菌种	工业应用
藻酸盐	胞外	β-(1,4)连接的非重复杂聚物	甘露糖醛和古罗糖醛酸	GDP-甘露糖醛酸	糖基转移酶	假单胞菌属和固氮菌属	生物材料
黄原胶	胞外	β-(1,4)连接的重复杂聚物	葡萄糖、甘露糖和葡萄糖醛酸	UDP-葡萄糖、GDP-甘露糖、UDP-葡萄糖醛酸	黄原胶聚合酶	黄单胞杆菌属	食品添加剂
葡聚糖	胞外	α-(1,2)/α-(1,3)/α-(1,4)分支,α-(1,6)连接的同聚物	葡萄糖	蔗糖	葡聚糖蔗糖酶	明串珠菌属和链霉菌属	代血浆和色谱材料
凝胶多糖	胞外	β-(1,3)连接的同聚物	葡萄糖	UDP-葡萄糖	凝胶多糖结合酶	土壤杆菌属、根瘤菌属和纤维单胞菌属	食品添加剂
结冷胶	胞外	β-(1,3)连接的重复杂聚物	葡萄糖、鼠李糖和葡萄糖酸	UDP-葡萄糖、dTDP-鼠李糖和UDP-葡萄糖酸	结冷胶合成酶	鞘脂单胞菌属	培养基添加物和食品添加剂
普鲁兰	胞外	α-(1,6)连接的重复单位同聚物	葡萄糖	UDP-葡萄糖	糖基转移酶	出芽短梗霉	食品添加剂等
K-30抗原	荚膜	β-(1,2)连接的重复杂聚物	甘露糖、半乳糖和葡萄糖醛酸	UDP-甘露糖、UDP-半乳糖和UDP-葡萄糖、UDP-葡萄糖醛酸	多糖聚合酶	大肠杆菌	无
纤维素	胞外	β-(1,4)连接的同聚物	葡萄糖	UDP-葡萄糖	纤维素合成酶	α变形菌门、β变形菌门和革兰氏阳性菌	食品等
透明质酸	胞外	β-(1,4)连接的重复单位杂聚物	葡萄糖醛酸和N-乙酰基葡萄糖醛酸	UDP-葡萄糖醛酸和UDP-N-乙酰基葡萄糖醛酸	透明质酸合成酶	链球菌属和多杀巴斯德菌属	化妆品等

一般说来,微生物多糖可以分为由一种单糖组成的重复单元聚合物和由两种或两种以上的单糖组成的非重复单元聚合物。此外,微生物多糖还可成为多种化合物的取代物,如氨基酸、酰基和无机残基。这一类多糖可以是线性结构也可带有分支,而分支结构会使多糖的性质发生改变。

6.14.1　微生物胞外多糖的提取

微生物胞外多糖的提取常采用沉淀法(常用试剂如有机溶剂、无机盐、季铵盐和酸等),而无论在实验室还是工业生产中,应用最多的是醇沉法,常用醇有甲醇、乙醇、正丁醇和异丙醇,阴离子多糖的提取多用盐沉淀法。在碱性条件下,金属阳离子和有机阳离子(季铵盐)可与带有阴离子的多糖形成沉淀,再经过酸化处理后使离子解离下来,然后转化为醇沉淀,常用的金属盐类有 $CaCl_2$、$Ca(OH)_2$、$AlCl_3$ 和 $Al(NO_3)_3$;常用季铵盐有十六烷基三甲基氯化铵和十六烷基三甲基溴化铵等。

采用盐沉淀法作为前处理可以节省醇沉法中醇的用量,但得到的多糖粗品质量稍差。程红兵等(2008)采用乙醇沉淀法提取根瘤菌(*Rhizobium* sp.)N613 胞外多糖(REPS),通过条件摸索得到发酵液 pH 为 5.9,乙醇浓度为 74%,醇沉时间为 16.5h 时,胞外多糖的提取率为 $9.28\pm0.06g \cdot L^{-1}$,收率和纯度分别达 93.6% 和 97%,提取效果良好。

6.14.2　微生物胞外多糖的分离纯化

微生物胞外多糖提取之后,其中还含有许多杂质要除去。一般首先利用多糖难溶于有机溶剂的特性,用乙醇或丙酮进行反复沉淀洗涤,除去一部分醇溶性杂质,然后用 Sevage 法、酶法或酶解与 Sevage 法相结合等方法洗脱游离蛋白质,小分子杂质的除去可以用透析法。

Sevage 法是利用多糖在氯仿、正丁醇等有机试剂中变性析出,在水相和有机相之间形成变性蛋白生物凝胶,离心后除去蛋白即可。一般情况下的操作为:采用氯仿∶正丁醇的体积比为 5∶1 或 4∶1,在此条件下,加入多糖溶液剧烈振摇 30min 后离心,且重复操作 4~5 次,直到将多糖中的蛋白除净。但此方法只能除去多糖中的游离蛋白质,对于那些结合在糖链上的结合蛋白则效果较差。通常情况下,在使用 Sevage 法之前配合使用蛋白水解酶先进行酶解,可以更好地将结合在多糖链上的蛋白质水解,从而降低了多糖随凝胶物沉淀而损失的可能,使多糖的得率提高。常用的水解酶有胰蛋白酶、胃蛋白酶、木瓜蛋白酶等。

提取的粗多糖中常含有一些色素(游离色素和结合色素),根据其不同性质采取不同的去除方法。常见的脱色方法有离子交换法、氧化法、金属络合物法、吸附法(纤维素、藻土、高岭土、活性炭等)。

微生物胞外多糖脱色和去蛋白后,还要进一步纯化和分级。利用一般方法提取得到的粗多糖,通常是多糖的混合物,即是多分散性的,化学组成、聚合度、分子形状都有明显的不同,分子量分布很宽,往往从几千到上百万,而具有较强生物活性的部分有可能只是一定分子量范围的多糖,因此,分离单一组分的多糖或较窄分子量范围的多糖非常必要。对多糖分级的方法主要有分级沉淀法、凝胶柱层析法、离子交换柱层析法、超滤分离法等。

6.14.3　微生物胞外多糖的特性

微生物胞外多糖的吸水作用比较强,所以在缺水环境中可以保护微生物细胞不会失水,某些细菌还可以利用细胞间质中多糖所储存的水进行代谢。另外,当细胞遭受敌人的侵吞时,胞外多糖也具备了某种防御保护的机能。而且微生物的胞外多糖可作为微生物的一种储备碳源,在能量物质缺乏的时候,微生物可以利用自身的胞外多糖进行生长。

胞外多糖的物理性质不仅取决于高聚物的组成及结构,而且还取决于与其他大分子、水、离子之间的相互作用,以及其螺旋构象的形状。由于胞外多糖大分子的特性,大多数胞外多糖能够溶于水并且形成有黏性的水溶液。温度较低和离子浓度较高时,微生物胞外多糖通常是处于有序状态的,但当温度升高,离子浓度下降时,胞外多糖会由有序状态转变为无序的状态。另外,大多数胞外多糖含有带电残基,这能促进多糖同其他大分子、离子之间的相互作用。

微生物胞外多糖的合成受发酵条件的影响较为显著,不同的发酵条件(包括碳源、氮源、温度和 pH 等)使得微生物胞外多糖的产量会有很大的差别,甚至会抑制微生物胞外多糖的产生。

微生物合成的胞外聚合物通常是对人类和环境无害的,而且可以作为生物吸附剂处理水体重金属污染。已经有多项研究证明,胞外多糖可以有效聚集结合水溶液中的重金属离子。Radulović 等(2008)研究了短梗苗霉(*A. pullulans*)CH-1合成普鲁兰多糖同时吸附金属(Cu,Fe,Zn,Mn,Pb,Cd,Ni 和 Cr)的过程,结果发现短梗苗霉 CH-1 在泥煤的酸性水解液发酵过程中,不仅可以合成普鲁兰多糖,而且可以吸附多种金属,有效减少了水体中的金属含量。Ye S H 等(2014)利用节杆菌(*Arthrobacter* ps-5)合成的胞外多糖吸附水体中的 Cu^{2+}、Pb^{2+} 和 Cr^{6+},结果显示,在最适生长条件下,胞外多糖对这三种金属离子的吸附量分别为 169.15mg·g^{-1}、216.09mg·g^{-1} 和 84.47mg·g^{-1}。

随着对微生物胞外多糖功能认识的深入,充分利用微生物合成的胞外多糖及其具有的生物吸附功能,将为微生物吸附法治理水体重金属污染提供一条经济可行的新路径。

参 考 文 献

白洁琼,尹华,叶锦韶,等. 2013. 嗜麦芽窄食单胞菌对铜镉的吸附特性与离子交换. 环境科学,34(1): 217-225.

Brock. 2009. 微生物生物学. 李明春,杨文博译. 北京:科学出版社.

蔡佳亮,黄艺,郑维爽. 2008. 生物吸附剂对废水重金属污染物的吸附过程和影响因子研究进展. 农业环境 科学学报,27(4):1297-1305.

陈灿,王建龙. 2006. 酿酒酵母吸附重金属离子的研究进展. 中国生物工程杂志,26(1):69-76.

陈灿,王建龙. 2007a. 重金属离子的生物吸附容量与离子性质之间的关系. 环境科学,28(8):1732-1737

陈灿,王建龙. 2007b. 酿酒酵母吸附 Zn^{2+}、Pb^{2+}、Ag^+、Cu^{2+} 的动力学特性研究. 环境科学学报,27(4): 544-553.

陈灿,王建龙. 2011. 酿酒酵母吸附 Pb(II)的表面特性研究. 环境科学学报,31(8):1587-1593.

陈灿,周芸,胡翔,等. 2008. 啤酒酵母对废水中 Cu^{2+} 的生物吸附特性. 清华大学学报(自然科学版),48 (12):2093-2095.

陈烁娜,叶锦韶,尹华,等. 2011. 球形红假单胞菌对三苯基锡的降解性能研究. 环境科学,32(2): 536-541.

陈文华,李刚,许方程,等. 2014. 染料废水污染现状及处理方法研究进展. 浙江农业科学,(2):264-269.

程红兵,任盛,谢红,等. 2008. 细菌胞外多糖提取优化及毒性试验研究. 中国生物工程杂志,28(3): 74-78.

程世清. 2000. 产色素菌 T17-2-39 的诱变育种实验. 江苏食品与发酵,102(2):9-12.

崔龙哲,刘成付,吴桂萍. 2007a. 质子化剩余污泥作为生物吸附剂去除水溶液中活性红 4 的研究. 环境科 学学报,27(1):69-74.

崔龙哲,吴桂萍,邓克俭. 2007b. 质子化剩余污泥吸附染料的性能及机理. 化工学报,58(15):1290-1295.

丁家波,崔治中. 2001. pGEX 载体表达马立克氏病毒囊膜糖蛋白 gI 基因的最佳条件. 微生物学报,41(5): 567-572.

丁洁. 2012. 白腐真菌对多环芳烃的生物吸附于生物降解及其修复作用. 杭州:浙江大学硕士学位论文.

杜翠红,周集体,王竞. 2005. 难降解芳香烃生物降解及基因工程菌研究进展. 环境科学与技术,28(1): 106-108.

段东霞. 2011. 污损生物附着机理及酶在生物防污中的应用. 海洋科学,35(7):107-112.

冯栩,李旭东,曾抗美,等. 2008. 紫外线诱变提高特效菌的降解性能. 中国环境科学,28(9):807-812.

傅锦坤,刘月英,古萍英,等. 2000. 乳酸杆菌 A09 吸附还原 Ag(I)的谱学表征. 物理化学学报,16(9): 779-782.

傅秀梅,王亚楠,王长云,等. 2007. 生物制氢——能源,资源,环境与经济可持续发展策略. 中国生物工 程杂志,27(2):119-125.

郜瑞莹,陈灿,王建龙. 2007. 酿酒酵母吸附 Zn^{2+} 和 Cd^{2+} 的动力学. 清华大学学报(自然科学版),47(6): 897-900.

郜瑞莹,王建龙. 2007. Zn^{2+} 和 Cd^{2+} 在酿酒酵母上的生物吸附平衡. 水处理技术,33(10):35-37.

龚美珍,殷绍平. 2006. 甘蔗糖蜜酵母废液焦糖色素提取工艺研究. 食品科技,(4):122-127.

关一鸣,潘晓曦,王莹,等. 2014. 哈茨木霉菌、枯草芽孢杆菌对人参灰霉病和根腐病病原菌的拮抗作用. 江苏农业科学,42(5):123-125.

郝大可. 2013. *Pseudomonas* sp. PB-3 胞外多糖制备、提取及应用研究. 济南:济南大学硕士学位论文.

胡洪波,梁洁,刘月英,等. 2002. 微生物吸附贵金属的研究与应用. 微生物学通报,29(3),94-97.

黄冰,孙小梅,李步海. 2010. 硫脲修饰啤酒废酵母吸附 Hg^{2+} 的性能. 化学与生物工程. 27(1):23-26.

黄捷,叶锦韶,尹华,等. 2014. 吐温 80 对苏云金芽孢杆菌降解三苯基锡的促进机制. 环境科学,35(3):1974-1980.

荚荣,裴明军,史银,等. 2003. 真菌(*Aspergillus* sp.)吸附 Cu^{2+} 的研究. 中国环境科学,23(3):263-266.

贾洪锋,贺稚非,刘丽娜. 2005. 富硒酵母的研究进展. 四川食品与发酵,41(3):8-12.

江桂斌. 2001. 国内外有机锡污染研究现状. 卫生研究,30(1):1-3.

蒋以元,高俊敏,杨敏,等. 2006. O_3-BAC 污水深度处理工艺对有机锡和壬基酚的去除. 水处理技术,(9):45-47.

金志刚,朱彤怀. 1997. 污染物生物降解. 上海:华东理工大学出版社.

康铸慧,王磊,郑广宏,等. 2006. 臭假单胞菌 *Pseudomonas putida* 5-x 细胞壁膜系统的 Cu^{2+} 吸附性能. 环境科学,27(5):965-971.

孔令红,王静雪,林洪,等. 2012. 腐败希瓦氏菌噬菌体的分离纯化和生物学性质. 海洋湖沼通报,3:38-43.

李长根,雨田. 2008. *Rhodococcus opacus* 菌作为方解石和菱镁矿生物捕收剂的基础研究. 国外金属矿选矿,(1):17-21.

李福德,李昕,吴乾菁,等. 1997. 微生物法治理电镀废水新技术. 给水排水,23(6):25-29.

李会东,李振兴,张大为,等. 2010. 制药工业发酵副产品磁性吸附剂吸附六价铬的研究. 环境工程学报,4(3):581-584.

李乃强,潘军华,张星元. 2001. 霉菌酸性蛋白酶高产突变菌株 9169 的选育. 无锡轻工大学学报,20(5):493-496.

李清彪,吴涓,杨宏泉,等. 1999. 白腐真菌菌丝球形成的物化条件及其对铅的吸附. 环境科学,20(1):33-38.

刘恒,王建龙,文湘华. 2002. 啤酒酵母吸附重金属离子铅的研究. 环境科学研究,15(2):26-29.

刘明霞,张凤英,周强,等. 2013. 原生质体诱变选育高产异抗坏血酸菌株. 中国生物工程杂志,33(6):30-37.

刘其友,李政,张云波,等. 2010. 原生质体融合技术提高微生物絮凝剂处理含油废水效果的研究. 化学与生物工程,27(10):69-72.

龙道英,高兴发,蓝美青,等. 2010. 利用红液及酒精和酵母废液生产饲料酵母的研究. 造纸科学与技术,29(5):67-69.

卢显妍. 2005. 重金属吸附工程菌的选育、性能及机理研究. 广州:暨南大学硕士学位论文.

马放,杨基先,金文标,等. 2004. 环境生物制剂的开发与应用. 北京:化学工业出版社.

孟令芝,杜传青,龙凯,等. 2000. 纤维素-铝-硅复合物的制备及对重金属离子的吸附. 环境科学与技术,89(2):24-26.

潘响亮,王建龙,张道勇. 2005. 硫酸盐还原菌混合菌群胞外聚合物对 Cu^{2+} 的吸附和机理. 水处理技术,31(9):25-28.

彭志英,赵谋明,徐建祥. 1999. 食品生物技术研究进展. 食品工业科技,20(6):17.

桑稳姣,王磊,刘真,等. 2008. 高效脱氮菌原生质体融合条件的研究. 武汉理工大学学报,30(7):84-87.

宋道军,吴丽芳,陈若雷,等. 2000. N^+ 束和 γ 射线对两种微生物生物膜辐射损伤效应的比较研究. 激光生物学报,9(2):89-93.

宋道军,姚建铭,邵春林,等. 1999. 离子注入微生物产生"马鞍型"存活曲线的可能作用机制. 核技术,22

（3）：129-133.

宋文华，颜慧，胡国臣，等. 1999. 蒽醌染料及中间体脱色优势菌的特性研究和基因定位. 环境化学，18
（3）：263- 269.

孙道华，李清彪，凌雪萍，等. 2006. 气单胞菌 SH10 吸附银离子机制的研究. 环境科学学报，26(7)：1107-
1110.

佟瑶. 2011. 克雷伯氏菌对水和沉积物中三苯基锡的生物降解. 广州：暨南大学硕士学位论文.

王迪，路福平，王海军，等. 2015. 利用原生质体融合技术选育淀粉发酵产 DHA 的新型裂殖壶菌. 生物技
术通报，31(2)：84-90

王会霞. 2005. 解脂假丝酵母处理含铬废水的研究. 广州：暨南大学硕士学位论文.

王建龙，陈灿. 2010. 生物吸附法去除重金属离子的研究进展. 环境科学学报，30(4)：673-701.

王建龙，韩英健，钱易. 2000. 微生物吸附金属离子的进展研究. 微生物学通报，27(6)：449-452.

王琳，张海玲，林跃梅. 2011. 活性污泥中提取的藻酸作为铜吸附剂的研究. 中国给水排水，(5)：64-67.

王妍，孙雅量. 2006. 环境镉离子生物检测工程菌株的构建及应用. 中国公共卫生，22(7)：833-834.

魏凤举，王飞. 2002. 谷氨酸母液生产有机无机复混肥. 磷肥与复肥，17(4)：12-13.

魏广芝，徐乐昌. 2007. 低浓度含铀废水的处理技术及其研究进展. 铀矿冶，26(2)：90-94.

吴乾菁，宋颖，李昕. 1996. 电镀超高浓度废水微生物治理工程的研究. 水处理技术，22(3)：165-167.

武玉强，苟万里，马青春，等. 2013. 利用芽孢菌发酵废水培养小球藻的研究. 生物学通报，48(11)：52-54.

席振峰，姚光庆，项斯芬. 2000. 生物无机化学原理. 北京：北京大学出版社.

夏龙荪，林华峰. 2013. 白僵菌对几种常见植物病原菌的拮抗作用研究. 中国生物防治学报，29(3)：
324-330.

谢丹丹，刘月英，吴成林，等. 2003. 固定化啤酒酵母废菌体吸附 Pd^{2+} 的研究. 微生物学通报，30(6)：
29-34.

徐卫华，刘云国，汤春芳，等. 2005. 铜绿假单胞菌在 Cr(Ⅵ)还原中应用的研究. 环境科学与技术，28(1)：
1-3.

薛东桦，金花，肖毅. 2003. 要用锌酵母培养吸收应用研究. 中国生物工程杂志，23(6)：72-75.

薛茹，林种玉，郑建红，等. 2006. Ag^+ 生物吸附的谱学研究. 高等学校化学学报，27(3)：553-555.

杨峰，尹华，彭辉，等. 2007. 酵母融合菌对铬离子的吸附特性研究. 环境化学，26(3)：318-322.

杨显万，沈庆峰，郭玉霞，等. 2003. 微生物湿法冶金. 北京：冶金工业出版社.

姚建铭，王纪，王相勤，等. 2000. 离子注入花生四烯酸产生菌诱变育种. 生物工程学报，16(4)：478-481.

姚建铭，朱皖宣，王纪，等. 1999. 离子注入利福平素产生菌诱变育种研究. 激光生物学报，8(3)：217-220.

叶锦韶，田云，尹华，等. 2013. 三苯基锡的微生物降解及其对降解菌的影响. 环境科学，34(9)：
3607-3612.

叶锦韶，史一枝，尹华，等. 2009. 三苯基锡吸附降解菌的分离及特性研究. 环境科学，30(8)：2452-2457.

叶锦韶，尹华，彭辉，等. 2005. 高效生物吸附剂处理含铬废水. 中国环境科学，25(2)：245-248.

尹华，卢显妍，彭辉，等. 2005a. 复合诱变原生质体选育重金属去除菌. 环境科学，26(4)：146-151.

尹华，王会霞，彭辉，等. 2005b. 解脂假丝酵母吸附铬的盐效应. 暨南大学学报，26(3)：386-389.

尹华，叶锦韶，彭辉，等. 2003. 掷孢酵母吸附去除铬的性能研究. 环境化学，22(5)：469-473.

尹平河，赵玲，YU Qi-ming，等. 2000. 海藻生物吸附废水中铅、铜和镉的研究. 海洋环境科学，19(3)：11-15.

虞龙，许安，王纪，等. 1999. 低能离子在 VC 高产菌株选育中的应用. 激光生物学报，8(3)：214-216.

张超，栾兴社，张维建，等. 2013. 固定化啤酒废酵母对 Cr^{6+} 吸附行为的研究. 食品研究与开发，34(4)：
14-17.

张金丽，孙道华，詹国武，等. 2012. 黑曲霉菌负载银纳米颗粒的制备及其抗菌性能. 化工学报，63(7)：2271-2278.

张迎明，尹华，叶锦韶，等. 2007. 镍钴转运酶 NiCoT 基因的克隆表达及基因工程菌对镍离子的富集，环境科学，28(4)：918-923.

张志光. 2003. 真菌原生质体技术. 长沙：湖南科学技术出版社.

赵肖为，李清彪，卢英华，等. 2004. 高选择性基因工程菌 *E. coli* SE5000 生物富集水体中的镍离子. 环境科学学报，24(2)：231-236.

赵有玺，龚平，罗忠智，等. 2014. 原生质体激光诱变选育假白布勒弹孢酵母辅酶 Q10 高产菌株. 食品工业科技，35(14)：230-233，244.

赵忠良，崔秀霞，贾雪艳，等. 2009. 固定化啤酒废酵母对 Cd^{2+} 生物吸附性能的研究. 化学与生物工程，26(3)：72-75.

周集体，王竞. 1999. 微生物固定 CO_2 的研究进展. 环境科学进展，7(1)：1-9.

周书葵，娄涛，庞朝晖. 2011. 放射性废水处理技术. 北京：化学工业出版社.

朱楠，刘俊，张馨宇，等. 2014. 丹参悬浮培养细胞原生质体的制备和活力检测，生物工程学报，30(10)：1612-1621.

朱娅敏，夏长虹，李咏，等. 2011. 富锌酵母的研究现状及应用进展. 微量元素与健康研究，28(4)：45-48.

Ahluwalia S S, Goyal D. 2007. Microbial and plant derived biomass for removal of heavy metals from wastewater. Bioresource Technology，98(12)：2243-2257.

Aksu Z. 2005. Application of biosorption for the removal of organic pollutants：A review. Process Biochemistry. 40：997-1026.

Aksu Z. 2002. Determination of the equilibrium, kinetic and thermodynamic parameters of the batch biosorption of nickel（Ⅱ）ions onto *Chlorella vulgaris*. Process Biochemistry，38(1)：89-99.

Alagarsamy R. 2009. Geochemical variability of copper and iron in Oman margin sediments. Microchemical Journal，91(1)：111-117.

Al-Qodah Z. 2006. Biosorption of heavy metal ions from aqueous solutions by activated sludge. Desalination，196(1-3)：164-176.

Al-Saraj M, Abdel-Latif M, El-Nahal I, et al. 1999. Bioaccumulation of some hazardous metals by solgel entrapped microorganisms. Journal of Noncrystalline Solids，248(2-3)：137-140.

Amirnia S, Margaritis A, Ray M B. 2012. Adsorption of mixtures of toxic metal ions using non-viable cells of *Saccharomyces cerevisiae*. Adsorption Science & Technology，30(1)：43-63.

Andreazza R, Pieniz S, Wolf L, et al. 2010. Characterization of copper bioreduction and biosorption by a highly copper resistant bacterium isolated from copper-contaminated vineyard soil. Science of the Total Environment，408(7)：1501-1507.

Anjana K, Kaushik B, Nisha R. 2007. Biosorption of Cr（Ⅵ）by immobilized biomass of two indigenous strains of *Cyanobacteria* isolated from metal contaminated soil. Journal of Hazardous Materials，148：383-386.

Aytas S, Turkozu D A, Gok C. 2011. Biosorption of uranium(Ⅵ) by bi-functionalized low cost biocomposite adsorbent. Desalination，280(1-3)：354-362.

Bai R S, Abraham T E. 2003. Studies on chromium(Ⅵ) adsorption-desorption using immobilized fungal biomass. Bioresource Technology，87(1)：17-26.

Bakatula E N, Cukrowska E M, Weiersbye I M, et al. 2014. Biosorption of trace elements from aqueous systems in gold mining sites by the filamentous green algae (*Oedogonium* sp.). Journal of Geochemical Exploration, 144(Part C): 492-503.

Balasubramanian N, Raja E R, Lalitha K, et al. 1998. Adsorption dynamics: Study of applicability of the Lagergren plot. Journal of Environmental Standard Policy, 1: 21-24.

Baljit K, Manju S, Rohit S, et al. 2013. Proteome-based profiling of hypercellulase-producing strains developed through interspecific protoplast fusion between *Aspergillus nidulans* and *Aspergillus tubingensis*. Applied Biochemistry and Biotechnology, 169(2): 393-407.

Banci L, Bertini I, Chasapis C T, et al. 2007. Interaction of the two soluble metal-binding domains of yeast Ccc2 with copper(I)-Atxl. Biochemical and Biophysical Research Communications, 364(3): 645-649.

Bar C, Patil R, Doshi J, et al. 2007. Characterization of the proteins of bacterial strain isolated from contaminated site involved in heavy metal resistance: A proteomic approach. Journal of Biotechnology, 128(3): 444-451.

Baran A, Baysal S H, Sukatar A. 2005. Removal of Cr^{6+} from aqueous solution by some algae. Journal of Environmental Biology, 26(2): 329-333.

Barreto M, Quatrini R, Bueno S, et al. 2003. Aspects of the predicted physiology of acidithiobacillus ferrooxidans deduced from an analysis of its partial genome sequence. Hydrometallurgy, 71(1): 97-105.

Barros A J M, Prasad S, Leite V D, et al. 2007. Biosorption of heavy metals in upflow sludge columns. Bioresource Technology, 98(7):1418-1425.

Basha S, Murthy Z V P, Jha B. 2008. Biosorption of hexavalent chromium by chemically modified seaweed, *Cystoseira indica*. Chemical Engineering Journal, 137(3): 480-488.

Bayramoğlu G, Arica M Y. 2007. Biosorption of benzidine based textile dyes "Direct Blue 1 and Direct Red 128" using native and heat-treated biomass of *Trametes versicolor*. Journal of Hazardous Materials, 143(1-2):135-143.

Bayramoğlu G, Bektas S, Arica M Y. 2003. Biosorption of heavy metal ions on immobilized white-rot fungus *Trametes versicolor*. Journal of Hazardous Material, 101(3): 285-300.

Bennett J A, Creamer N J, Deplanche K, et al. 2010. Palladium supported on bacterial biomass as a novel heterogeneous catalyst: A comparison of Pd/Al_2O_3 and bio-Pd in the hydrogenation of 2-pentyne. Chemical Engineering Science, 65 (1): 282-290.

Benyounis K Y, Olabi A G, Hashmi M S J. 2005. Effect of laser welding parameters on the heat input and weld-bead profile. Journal of Material Process Technology, 164: 978-985.

Bhainsa K C, D'Souza S F. 2009. Thorium biosorption by *Aspergillus fumigatus*, a filamentous fungal biomass. Journal of Hazardous Materials, 165(1-3): 670-676.

Bhola S M, Alabbas F M, Bhola R, et al. 2014. Neem extract as an inhibitor for biocorrosion influenced by sulfate reducing bacteria: A preliminary investigation. Engineering Failure Analysis, 36: 92-103.

Blázquez M L, Alvarez A, Ballester A, et al. 1999. Bioleaching behaviour of chalcopyrite in the presence of silver at 35 and 68 C. Process Metallurgy, 9: 137-147.

Boubakri H, Beuf M, Simonet P, et al. 2006. Development of metagenomic DNA shuffling for the construction of a xenobiotic gene. Gene, 375: 87-94.

Brandt S, Zeng A P, Deckwer W D. 1997. Adsorption and desorption of pentachlorophenol on cells of *Mycobacterium chlorophenolieum* PCP-1. Biotechnology Bioengineering, 55(3): 480-489.

Bradshaw R E, Lee K U, Peberdy J F. 1983. Aspects of genetic interaction in hybrids of *Aspergillus nidu-*

lans and *Aspergillus rugulosus* obtained by protoplast fusion. Journal of General Microbiology, 129(11): 3525-3533.

Bueno B Y M, Torem M L, Molina F, et al. 2008. Biosorption of lead (Ⅱ), chromium (Ⅲ) and copper (Ⅱ) by *R. opacus*: Equilibrium and kinetic studies. Minerals Engineering, 21(1): 65-75.

Carpio I E M, Machado-Santelli G, Sakata S K, et al. 2014. Copper removal using a heavy-metal resistant microbial consortium in a fixed-bed reactor. Water Research, 62: 156-166.

Celaya R J, Noriega J A, Yeomans J H, et al. 2000. Biosorption of Zn(Ⅱ) by *Thiobacillus ferrooxidans*. Bioprocess and Biosystems Engineering, 22(6): 539-542.

Chakraborty D, Maji S, Bandyopadhyay A, et al. 2007. Biosorption of cesium-137 and strontium-90 by mucilaginous seeds of *Ocimum basilicum*. Bioresource Technology, 98(15): 2949-2952.

Chau Y K, Magurie R J, Brown M, et al. 1997. Occurrence of organotin compounds in Canandian aquatic environment five years after the regulation of antifouling uses of tributyltin. Water Quality Research Journal of Canada, 32(30): 453-521.

Chen B L, Wang Y S, Hu D F. 2010. Biosorption and biodegradation of polycyclic aromatic hydrocarbons in aqueous solutions by a consortium of *white-rot fungi*. Journal of Hazardous Materials, 179 (1-3): 845-851.

Chen C, Wang J L. 2008. Removal of Pb^{2+}, Ag^+, Cs^+ and Sr^{2+} from aqueous solution by brewery's waste biomass. Journal of Hazardous Materials, 151(1), 65-70.

Chen C Y, Chang H W, Kao P C, et al. 2012. Biosorption of cadmium by CO_2-fixing microalga *Scenedesmus obliquus* CNW-N. Bioresource Technology, 105: 74-80.

Chen H L, Zhan H Y, Chen Y C, et al. 2013. Construction of engineering microorganism degrading chlorophenol efficiently by protoplast fusion technique. Environmental Progress & Sustainable Energy, 32(3): 443-448.

Chen S L, Wilson D B. 1997. Genetic engineering of bacteria and their potential for Hg^{2+} bioremediation. Biodegradation, 8: 97-103.

Chen S N, Yin H, Ye J S, et al. 2014. Influence of co-existed benzo[a]pyrene and copper on the cellular characteristics of *Stenotrophomonas maltophilia* during biodegradation and transformation. Bioresource Technology, 158: 181-187.

Chen S Y, Shen W, Yu F, et al. 2010. Preparation of amidoximated bacterial cellulose and its adsorption mechanism for Cu^{2+} and Pb^{2+}. Journal of Applied Polymer Science, 117(1): 8-15.

Chen W, Ohmiya K, Shimizu S, 1987. Intergeneric protoplast fusion between *Fusobacterium varium* and *Enterococcus faecium* for enhancing dehydrodivanillin degradation. Applied and Environmental Microbiology, 53(3): 542-548.

Cheunga K H, Gu J D. 2007. Mechanism of hexavalent chromium detoxification by microorganisms and bioremediation application potential: A review. International Biodeterioration & Biodegradation, 59(1): 8-15.

Cihangir N, Saglam N. 1999. Removal of cadmium by *Pleurotus sajurcaju* basidomycetes. Acta Biotechnologica, 19(2): 171-177.

Ciudad G, Reyes I, Azócar L, et al. 2011. Innovative approaches for effective selection of lipase-producing microorganisms as whole cell catalysts for biodiesel production. New Biotechnology, 28(4): 375-381.

Colak F, Atar N, Olgun A. 2009. Biosorption of acidic dyes from aqueous solution by *Paenibaeillus macer-*

ans: Kinetic, thermodynamic and equilibrium studies. Chemical Engineering Journal, 150(1): 122-130.

Comte S, Guibaud G, Baudu M. 2008. Biosorption properties of extracellular polymeric substances (EPS) towards Cd, Cu and Pb for different pH values. Journal of Hazardous Materials, 151: 185-193.

Crini G, Badot P M. 2008. Application of chitosan, a natural aminopolysaccharide, for dye removal from aqueous solutions by adsorption processes using batch studies: A review of recent literature. Progress in Polymer Science, 33(4):399-447.

Cruz A, Caetano T, Su S, et al. 2007. *Aeromonas veronii*, a tributyltin (TBT)-degrading bacterium isolated from an estuarine environment, Ria de Aveiro in Portugal. Marine Environmental Research, 64 (5): 639-650.

Dambies L, Guimon C, Yiacoumi S, et al. 2000. Characterization of metal ion interactions with chitosan by X-ray photoelectron spectroscopy. Colloids and Surfaces A: Physicochemical and Engineering Aspects, 177 (2-3): 203-214.

Dancis A, Roman D G, Anderson G J, et al. 1992. Ferric reductase of *Saccharomyces cerevisiae*: Molecular characterization, role iniron uptake, and transcriptional control by iron. Proceedings of the National Academy of Sciences of the United States of America, 89(9): 3869-3873.

Das D, Das N, Mathew L. 2010. Kinetics, equilibrium and thermodynamic studies on biosorption of Ag(I) from aqueous solution by macrofugus *Plerurotus platypus*. Journal of Hazardous Materials, 184 (1-3): 765-774.

Das N, Das D. 2013. Recovery of rare earth metals through biosorption: An overview. Journal of Rare Earths, 31(10): 933-943.

Davis T A, Volesky B, Vieira R H S F. 2000. Sargassum seaweed as biosorbent for heavy metals. Water Research, 34(17): 4270-4278.

de Vargas I, Macaskie L E, Guibal E. 2004. Biosorption of palladium and platinum by sulfate-reducing bacteria. Journal of Chemical Technology and Biotechnology, 79(1): 49-56.

Demirci A, Pometto A L, Cox D J. 1999. Enhanced organically bound selenium yeast production by fed-batch fermentation. Journal of Agricultural and Food Chemistry, 47(6): 2496-2500.

Deng S B, Ting Y P. 2005. Characterization of PEI-modified biomass and biosorption of Cu(Ⅱ), Pb(Ⅱ) and Ni(Ⅱ). Water Research, 39(10): 2167-2177.

Dix D R, Jamie B T, Margaret B A, et al. 1994. The FET4 gene en-codes the low affinity Fe(Ⅱ) transport protein of *Saccharomyces cerevisiae*. Journal of Biological Chemistry, 269(42): 26092-26099.

Dohse D M, Lion L W. 1994. Effect of microbial polymers on the sorption and transport of phenanthrene in a low-carbon sand. Environmental Science and Technology, 28(4): 541-548.

Du W J, Huang D, Xia M L, et al. 2014. Improved FK506 production by the precursors and product-tolerant mutant of *Streptomyces tsukubaensis* based on genome shuffling and dynamic fed-batch strategies. Journal of Industrial Microbiology & Biotechnology, 41(7): 1131-1143.

Eide D, Davis-Kaplan S, Jordan I, et al. 1992. Regulation of iron up-take in *Saccharomyces cerevisiae*. Journal of Biological Chemistry, 267(29-30): 20774-20781.

Ertugay N, Bayhan Y K. 2010. The removal of copper (Ⅱ) ion by using mushroom biomass (*Agaricus bisporus*) and kinetic modeling. desalination, 255(1-3): 137-142.

Espinosa-Gonzalez I, Parashar A, Bressler D C. 2014. Heterotrophic growth and lipid accumulation of *Chlorella protothecoides* in whey permeate, a dairy by-product stream, for biofuel production. Bioresource

Technology, 155: 170-176.

Esposito A, Pagnanelli F, Lodi A, et al. 2001. Biosorption of heavy metals by *Sphaerotilu snatans*: An e-quilibrium study at different pH and biomass concentrations. Hydrometallurgy, 60(2): 129-141.

Esposito A, Pagnanelli F, Veglio F. 2002. pH-related equilibria models for biosorption in single metal systems. Chemical Engineering Science, 57(3):307-313.

Fereidouni M, Daneshi A, Younesi H. 2009. Biosorption equilibria of binary Cd(Ⅱ) and Ni(Ⅱ) systems onto *Saccharomyces cerevisiae* and *Ralstonia eutropha* cells: Application of response surface methodology. Journal of Hazardous Material, 168(2-3): 1437-1448.

Finlay J A, Allan V J M, Conner A, et al. 1999. Phosphate release and heavy metal accumulation by biofilm-immobilized and chemically-coupled cells of a *Citrobacter sp*. pre-grown in continuous culture, Biotechnology and Bioengineering, 63(1): 87-97.

Fodor K, Alfoldi L. 1976. Fusion of protoplasts of *Bacillus megaterium*. Proceedings of the National Academy of Sciences of the United States of America, 73(6):2147-2150.

Fosso-Kankeu E, Mulaba-Bafubiandi A F, Mamba B B, et al. 2010. A comprehensive study of physical and physiological parameters that affect biosorption of metal pollutants from aqueous solutions. Physics and Chemistry of the Earth, 35(13-14): 672-678.

Freedman B. 1995. Environmental ecology. New York : Academic Press.

Fu W L, Forster T, Donlan R M, et al. 2010. Bacteriophage cocktail for the prevention of biofilm formation by *Pseudomonas aeruginosa* on catheters in an *in vitro* model system. Antimicrobial Agents and Chemotherapy, 54 (1): 397-404.

Fujiwara K, Ramesh A, Maki T, et al. 2007. Adsorption of platinum(Ⅳ), palladium (Ⅱ) and gold (Ⅲ) from aqueous solutions on l-lysine modified crosslinked chitosan resin. Journal of Hazardous Materials, 146(1-2): 39-50.

Furukawa K, Tonomura K. 1973. Cytochrome c involved in the reductive decomposition of organic mercurials. Purification of cytochrome c-I from mercury-resistant Pseudomonas and reactivity of cytochromes c from various kinds of bacteria. Biochimica et biophysica acta, 325(3): 413-423.

Gadd G M, White C, DeRome L. 1988. Heavy metal and radionuceotide uptake by fungi and yeasts // Norri R, Kelly D P. Biohydrometallurgy. Chippenham:UK. Log Press.

Gadd G M. 2009. Biosorption: critical review of scientific rationale, environmental importance and significance for pollution treatment. Journal of Chemical Technology and Biotechnology, 84(1): 13-28.

Gao J, Ye J S, Ma J W, et al. 2014. Biosorption and biodegradation of triphenyltin by *Stenotrophomonas maltophilia* and their influence on cellular metabolism. Journal of Hazard Materials, 276: 112-119.

Gaoa S Y, Yang J M, Li Z D. 2012. Bioinspired synthesis of hierarchically micro/nano-structured CuI tetrahedron and its potential application as adsorbent for Cd(Ⅱ) with high removal capacity. Journal of Hazardous Materials, 211: 55-61.

Gardea-Torresdey J L, Rosa G D L, Peralta-Videa J R. 2004. Use of phytofiltration technologies in the removal of heavy metals: A review. Pure and Applied Chemistry, 76 (4): 801-813.

Gil R A, Cabello S P, Takara A, et al. 2007. A novel on-line preconcentration method for trace molybdenum determination by USN-ICP OES with biosorption on immobilized yeasts. Microchemical Journal, 86(2): 156-160.

Goksungur Y, Uren S, Guvenc U. 2005. Biosorption of cadmium and lead ions by ethanol treated waste baker's yeast biomass. Bioresource Technology, 96(1): 103-109.

Gopinath K P, Murugesan S, Abraham J, et al. 2009. *Bacillus* sp. mutant for improved biodegradation of Congo red: Random mutagenesis approach. Bioresource Technology, 100(24): 6295-6300.

Grandgirard D, Loeffler J M, Fischetti V A, et al. 2008. Phage lytic enzyme Cpl-1 for antibacterial therapy in experimental pneumococcal meningitis. Journal of Infectious Diseases, 197(11): 1519-1522.

Greene B, Hosea M, McPherson R. 1986. Interaction of gold(I) and gold(Ⅲ) complexes with algal biomass. Environmental Science & Technology, 20(6): 627-632.

Gu S B, Li S C, Feng H Y, et al. 2008. A novel approach to microbial breeding - low-energy ion implantation. Applied Microbiology and Biotechnology, 78(2): 201-209.

Guibal E, Larkin A, Vincent T, et al. 1999. Chitosan sorbents for platinum recovery from dilute solutions. Industrial and Engineering Chemistry Research, 38(10): 4011-4022.

Gunther A, Raff J, Merroun M L, et al. 2014. Interaction of U(VI) with *Schizophyllum commune* studied by microscopic and spectroscopic methods. Biometals, 27(4): 775-785.

Han M H, Yun Y S. 2007. Mechanistic understanding and performance enhancement of biosorption of reactive dyestuffs by the waste biomass generated from amino acid fermentation process. Biochemical Engineering Journal, 36: 2-7.

He M M, Li W H, Liang X Q, et al. 2009. Effect of composting process on phytotoxicity and speciation of copper, zinc and lead in sewage sludge and swine manure. Waste Management, 29(2): 590-597.

He Q T, Li N, Chen X C, et al. 2011. Mutation breeding of nuclease p1 production in *Penicillium citrinum* by low-energy ion beam implantation. Korean Journal of Chemical Engineering, 28(2): 544-549.

Hebbeln P, Eitinger T. 2004. Heterologous production and characterization of bacterial nickel/cobalt permeases. FEMS Microbiology Letters, 230(1): 129-135.

Heidari A, Younesi H, Mehraban Z. 2013. Selective adsorption of Pb(Ⅱ), Cd(Ⅱ), and Ni(Ⅱ) ions from aqueous solution using chitosan-MAA nanoparticles. International Journal of Biological Macromolecules, 61: 251-263.

Horitsu H, Takada M, ldaka E. 1977. Degradation of p-aminoazobenzene by Bacillus subtilis. European Journal of Applied Microbiology, (4): 217-224.

Hsieh J L, Chen C Y, Chiu M H, et al. 2009. Expressing a bacterial mercuric ion binding protein in plant for phytoremediation of heavy metals. Journal of Hazardous Materials, 161(2-3): 920-925.

http://www.clu-in.org/products/site/complete/resource.htm

http://www.ncbi.nlm.nih.gov/pmc/articles/PMC3696181/

Husseiny M I, Abd El-Aziz M, Badr Y, et al. 2007. Biosynthesis of gold nanoparticles using *Pseudomonas aeruginosa*. Spectrochimica Acta Part A: Molecular and Biomolecular Spectroscopy, 67(3-4): 1003-1006.

International Maritime Organization. Anti-fouling systems. http://www.imo.org/OurWork/Environment/Anti-foulingSystems/Pages/Default.aspx.

Iqbal M, Edyvean R G J. 2004. Biosorption of lead, copper and zinc ions on loofa sponge immobilized biomass of *Phanerochaete chrysosporium*. Minerals Engineering, 17(2): 217-223.

Jain M, Garg V K, Kadirvelu K. 2009. Chromium(Ⅵ) removal from aqueous system using *Helianthus annuus* (sunflower) stem waste. Journal of Hazardous Materials, 162(1): 162, 365-372.

Jia C Y, Kang R J, Zhang Y H, et al. 2007. Synergic treatment for monosodium glutamate wastewater by *Saccharomyces cerevisiae* and *Coriolus versicolor*. Bioresource Technology, 98(4): 967-970.

Jiang Y, Wen J P, Jia X Q, et al. 2007. Mutation of *Candida tropicalis* by irradiation with a He-Ne laser to increase its ability to degrade phenol. Applied and Environmental Microbiology, 73(1): 226-231.

Jiang Y, Wen J P, Caiyin Q, et al. 2006. Mutant AFM 2 of *Alcaligenes faecalis* for phenol biodegradation using He-Ne laser irradiation. Chemosphere, 65(7): 1236-1241.

Jin Z H, Xu B, Lin S Z, et al. 2009. Enhanced production of spinosad in *Saccharopolyspora spinosa* by genome shuffling. Applied Biochemistry and Biotechnology, 159(3): 655-663.

Joshi S M, Inamdar S A, Jadhav J P, et al. 2013. Random UV mutagenesis approach for enhanced biodegradation of sulfonated azo dye, green HE4B. Applied Biochemistry and Biotechnology, 169(5): 1467-1481.

Ju Y H, Chen T C, Liu J C. 1997. A study on the biosorption of lindane. Colloids and Surfaces. B, Biointerfaces, 9(3-4): 187-196.

Juhasz A L, Naidu R. 2000. Bioremediation of high molecular weight polycyclic aromatic hydrocarbons: A review of the microbial degradation of benzo[a]pyrene. International Biodeterioration & Biodegradation, 45(1-2): 57-88.

Kao K N, Michayluk M R. 1974. A method for high-frequency intergeneric fusion of plant protoplasts. Planta, 115: 355-367.

Kapdan I K, Kargi F. 2006. Bio-hydrogen production from waste materials. Enzyme and Microbial Technology, 38(5): 569-582.

Kareus S A, Kelley C, Walton H S, et al. 2001. Release of Cr(Ⅲ) from Cr(Ⅲ) picolinate upon metabolic activation. Journal of Hazardous Materials, 84(2): 163-174.

Kavanagh K, Walsh M, Whittaker P A. 1991. Enhanced intraspecific protoplast fusion in yeast. FEMS Microbiology Letters, 81(3): 283-286.

Kazy S K, D'Souza S F, Sar P. 2009. Uranium and thorium sequestration by a *Pseudomonas* sp.: Mechanism and chemical characterization. Journal of Hazardous Materials, 163(1): 65-72.

Kelly S D, Kemner K M, Fein J B, et al. 2002. X-ray absorption fine structure determination of pH-dependent U-bacterial cell wall interactions. Geochimica Et Cosmochimica Acta, 66(22): 3855-3871.

Khalid A, Arshad M, Crowley D E, et al. 2008. Accelerated decolorization of structurally different azo dyes by newly isolated bacterial strains. Applied Microbiology and Biotechnology, 78: 361-369.

Khani M H, Keshtkar A R, Ghannadi M, et al. 2008. Equilibrium, kinetic and thermodynamic study of the biosorption of uranium onto *Cystoseria indica* algae. Journal of Hazardous Materials, 150(3): 612-618.

Klaus T, Joerger R, Olsson E, et al. 1999. Silver-based crystalline nanoparticles, microbially fabricated. Proceedings of the National Academy of Sciences of the United States of America, 96(24): 13611-13614.

Kim K S, Cho N Y, Pai H S, et al. 1983. Mutagenesis of Micromonospora rosaria by using protoplasts and mycelial fragments. Applied and Environmental Microbiology, 46(3): 689-693.

Knight S D, Berglund J, Choudhury D. 2000. Bacterial adhesins: Structural studies reveal chaperone function and pilus biogenesis. Current Opinion in Chemical Biology, 4(6): 653-660.

Kratochvil D, Volesky B. 1998. Advances in the biosorption of heavy metals. Tibtechjuly, 16: 291-299.

Krishnaswamy R, Wilson D B. 2000. Construction and characterization of an *Escherichia coli* strain genetically engineered for Ni(Ⅱ) bioaccumulation. Applied and Environmental Microbiology, 66(12): 5383-5386.

Kurek E, Majewska M. 2004. In vitro remobilization of Cd immobilized by fungal biomass, Geoderma, 122 (2-4): 235-246

Kuroda K, Ueda M. 2010. Engineering of microorganisms towards recovery of rare metal ions. Applied Microbiology and Biotechnology, 87(1):53-60.

Lalhruaitluanga H, Jayaram K, Prasad M N V, et al. 2010. Lead(Ⅱ) adsorption from aqueous solutions by raw and activated charcoals of *Melocanna baccifera* Roxburgh (bamboo)-A comparative study. Journal of Hazardous Materials, 175(1-3): 311-318.

Lan T, Feng Y, Liao J L, et al. 2014. Biosorption behavior and mechanism of cesium-137 on *Rhodosporidium fiuviale* strain UA2 isolated from cesium solution. Journal of Environmental Radioactivity, 134: 6-13.

Lee B U, Cho Y S, Park S C, et al. 2009. Enhanced degradation of TNT by genome-shuffled *Stenotrophomonas maltophilia* OK-5. Current Microbiology, 59(3): 346-351.

Li F, Yu D, Lin X M, et al. 2012. Biodegradation of poly(epsilon-caprolactone) (PCL) by a new *Penicillium oxalicum* strain DSYD05-1. World Journal of Microbiology & Biotechnology, 28(10): 2929-2935.

Li H, Ma X J, Shao L J, et al. 2012. Enhancement of sophorolipid production of *Wickerhamiella domercqiae* var. sophorolipid CGMCC 1576 by low-energy ion beam implantation. Applied Biochemistry and Biotechnology, 167(3): 510-523.

Li J, Cai F, Lv H, et al. 2013. Selective competitive biosorption of Au(Ⅲ) and Cu(Ⅱ) in binary systems by *Magetospirillum gryphiswaldense*. Separation Science and Technology, 48(6): 960-967.

Li L T, Chen O S, Ward D M, et al. 2001. Ccc1 is a transporter that mediates vacuolar iron storage in yeast. Journal of Biological Chemistry, 276(31): 29515-29519.

Li L, Hu Q, Zeng J, et al. 2011. Resistance and biosorption mechanism of silver ions by *Bacillus cereus* biomass. Journal of Environmental Science. 23(1): 108-111.

Li X L, Ding C C, liao J L, et al. 2014. Biosorption of uranium on *Bacillus* sp. dwc-2: Preliminary investigation on mechanism. Journal of Environmental Radioactivity, 135: 6-12.

Li X, Zhen H. 2014. Applications and perspectives of phototrophic microorganisms for electricity generation from organic compounds in microbial fuel cells. Renewable and Sustainable Energy Reviews, 37: 550-559.

Li Y, Chen B, Zhu L. 2010. Enhanced sorption of polycyclic aromatic hydrocarbons from aqueous solution by modified pine bark. Bioresource Technology, 101(19): 7307-7313.

Lim J S, Kim S M, Lee S Y, et al. 2010. Quantitative study of Au(Ⅲ) and Pd(Ⅱ) ion biosorption on genetically engineered *Tobacco mosaic virus*. Journal of Colloid and Interface Science, 342 (2): 455-461.

Lin H L, Chen X M, Yu L J, et al. 2012. Screening of *Lactobacillus rhamnosus* strains mutated by microwave irradiation for increased lactic acid production. African Journal of Microbiology Research, 6(31): 6055-6065.

Lin Z, Wu J, Xue R, et al. 2005. Spectroscopic characterization of Au^{3+} biosorption by waste biomass of *Saccharomyces cerevisiae*. Spectrochimica Acta, 61(4): 761-765.

Liu H L, Chen B Y, Lana Y W, et al. 2004. Biosorption of Zn(Ⅱ)and Cu(Ⅱ) by the indigenous *Thiobacillus thiooxidans*. Chemical Engineering Journal, 97(2-3): 195-201.

Liu M X, Dong F Q, Yan X Y, et al. 2010. Biosorption of uranium by *Saccharomyces cerevisiae* and surface interactions under culture conditions. Bioresource Technology, 101(22): 8573-8580.

Liu N, Luo S H, Yang Y Y, et al. 2002. Biosorption of americium-241 by *Saccharomyces cerevisiae*. Journal of Radioanalytical and Nuclear Chemistry, 252: 187-191.

Liu T, Li H D, Deng L. 2007. The optimum conditions, thermodynamical isotherm and mechanism of hexavalent chromium removal by fungal biomass of *Mucor racemosus*. World Journal of Microbiology and Biotechnology，23(12)：1685-1693.

Lloyd J R. 2003. Microbial reduction of metals and radionuclides. FEMS Microbiology Review，27(2-3)：
411-425.

Lo A W H，Moonens K，Remaut H. 2013. Chemical attenuation of pilus function and assembly in Gram-
negative bacteria. Current Opinion in Microbiology，16(1)：85-92.

Lo W，Chua H，Lam K H，et al. 1999. A comparative investigation on the biosorption of lead by filamentous
fungal biomass. Chemosphere，39(15)：2723-2736.

Loaec M，Olier R，Guezennec J. 1997. Uptake of lead，cadmium and zinc by a novel bacterial exopolysaccha-
ride. Water Research，31(5)：1171-1179.

Lopez A，Lazaro N，Morales S，et al. 2002. Nickel biosorption by free and immobilized cells of *Pseudomonas
flourescens* 4F39. Water Air and Soil Pollution，123(4)：157-172.

Lu W B，Shi J J，Wang C H，et al. 2006. Biosorption of lead，copper and cadmium by an indigenous isolate
Enterobacter sp. J1 possessing high heavy-metal resistance. Journal of Hazardous Materials，134(1)：
80-86.

Luo J M，Xiao X，Luo S L. 2010. Biosorption of cadmium(Ⅱ) from aqueous solutions by industrial fungus
Rhizopus cohnii . Transactions of Nonferrous Metals Society of China，20(6)：1104-1111.

Ma H W，Liao X P，Liu X，et al. 2006. Recovery of platinum (Ⅳ) and palladium(Ⅱ) by bayberry tannin
immobilized collagen fiber membrane from water solution. Journal of Membrane Science，278(1-2)：
373-380.

Macaskie L E，Bennet J A，Winterbottom M，et al. 2008. Bacterial biomass supported palladium：A novel
heterogeneous catalyst. Journal of Biotechnology，136S：S356-S401.

Majumdar S S，Das S K，Saha T，et al. 2008. Adsorption behavior of copper ions on *Mucor rouxii* biomass
through microscopic and FTIR analysis. Colloids and Surfaces B：Biointerfaces，63(1)：138-145.

Manasi，Rajesh V，Kumar A S K，et al. 2014. Biosorption of cadmium using a novel bacterium isolated from
an electronic industry effluent. Chemical Engineering Journal，235：176-185.

Manoj K，Mahendra P S，Deepak K T. 2012. Genome shuffling of *Pseudomonas* sp. Iocall for improving
degradation of polycyclic aromatic hydrocarbons. Advances in Microbiology，(2) ：26-30.

Mao Y L，Hu H W，Yan Y S. 2011. Biosorption of cesium(I) from aqueous solution by a novel exo-poly-
mers secreted from *Pseudomonas fluorescens* C-2：Equilibrium and kinetic studies. Journal of Environmen-
tal Sciences-China，23(7)：1104-1112.

Marczak A，Walczak M，Jóźwiak Z. 2007. The combined effect of IDA and glutaraldehyde on the erythro-
cyte membrane proteins. International Journal of Pharmaceutics，335(1-2)：154-162.

Mata Y N，Blázquez M L，Ballester A，et al. 2009. Biosorption of cadmium，lead and copper with calcium
alginate xerogels and immobilized *Fucus vesiculosus*. Journal of Hazardous Materials，163(2-3)：555-562.

Mercado-Flores Y，Cárdenas-Álvarez I O，Rojas-Olvera A V，et al. 2014. Application of Bacillus subtilis in
the biological control of the phytopathogenic fungus *Sporisorium reilianum*. Biological Control，76：
36-40.

Merroun M，Hennig C，Rossberg A，et al. 2002. Molecular and atomic analysis of uranium complexes
formed by three ecotypes of *Acidithiobacillus ferrooxidans*. Biochemical. Society Transactions，30(4)：
669-672.

Mohan S V，Rao N C，Prasad K K，et al. 2002. Treatment of simulated reactive yellow 22 (azo) dye effluents using *Spirogyra species*. Waste Management, 22(6): 575-582.

Mona S, Kaushik A, Kaushik C P. 2013. Prolonged hydrogen production by *Nostoc* in photobioreactor and multi-stage use of the biological waste for column biosorption of some dyes and metals. Biomass and Bioenergy, 54: 27-35.

Mona S, Kaushik A, Kaushik C P. 2011. Hydrogen production and metal-dye bioremoval by a *Nostoc linckia* strain isolated from textile mill oxidation pond. Bioresource Technology, 102: 3200-3205.

Moon E M, Peacock C L. 2011. Adsorption of Cu(Ⅱ) to *Bacillus subtilis*: A pH-dependent EXAFS and thermodynamic modelling study. Geochimica et Cosmochimica Acta, 75(21): 6705-6719.

Morsy F M. 2011. Hydrogen production from acid hydrolyzed molasses by the hydrogen overproducing *Escherichia coli* strain HD701 and subsequent use of the waste bacterial biomass for biosorption of Cd (Ⅱ) and Zn (Ⅱ). International Journal of Hydrogen Energy, 36(22): 14381-14390.

Mungasavalli D P, Viraraghavan T, Jin Y C. 2007. Biosorption of chromium from aqueous solutions by pretreated *Aspergillus niger*: Batch and column studies. Colloids and Surfaces A: Physicochemical and Engineering Aspects, 301(1-3): 214- 223.

Murphy V, Tofail S A M, Hughes H, et al. 2009. A novel study of hexavalent chromium detoxification by selected seaweed species using SEM-EDX and XPS analysis. Chemical Engineering Journal, 148 (2): 425-433.

Nasreen A T, Muhammad I B, Saeed I Z, et al. 2008. Biosorption characteristics of unicellular green alga *Chlorella sorokiniana* immobilized in loofa sponge for removal of Cr(Ⅲ). Journal of Environmental Sciences, 20(2): 231-239.

Niu H, Volesky B. 2000. Gold-cyanide biosorption with L-cysteine. Journal of Chemical Technology and Biotechnology, 75(6): 436-442.

Niu H, Volesky B. 1999. Characteristics of gold biosorption from cyanide solution. Journal of Chemical Technology and Biotechnology, 74(8): 778-784.

Ofomaja A E, Unuabonah E I, Oladoja N A. 2010. Competitive modeling for the biosorptive removal of copper and lead ions from aqueous solution by Mansonia wood sawdust. Bioresource Technology, 101(11): 3844-3852.

Ou H, Song Y, Huang W, et al. 2011. Biosorption of silver ions by *Paecilomyces lilacinus* biomass: Equilibrium, kinetics and thermodynamics. Adsorption Science and Technology, 29(9):887-896.

O'Connell D W, Birkinshaw C, O'Dwyer T F. 2008. Heavy metal adsorbents prepared from the modification of cellulose: A review. Bioresource Technology, 99(15): 6709-6724.

O'Mahony T, Guibal E, Tobin J M. 2002. Reactive dye biosorption by *Rhisopus arrhizus* biomass. Enzyme and Microbial Technology, 31: 456-463.

Özdemir S, Kilinc E, Poli A, et al. 2009. Biosorption of Cd, Cu, Ni, Mn and Zn from aqueous solutions by thermophilic bacteria, *Geobacillus toebii* sub sp. decanicus and *Geobacillus thermoleovorans* sub sp. stromboliensis: Equilibrium, kinetic and thermodynamic studies. Chemical Engineering Journal, 152 (1): 195-206.

Özer A, Gürbüz G, Çalimli A, et al. 2009. Biosorption of copper(Ⅱ) ions on *Enteromorpha prolifera*: Application of response surface methodology (RSM). Chemical Engineering Journal, 146(3): 377-387.

Padmavathy V, Vasudevan P, Dhingra S C. 2003. Biosorption of nickel (Ⅱ) ions on Baker's yeast. Process Biochemistry, 38(10): 1389-1395.

Park D, Yun Y S, Park J M. 2010. The past, present, and future trends of biosorption. Biotechnology and Bioprocess Engineering, 15(1): 86-102.

Peng H, Yin H, Deng J, et al. 2012. Biodegradation of benzo[a]pyrene by *Arthrobacter oxydans* B4. Pedosphere, 22(4): 554-561.

Pethkar A V, Kulkarni S K, Paknikar K M. 2001. Comparative studies on metal biosorption by two strains of *Cladosporium cladosporoides*. Bioresource Technology, 80(3) : 211-215.

Phanchaisri B, Yu L D, Anuntalabhochai S, et al. 2002. Characteristics of heavy ion beam-bombarded bacteria *E. coli* and induced direct DNA transfer. Surface and Coatings Technology, 158,159: 624-629.

Popa K, Cecal A, Drochioiu G, et al. 2003. *Saccharomyces cerevisiae* as uranium bioaccumulating material: The infuence of contact time, pH and anion nature. Nukleonika, 48(3): 121-125.

Porter C J, Schuch R, Pelzek A J, et al. 2007. The 1. 6 Å crystal structure of the catalytic domain of PlyB, a bacteriophage lysin active against *Bacillus anthracis*. Journal of Molecular Biology, 366(2): 540-550.

Pradelles R, Alexandre H, Ortiz-Julien A, et al. 2008. Effects of yeast cell-wall characteristies on 4-ethylphenol sorption capacity in model wine. Journal of the Science of Food and Agriculture, 56: 11854-11861.

Preveral S, Ansoborlo E, Mari S, et al. 2006. Metal(loid)s and radionuclides cytotoxicity in Saccharomyces cerevisiae role of YCF1, glutathione and effect of buthionine sulfoximine, Biochimie, 88(11): 1651-1663.

Prinz R, Weser U. 1975. A naturally occurring Cu-thionein in Saccharomyces cerevisiae. Hoppe-Seyler's Zeitschrift fur physiologische Chemie, 356(6): 767-776.

Questera K, Avalos-Borja M, Castro-Longoria E. 2013. Biosynthesis and microscopic study of metallic nanoparticles. Micron, 54-55: 1-27.

Radulović M D, Cvetković O G, Nikolić S D, et al. 2008. Simultaneous production of pullulan and biosorption of metals by *Aureobasidium pullulans* strain CH-1 on peat hydrolysate. Bioresource Technology, 99(14): 6673-6677.

Raguzzi F, Lesuisse M, Crichton R R. 1988. Iron storage in *Saccharomyces cerevisiae*. FEBS Letter, 231 (1): 253-258.

Raize O, Argaman Y, Yannai S. 2004. Mechanisms of biosorption of different heavy metals by brown marine macroalgae. Biotechnology and Bioengineering, 87(4): 451-458.

Rani G, Prerna A, Seema K. 2003. Microbial biosorbents: Meeting challenges of heavy metal pollution in aqueous solutions. Current Science, 78(8): 967-973.

Rao J R, Viraraghavan T. 2002. Biosorption of phenol from an aqueous solution by *Asperglllus niger* biomass. Bioresource Technology, 85: 165-171.

Rice W J, Kovalishin A, Stokes D L. 2006. Role of metal-binding domains of the copper pump from *Archaeoglobus fulgidus*. Biochemical and Biophysical Research Communications, 348(1):124-131.

Ridvan S, Adil D, Arica M Y. 2001. Biosorption of cadmium(Ⅱ), lead(Ⅱ)and copper(Ⅱ) with the filamentous fungus *Phanerochaete chrysosporium*. Bioresource Technology, 76(1): 67-70.

Rosen B P. 2002. Biochemistry of arsenic detoxification. FEBS Letters, 529(1): 86-92.

Royston E S, Brown A D, Harris M T, et al. 2009. Preparation of silica stabilized Tobacco mosaic virus templates for the production of metal and layered nanoparticles. Journal of Colloid and Interface Science, 332 (2): 402-407.

Ruchhoft C C. 1949. The foundation of successful industrial waste disposal to municipal sewage works. J Sweage Works, 21 (5): 877.

Saleh H M. 2012. Water hyacinth for phytoremediation of radioactive waste simulate contaminated with cesium and cobalt radionuclides. Nuclear Engineering and Design, 242: 425-432.

Samuelson P, Wernerus H, Svedberg M, et al. 2000. Staphylococcal surface display of metal-binding polyhistidyl peptides, Applied and Environmental Microbiology, 66(3): 1243-1248.

Sannino F, Martino A D, Pigna M, et al. 2009. Sorption of arsenate and dichromate on polymerin, $Fe(OH)_x$-polymeric complex and ferrihydrite. Journal of Hazardous Materials, 166(2-3):1174-1179.

Sanpui P, Pandey S B, Ghosh S S, et al. 2008. Green fluorescent protein for in situ synthesis of highly uniform Au nanoparticles and monitoring protein denaturation. Journal of Colloid and Interface Science, 326 (1): 129-137.

Sar P, Kazy S F, D'Souza S F. 2004. Radionuclide remediation using a bacterial biosorbent. International Biodeterioration & Biodegradation, 54(2-3): 193-202.

Saratal R G, Saratale G D, Chang J S, et al. 2011. Bacterial decolorization and degradation of azo dyes: A review, Journal of the Taiwan Institute of Chemical Engineers, 42(1): 138-157.

Sarret G, Manceau A, Spadini L, et al. 1999. Structural determination of Pb binding sites in *Penicillium chrysogenum* cell walls by EXAFS spectroscopy and solution chemistry. Journal of Synchrotron Radiation, 3(6): 414-416.

Savci S. 2013. Biosorption of ranitidine onto live activated sludge. Asian Journal of Chemistry, 25(6): 3175-3178.

Savvaidis I. 1998. Recovery of gold from thiourea solutions using microorganism. Biometals, 11(2): 145-151.

Schaeffer P, Brigitte C, Hotchkiss R D. 1976. Fusion of bacterial protoplasts. National Academy of Sciences, 73(6): 2151-2155.

Schiewer S, Iqbal M. 2010. The role of pectin in Cd binding by orange peel biosorbents: A comparison of peels, depectinated peels and pectic acid. Journal of Hazardous Materials, 177(1): 899-907.

Schwarz K, Mertz W. 1957. A glucose tolerance factor and its differentiation from factor 3. Archives of biochemistry and biophysics, 72(2): 515-518.

Scott J A, Palmer S J. 1990. Sites of cadmium uptake in bacteria used for biosorption. Applied Microbiology and Biotechnology, 33(2): 221-225.

Sheng P X, Wee K H, Ting Y P, et al. 2008. Biosorption of copper by immobilized marine algal biomass. Chemical Engineering Journal, 136(2-3): 156-163.

Simmons P, Singleton I. 1996. A method to increase silver biosorption by an industrial strain of *Saccharomyces cerevisiae*. Applied Microbiology and Biotechnology. 45(1-2): 278-285.

Song H P, Li X G, Sun J S, et al. 2007. Biosorption equilibrium and kinetics of Au(Ⅲ) and Cu(Ⅱ) on magnetotactic bacteria. Chinese. Journal of Chemical Engineering, 15(6): 847-854.

Stanley L C, Ogden K L. 2003. Biosorption of copper (Ⅱ) from chemical mechanical planarization wastewaters. Journal of Environmental Management, 69(3): 289-297.

Strandberg G W, Shumate S E, Parrott J R. 1981. Microbial cells as biosorbents for heavy metals: Accumulation of uranium by *Saccharomyces cerevisiae* and *Pseudomonas aeruginosa*. Applied and Environmental Microbiology, 41(1): 237-245.

Suh J H, Kim D S. 2000. Effects of Hg^{2+} and cell conditions on Pb^{2+} accumulation by *Saccharomyces cerevisiae*. Bioprocess Engineering, 23(4): 327-329.

Suh J H, Yun J W, Kim D S, et al. 1999, Comparative study on Pb^{2+} accumulation between Saccharomyces cerevisiae and Aureobasidium pullulans by SEM (scanning electron microscopy) and EDX (energy dispersive X-ray) analyses. Journal of Bioscience and Bioengineering, 87(1): 112-115.

Sun X F, Ma Y, Liu X W, et al. 2010. Sorption and detoxification of chromium(Ⅵ) by aerobic granules functionalized with polyethylenimine. Water Research, 44 (8):2517-2524.

Sun X F, Wang S G, Zhang X M, et al. 2009. Spectroscopic study of Zn^{2+} and Co^{2+} binding to extracellular polymeric substances (EPS) from aerobic granules. Journal of Colloid and Interface Science, 335(1): 11-17.

Tampio M, Loikkanen J, Myllynen P, et al. 2008. Benzo[a]pyrene increases phosphorylation of p53 at serine 392 in relation to p53 induction and cell death in MCF-7 cells. Toxicology Letters, 178(3): 152-159.

Tarley C R, Arruda M A. 2004. Biosorption of heavy metals using rice milling by-products: Characterisation and application for removal of metals from aqueous effluents. Chemosphere, 54(7): 987-995.

Todd R J, Van Dam M E, Casimiro D, et al. 1991. Cu(II)-binding properties of a cytochrome c with a synthetic metal-binding site: His-X3-His in an alpha-helix. Proteins, 10(2): 156-161.

Tong Z C, Ni L X, Ling J Q. 2014. Antibacterial peptide nisin: A potential role in the inhibition of oral pathogenic bacteria. Peptides, 60: 32-40.

Treen-Sears M E, Volesky B, Neufeld R J. 1998. Ion exchange/complexation of the uranyl ion by *Rhizopus* biosorbent. Biotechnology and Bioengineering, 26(11): 1323-1329.

Tsezos M. 1986. A further insight into the mechanism of biosorption of metals, by examining chitin epr spectra. Talanta, 33(3): 225-232.

Tsezos M. Noh S H, Baird M H. 1988. A batch reactor mass transfer kinetic model for immobilized biomass biosorption. Biotechnology and Bioengineering. 32(4): 545-553.

Tsezos M, Keller D M. 1983. Adsorption of radium-226 by biological origin absorbents. Biotechnology and bioengineering, 25(1): 201-215.

Tsezos M, Volesky B. 1982. The mechanism of thorium biosorption by *Rhizopus arrhizus*. Biotechnology and bioengineering, 24(4): 955-969.

Tsuruta T. 2005. Removal and recovery of lithium using various microorganisms. Journal of Bioscience and Bioengineering, 100(5): 562-566.

Vasiluk L, Pinto L J, Tsang W S, et al. 2008. The uptake and metabolism of benzo[a]pyrene from a sample food substrate in an in vitro model of digestion. Food and Chemical Toxicology, 46(2): 610-618.

Veana F, Martinez-Hernandez J L, Aguilar C N, et al. 2014. Utilization of molasses and sugar cane bagasse for production of fungal invertase in solid state fermentation using *Aspergillus niger* GH1. Brazilian Journal of Microbiology, 45(2): 373-377.

Vigneshwaran N, Ashtaputre N M, Varadarajan P V, et al. 2007. Biological synthesis of silver nanoparticles using the fungus *Aspergillus flavus*. Materials Letters, 61(6): 1413-1418.

Vijayaraghavan K, Yun Y S. 2008. Bacterial biosorbents and biosorption. Biotechnology Advances, 26(3): 266-291.

Vijver M G, Van Gestel C A M, Lanno R P, et al. 2004. Internal metal sequestration and its ecotoxicological relevance: A review, Environmental Science & Technology, 38(18): 4705-4712.

Vinod V T P, Sashidhar R B, Sreedha B, et al. 2010. Biosorption of nickel and total chromium from aqueous solution by gum kondagogu (*Cochlospermum gossypium*): A carbohydrate biopolymer. Journal of Hazardous Materials, 178(1): 851-860.

Volesky B, May H, Holan Z R. 1993. Cadmium biosorption by *Saccharomyces cerevisiae*. Biotechnology and Bioengineering, 41(8): 826-829.

Volesky E, Phillips M H A. 1995. Biosorption of heavy metals by *Saccharomyces cerevisiae*. Applied Microbiology and Biotechnology, 42(5): 797-806.

Wan Ngah W S, Hanafiah M A K M. 2008. Removal of heavy metal ions from wastewater by chemically modified plant wastes as adsorbents: A review. Bioresource Technology, 99(10): 3935-3948.

Wang C, Zhang L L, Xu H. 2012. The effects of N^+ ion implantation mutagenesis on the laccase production of *Ceriporiopsis subvermispora*. Biotechnology and Bioprocess Engineering, 17(5): 946-951.

Wang H K, Sun Y, Chen C, et al. 2013. Genome shuffling of lactobacillus plantarum for improving antifungal activity. Food Control, 32(2): 341-347.

Wang J L. 2002. Biosorption of copper(Ⅱ) by chemically modified biomass of *Saccharomyces cerevisiae*. Process Biochemistry, 37: 847-850.

Wang J L, Chen C. 2009. Research review paper: Biosorbents for heavy metals removal and their future. Biotechnology Advances, 27: 195-226.

Wang J L, Chen C. 2006. Biosorption of heavy metals by *Saccharomyces cerevisiae*: A review. Biotechnology Advances, 24(5): 427-451.

Wang J L, Zhang X M, Ding D C, et al. 2001. Bioadsorption of lead(Ⅱ) from aqueous solution by fungal biomass of *Aspergillus niger*. Journal of Biotechnology, 87(3): 273-277.

Wang Q L, Zhang D, Li Y D, et al. 2014. Genome shuffling and ribosome engineering of *Streptomyces actuosus* for high-yield nosiheptide production. Applied Biochemistry and Biotechnology, 173(6): 1553-1563.

Wang X J, Xia S Q, Chen L, et al. 2006. Biosorption of cadmium(Ⅱ) and lead(Ⅱ) ions from aqueous solutions onto dried activated sludge. Journal of Environmental Sciences, 18(5): 840-844.

Windt W D, Aelterman P, Verstraete W. 2005. Bioreductive deposition of palladium (0) nanoparticles on *Shewanella oneidensis* with catalytic activity towards reductive dechlorination of polychlorinated biphenyls. Environmental Microbiology, 7 (3): 314-325.

Won S W, Choi S B, Chung B W, et al. 2004. Biosorptive decolorization of reactive orange 16 using the waste biomass of *Corynebacterium glutamicum*. Industrial & Engineering Chemistry Research, 43(24): 7865-7869.

Wortelboer H M, Balvers M G J, Usta M, et al. 2008. Glutathione-dependent interaction of heavy metal compounds with multidrug resistance proteins MRP1 and MRP2. Environmental Toxicology and Pharmacology, 26(1): 102-108.

Wu J, Yu H Q. 2006. Biosorption of phenol and chlorophenols from aqueous solutions by *Fungal mycelia*. Process Biochemistry, 41(1): 44-49.

Wu Y H, Wen Y J, Zhou J X, et al. 2012. The characteristics of waste *Saccharomyces cerevisiae* biosorption of arsenic(Ⅲ). Environmental Science and Pollution Research, 19(8): 3371-3379.

Xie J, Zhen Y, Ying J Y. 2009. Protein-directed synthesis of highly fluorescent gold nanoclusters. Journal of the American Chemical Society, 131 (3): 888-889.

Xu J Z, Zhang J L, Zhang W G, et al. 2012. The novel role of fungal intracellular laccase: Used to screen hybrids between *Hypsizigus marmoreus* and *Clitocybe maxima* by protoplasmic fusion. World Journal of Microbiology & Biotechnology, 28 (8): 2625-2633.

Xu M Y, Guo J, Zeng G Q, et al. 2006. Decolorization of anthraquinone dye by *Shewanella decolorationis* S12. Applied Microbiology and Biotechnology, 71: 246-251.

Yan G Y, Viraraghavan T. 2001. Heavy metal removal in a biosorption column by immobilized *M. rouxii* biomass. Bioresource Technology, 78(3): 243-249.

Yan G Y, Viraraghavan T. 2003. Heavy-metal removal from aqueous solution by fungus *Mucor rouxii*. Water Research, 37: 4486-4496.

Yang C F, Ding Z Y, Zhang K C. 2008. Growth of *Chlorella pyrenoidosa* in wastewater from cassava ethanol fer-mentation. World Journal of Microbiology and Biotechnology, 24(12): 2919-2925.

Yang W J, Neoh K G, Kang E T, et al. 2014. Polymer brush coatings for combating marine biofouling. Progress in Polymer Science, 39(5): 1017-1042.

Ye J S, Zhao H J, Yin H, et al. 2014. Triphenyltin biodegradation and intracellular material release by *Brevibacillus brevis*. Chemosphere, 105: 62-67.

Ye J S, Yin H, Xie D P, et al. 2013. Copper biosorption and ions release by *Stenotrophomonas maltophilia* in the presence of benzo[a]pyrene. Chemical Engineering Journal, 219: 1-9.

Ye S H, Zhang, M P, Yang H, et al. 2014. Biosorption of Cu^{2+}, Pb^{2+} and Cr^{6+} by a novel exopolysaccharide from *Arthrobacter* ps-5. Carbohydrate Polymers, 101: 50-56.

Yeddou-Mezenner N. 2010. Kinetics and mechanism of dye biosorption onto an untreated antibiotic waste. Desalination, 262(1-3): 251-259.

Yin H, He B Y, Lu X Y, et al. 2008a. Improvement of chromium biosorption by UV-HNO_2 cooperative mutagenesis in *Candida utilis*. Water Research, 42(14): 3981-3989.

Yin H, He B Y, Peng H, et al. 2008b. Removal of Cr(Ⅵ) and Ni(Ⅱ) from aqueous solution by fused yeast: Study of cations release and biosorption mechanism. Journal of Hazardous Materials, 158(2-3): 568-576.

Yu J X, Tong M, Sun X M, et al. 2007. A simple method to prepare poly(amic acid)-modified biomass for enhancement of lead and cadmium adsorption. Biochemical Engineering Journal, 33(2):126-133.

Zhang H, Li Q, Lu Y, et al. 2005. Biosorption and bioreduction of diamine silver complex by *Coryne bacterium*. Journal of Chemical Technology and Biotechnology. 80(3): 285-290.

Zhang M Y, Zhang K S, Gusseme B D, et al. 2012. Biogenic silver nanoparticles (bio-Ag-0) decrease biofouling of bio-Ag-0/PES nanocomposite membranes. Water Research, 46(7): 2077-2087.

Zhang Y X, Kim P, Victor A, et al. 2002. Genome shuffling leads to rapid phenotypic improvement in bacteria. Nature, 415: 644-646.

Zhang Y, Liu J Z, Huang J S, et al. 2010. Genome shuffling of *Propionibacterium shermanii* for improving vitamin B_{12} production and comparative proteome analysis. Journal of Biotechnology, 148(2-3): 139-143.

Zheng J C, Feng H M, Lam M H W, et al. 2009. Removal of Cu(Ⅱ) in aqueous media by biosorption using water hyacinth roots as a biosorbent material. Journal of Hazardous Materials, 171(1-3): 780-785.

Zimmermann U, Vienken J, Pilwat G, et al. 1984. Electro -fusion of cells: principles and potential for the future. Ciba Foundation Symposium, 103: 60-85.